园林绿化工程

项目负责人人才评价培训教材

项目管理

YUANLIN LÜHUA GONGCHENG

XIANGMU FUZEREN RENCAI PINGJIA PEIXUN JIAOCAI

XIANGMU GUANLI

1

U0172862

江苏省风景园林协会　编著

中国建筑工业出版社

图书在版编目（CIP）数据

园林绿化工程项目负责人人才评价培训教材.1，项目管理 / 江苏省风景园林协会编著 .—北京：中国建筑工业出版社，2020.12（2022.5 重印）
ISBN 978-7-112-25626-6

Ⅰ.①园…　Ⅱ.①江…　Ⅲ.①园林-绿化-工程管理-技术培训-教材　Ⅳ.① TU986.3

中国版本图书馆 CIP 数据核字（2020）第 236938 号

责任编辑：杜　洁　李玲洁
责任校对：芦欣甜

园林绿化工程项目负责人人才评价培训教材
江苏省风景园林协会　编著

*

中国建筑工业出版社出版、发行（北京海淀三里河路9号）
各地新华书店、建筑书店经销
北京建筑工业印刷厂制版
北京中科印刷有限公司印刷

*

开本：787毫米×1092毫米　1/16　印张：60¼　字数：1574千字
2021年1月第一版　2022年5月第二次印刷
定价：**268.00元**（共四册）
ISBN 978-7-112-25626-6
（36685）

序

园林绿化是城市有生命的基础设施，在城市生态环境营造、人居环境改善、城乡建设可持续发展中发挥着重要作用。广大园林绿化工作者积极投身城乡建设实践，为我国园林绿化事业发展，为美丽中国建设做出了巨大贡献。近年来，随着我国改革发展的深化，城市园林绿化行业已进入变革与转型期，要求园林绿化工程建设不仅要有量的增长，更要有质的提高，高质量发展离不开高水平人才建设，这对行业人才需求和规范管理也提出了新的要求。

2017年，住房和城乡建设部出台了《园林绿化工程建设管理规定》（建城〔2017〕251号），明确要求"园林绿化工程施工实行项目负责人负责制"，项目负责人是园林绿化工程组织管理的关键，实施园林绿化工程项目负责人人才评价工作是落实项目负责人制度、深化园林绿化工程建设市场化改革的重要内容。为推进园林绿化工程项目负责人制度实施，加强园林绿化工程建设管理，中国风景园林学会在全国园林绿化行业统一组织开展园林绿化工程项目负责人人才评价工作，并正式发布团体标准《园林绿化工程项目负责人评价标准》T/CHSLA 5004—2019，为规范评价工作奠定了基础。

培训教育是人才评价工作的重要环节，完善项目负责人培训、考试体系，编写一套科学合理的培训教材显得尤其重要。江苏省风景园林协会在项目负责人培训考试试点基础上，组织有关院校、园林企业中有着丰富实践经验的专家、学者，开展考纲编制和相关教材编写工作，形成了《园林绿化工程项目负责人人才评价培训教材》。这套教材内容以《园林绿化工程项目负责人评价标准》T/CHSLA 5004—2019为依据，以考纲为框架，突出园林行业特点，系统地介绍园林绿化工程建设、管理基本原理及其方法，注重园林绿化工程知识及其分析方法在工程实践中的运用。教材条理清晰、重点突出、通俗易懂，实用性强，与项目负责人人才评价考试要求相结合，是项目负责人考试培训学习的重要辅助。教材内容编写顺应行业发展趋势，增加园林绿化行业发展新理念、新技术、新工艺、新材料等知识点，有利于提高项目管理人员知识定位，也为一线园林绿化项目管理人员自学专业知识、提高专业水平提供了参考资料。

这套《园林绿化工程项目负责人人才评价培训教材》在总结以往经验基础上，系统地梳理现场施工经验，较为全面地归纳了园林绿化工程项目建设现场管理的相关专业知识，强调实操能力，增加案例教学内容，并用案例说明知识点的应用，让从事园林绿化工程的项目负责人能够快速理解、有效掌握工程项目管理的相关理论、方法、技术和工具以及法律法规和技术标准，以适用园林绿化施工项目进行计划、组织、监管、控制、协调等全过程的管理，确保工程项目的工期、质量、安全与成本按照相关法规、标准和合同约定完成。

希望这套教材能够在园林绿化工程项目负责人人才培训和考试应用中发挥更大作用，促进园林绿化工程施工项目负责人负责制度实施，培养出更多具有相应能力的园林绿化工程项目负责人，也为园林绿化工程其他项目管理人员学习提高专业知识水平给予帮助。针对行业发展的实际情况和企业用人需要，通过科学的人才培养评价体系，调动园林绿化从业者的积极性，激励行业人才脱颖而出，服务园林绿化企业，不断提高园林绿化工程建设水平，促进园林绿化行业健康、可持续、高质量发展。

江苏省风景园林协会理事长

中国风景园林学会副理事长

2020 年 10 月

前　　言

住房和城乡建设部于 2017 年发布《园林绿化工程建设管理规定》（建城〔2017〕251 号），明确提出园林绿化工程施工实行项目负责人负责制。项目负责人对工程建设全过程进行管理，全面负责工程建设组织、施工、技术质量指标和经济指标，是园林绿化工程建设的关键技术人才。

为做好园林绿化工程项目负责人培训及评价工作，江苏省风景园林协会组织金陵科技学院、江苏农林职业技术学院、苏州农业职业技术学院、金埔园林股份有限公司、南京市园林经济开发有限责任公司、景古环境建设股份有限公司、南京万荣园林实业有限公司、徐州九州生态园林股份有限公司、江苏山水环境建设集团股份有限公司、苏州园林发展股份有限公司、苏州园科生态建设集团有限公司、苏州金螳螂园林绿化景观有限公司等高校、企业相关专业的专家、学者编写了《园林绿化工程项目负责人人才评价培训教材》（简称《教材》）。《教材》共分《项目管理》《经济与合同》《营造技艺》《综合实务》4 册。《教材》根据中国风景园林学会《园林绿化工程项目负责人评价标准》T/CHSLA 5004—2019 的基本要求，面向园林绿化工程项目负责人人才培训及一线技术、管理人员继续教育，以服务园林绿化工程项目负责人人才培训与评价、培养高素质项目负责人人才为目标，系统梳理园林绿化工程建设管理知识，总结工程建设现场管理经验，结合工程实践，在广泛征求一线授课教师和企业专家的意见后，依据建设法律、法规、标准规范和工程案例进行编写。

本《教材》以《园林绿化工程项目负责人评价标准》T/CHSLA 5004—2019 为依据，系统、全面阐述园林绿化工程建设管理知识。突出园林绿化工程建设特点，凝练园林绿化工程建设核心技术与关键知识点；强调理论与实践相结合，融汇理论与实践知识，增加案例教学；积极引用新标准、新技术、新规范，与时俱进；针对一线施工项目管理人员实际，力求文字简洁，逻辑清晰，实用、可操作，便于自学。

本《教材》设立编写委员会，王翔、强健为主编，刘殿华、纪易凡为副主编，委员名单见编委会。全书编写由陆文祥、薛源负责统筹。

《项目管理》为《教材》之一，根据园林绿化工程施工组织管理流程和关键技术进行组织的，内容主要包括项目管理概述、项目管理组织、施工组织设计、施工现场管理、施工进度管理、施工质量管理、安全生产管理、生产要素管理、施工资料管理、施工后期管理等。教材编写以规范性、实用性、先进性、专业化为特色，体现园林绿化工程项目管理的职业特征。

　　《项目管理》由黄顺担任主编，负责全书大纲制定及统稿工作。黄顺编写第1章、第3章；周辉编写第2章，丁兰茜编写第4章，戴群编写第5章，朱方达编写第6章，王莹编写第7章、第8章，沈萍编写第9章、第10章。钮嵘、孔妍妍、李茜玲提供工程项目实践资料并参与编写工程案例。

　　《项目管理》在编写过程中，得到了苏州农业职业技术学院周军教授的关心与指导，并提出了许多宝贵意见。同时得到了金埔园林股份有限公司、苏州园林发展股份有限公司、苏州园科生态建设集团有限公司、苏州金螳螂园林绿化景观有限公司等单位的大力支持与协助，引用了国家及地方有关的专业术语和图表规范，在此一并致谢！

　　由于编者水平有限，本书可能还存在不足和错误，恳请广大读者和专家批评指正。

编者

2020 年 10 月

目　　录

第1章　园林绿化工程项目管理概述 ·· 1

1.1　园林绿化工程 ·· 1
　　1.1.1　园林绿化工程的概念与特征 ··· 1
　　1.1.2　园林绿化工程的分类 ··· 2
　　1.1.3　园林绿化工程的建设过程 ··· 3
1.2　相关专业术语 ·· 3
　　1.2.1　建设项目 ·· 3
　　1.2.2　施工项目 ·· 4
　　1.2.3　园林绿化工程项目 ·· 5
1.3　园林绿化工程项目管理模式与任务 ·· 7
　　1.3.1　园林绿化工程项目管理模式 ··· 7
　　1.3.2　园林绿化工程项目管理的任务 ······································· 8
　　1.3.3　园林绿化工程项目管理的分类 ······································· 9
　　1.3.4　园林绿化工程项目管理的特征 ······································ 10
1.4　工程项目管理技术标准体系 ··· 10
　　1.4.1　工程项目管理法律法规体系构成 ···································· 10
　　1.4.2　工程项目管理技术标准体系 ·· 11
　　1.4.3　园林绿化工程相关法律法规及规范 ·································· 11

第2章　园林绿化工程项目管理组织 ··· 13

2.1　园林绿化工程项目管理组织概述 ··· 13
　　2.1.1　园林绿化工程项目管理组织的概念与作用 ···························· 13
　　2.1.2　园林绿化工程项目管理组织的形式 ·································· 14
2.2　园林绿化工程项目管理机构 ··· 16
　　2.2.1　建立项目管理机构应遵循的规定 ···································· 16
　　2.2.2　建立项目管理机构应遵循的步骤 ···································· 16
　　2.2.3　项目管理机构活动应符合的要求 ···································· 16
　　2.2.4　项目团队建设应符合的规定 ·· 16
　　2.2.5　项目管理目标责任书应包含的内容 ·································· 17
2.3　园林绿化工程项目负责人的职责 ··· 17
　　2.3.1　园林绿化工程施工项目负责人 ······································ 17
　　2.3.2　园林绿化工程施工项目经理部 ······································ 18
　　2.3.3　园林绿化工程施工项目管理规划 ···································· 19

2.4　园林绿化工程项目负责人评价 ································20
　　2.4.1　一般规定 ················20
　　2.4.2　评价条件与培训内容 ················21

第 3 章　园林绿化工程施工组织设计 ························23

3.1　施工组织设计概述 ························23
　　3.1.1　施工组织设计的类别 ················23
　　3.1.2　施工组织设计编制的依据 ················23
3.2　施工组织设计的主要内容 ························24
　　3.2.1　工程概况的一般描述 ················24
　　3.2.2　总体施工组织布置 ················24
　　3.2.3　项目总目标 ················25
　　3.2.4　项目的计划安排 ················25
3.3　施工组织设计的编制方法 ························27
　　3.3.1　编制流程 ················27
　　3.3.2　施工组织设计审批 ················28
3.4　园林绿化施工进度计划 ························28
　　3.4.1　施工部署 ················28
　　3.4.2　主要施工方法及技术措施 ················30
　　3.4.3　质量目标及质量保证体系 ················44
　　3.4.4　进度保证措施 ················46
3.5　园林绿化工程施工规范 ························48
　　3.5.1　施工规范编制依据 ················48
　　3.5.2　技术规范 ················48
3.6　冬雨期与夜间施工措施 ························48
　　3.6.1　雨期施工措施 ················48
　　3.6.2　冬期施工措施 ················49
　　3.6.3　夜间施工措施 ················52

第 4 章　园林绿化工程施工现场管理 ························54

4.1　施工现场管理概述 ························54
　　4.1.1　施工现场管理的意义 ················54
　　4.1.2　施工现场管理的依据 ················54
4.2　施工现场管理的内容 ························55
　　4.2.1　合理规划施工用地 ················55
　　4.2.2　科学地进行施工总平面设计 ················55
　　4.2.3　按阶段调整施工现场平面布置 ················55
　　4.2.4　加强对施工现场使用的检查 ················55
　　4.2.5　建立文明的施工现场 ················55
　　4.2.6　及时清场转移 ················56

4.3　施工现场管理的方法 ……………………………………………………56

　　4.3.1　组织施工 ………………………………………………………56

　　4.3.2　施工作业计划的编制 ……………………………………………57

　　4.3.3　施工任务单 ………………………………………………………59

　　4.3.4　施工平面图管理 …………………………………………………59

　　4.3.5　施工现场布置 ……………………………………………………60

　　4.3.6　施工围蔽 …………………………………………………………60

　　4.3.7　施工调度 …………………………………………………………60

　　4.3.8　施工过程的检查与监督 …………………………………………60

4.4　施工现场管理制度 …………………………………………………………61

　　4.4.1　基本要求 …………………………………………………………61

　　4.4.2　规范场容的要求 …………………………………………………62

　　4.4.3　施工现场环境保护 ………………………………………………62

　　4.4.4　施工现场安全防护管理 …………………………………………63

　　4.4.5　施工现场的保卫和消防管理 ……………………………………64

　　4.4.6　施工现场环境卫生和卫生防疫 …………………………………64

　　4.4.7　路况维护 …………………………………………………………65

　　4.4.8　综合治理 …………………………………………………………65

4.5　园林绿化施工现场管理 ……………………………………………………65

　　4.5.1　管理方案 …………………………………………………………65

　　4.5.2　施工要求 …………………………………………………………66

　　4.5.3　种植前土壤的处理 ………………………………………………67

　　4.5.4　种植材料和播种材料 ……………………………………………67

　　4.5.5　劳动力及主要设备 ………………………………………………68

　　4.5.6　文明施工措施 ……………………………………………………68

　　4.5.7　施工成品、半成品保护组织措施 ………………………………68

　　4.5.8　防噪及减少扰民措施 ……………………………………………69

　　4.5.9　绿化保护措施 ……………………………………………………69

第5章　园林绿化工程施工进度管理 …………………………………………70

5.1　施工进度管理概述 …………………………………………………………70

　　5.1.1　施工进度管理的原理 ……………………………………………70

　　5.1.2　施工进度管理的内容 ……………………………………………72

5.2　施工进度控制的目标 ………………………………………………………72

5.3　施工进度计划 ………………………………………………………………73

　　5.3.1　施工进度计划的分类 ……………………………………………73

　　5.3.2　施工进度计划编制的要求与原则 ………………………………74

　　5.3.3　施工进度计划编制的依据与内容 ………………………………75

　　5.3.4　施工进度计划的编制 ……………………………………………76

　　5.3.5　关键工作、关键线路和时差的确定 ……………………………91

　　　5.3.6　进度计划调整的方法 ··92
　　　5.3.7　进度控制的措施 ··94
　5.4　流水施工技术在园林绿化工程中的应用 ··························96
　　　5.4.1　流水施工方法 ···96
　　　5.4.2　网络计划技术 ···101

第6章　园林绿化工程施工质量管理 ·······························103
　6.1　工程施工质量管理概述 ···103
　　　6.1.1　质量管理的基本概念 ···103
　　　6.1.2　工程质量管理概况 ···104
　6.2　工程施工质量体系与控制程序 ·····································106
　　　6.2.1　工程施工质量管理体系 ··106
　　　6.2.2　工程质量控制措施 ···109
　6.3　施工准备阶段的质量管理 ··114
　　　6.3.1　施工质量控制的准备工作 ··115
　　　6.3.2　现场施工准备的质量控制 ··116
　　　6.3.3　材料的质量控制 ···117
　　　6.3.4　施工机械设备的质量控制 ··119
　6.4　施工阶段的质量管理 ··119
　　　6.4.1　施工阶段质量控制概述 ··119
　　　6.4.2　影响工程质量因素的控制 ··121
　　　6.4.3　施工阶段质量控制任务和内容 ···································123
　　　6.4.4　施工工序质量的控制 ···123
　6.5　园林绿化工程竣工验收与备案 ·····································124
　　　6.5.1　竣工验收 ··124
　　　6.5.2　竣工验收备案 ··126
　6.6　工程质量问题及质量事故的处理 ···································127
　　　6.6.1　工程质量事故特点与分类 ··127
　　　6.6.2　工程质量事故的报告与调查 ·····································129
　　　6.6.3　园林绿化工程质量监督与管理 ···································133

第7章　园林绿化工程安全生产管理 ·······························141
　7.1　施工安全生产基础知识 ···141
　　　7.1.1　园林绿化工程施工安全管理基础知识 ························141
　　　7.1.2　园林绿化工程安全生产的保证体系 ···························144
　　　7.1.3　园林绿化工程安全管理策划 ·····································147
　7.2　施工现场安全生产教育培训 ···148
　　　7.2.1　园林绿化工程安全教育对象 ·····································148
　　　7.2.2　园林绿化工程安全生产教育内容 ······························149
　　　7.2.3　园林绿化工程安全教育的形式 ···································150

7.3 园林绿化工程安全管理的内容 152
7.3.1 园林绿化工程安全合约管理 152
7.3.2 园林绿化工程安全技术管理 156
7.3.3 园林绿化工程安全生产目标管理 159
7.3.4 园林绿化工程安全技术资料管理 160

第8章 园林绿化工程生产要素管理 163
8.1 人力资源管理 163
8.1.1 人力资源概述 163
8.1.2 人力资源管理概述 169
8.1.3 园林绿化工程项目人力资源管理 171
8.2 园林绿化工程技术管理 172
8.2.1 园林绿化工程技术管理组成及特点 172
8.2.2 园林绿化工程技术管理内容 173
8.3 园林绿化工程材料管理 174
8.3.1 园林绿化工程施工材料的采购管理 174
8.3.2 园林绿化工程施工材料库存管理 176
8.3.3 施工现场的材料管理 177
8.3.4 机械设备管理 179

第9章 园林绿化工程施工资料管理 182
9.1 园林绿化工程施工资料概述 182
9.1.1 园林绿化工程施工资料的概念 182
9.1.2 园林绿化工程施工资料的类别 182
9.2 园林绿化工程施工资料管理 182
9.2.1 园林绿化工程施工资料的主要内容 182
9.2.2 园林绿化工程施工阶段资料管理 198
9.3 园林绿化工程竣工图资料管理 201
9.3.1 施工文件归档管理的内容 202
9.3.2 施工文件归档管理的要求 203
9.3.3 施工文件立卷要求 205
9.4 园林绿化工程信息资料管理 207
9.4.1 信息管理的任务 207
9.4.2 信息管理的原则 207
9.4.3 施工项目信息管理的要求 207
9.4.4 施工项目信息的分类与内容 207
9.4.5 信息编码与处理 208

第10章 园林绿化工程施工后期管理 218
10.1 园林绿化工程竣工验收管理 218

10.1.1　公司内部验收 ·· 218

10.1.2　外部验收 ·· 227

10.2　园林绿化工程项目移交 ·· 229

10.2.1　内部移交验收 ·· 229

10.2.2　外部移交验收 ·· 229

10.3　园林绿化工程回访与保修 ·· 230

10.3.1　园林绿化工程项目回访 ··· 230

10.3.2　园林绿化工程项目保修 ··· 232

10.4　园林绿化工程养护期管理 ·· 233

10.4.1　养护团队组建 ·· 233

10.4.2　养护班组选择 ·· 234

10.4.3　养护方案的编制与审批 ··· 235

10.4.4　养护过程的督促检查 ·· 236

参考文献 ·· 238

第1章 园林绿化工程项目管理概述

1.1 园林绿化工程

1.1.1 园林绿化工程的概念与特征

1.1.1.1 园林绿化工程的概念

园林绿化工程（Landscape Construction）是指新建、改建、扩建公园绿地、防护绿地、广场用地、附属绿地、区域绿地的绿化工程，以及对城市生态和景观影响较大的建设项目的配套绿化工程。主要内容包括：园林绿化地形整理、植物栽植、园林设备安装及配套建筑、小品、花坛、园路、水系、驳岸、喷泉、假山、雕塑、绿地广场、园林景观桥梁等。从广义上讲，它是综合的景观建设工程，是自项目起始至设计、施工及后期养护的全过程。

1.1.1.2 园林绿化工程的特征

园林绿化工程的特征是以工程技术为手段，塑造园林艺术的形象。在园林工程中运用新材料、新设备、新技术是当前的重大课题。

1. 综合性

复杂的综合性园林工程项目往往涉及地貌的融合、地形的处理以及建筑、水景、给水、排水、供电、园路、假山、园林植物栽种、环境保护等诸多方面的内容。在园林工程建设中，协同作业、多方配合已成为当今园林工程建设的总要求。园林作为一门综合艺术，在进行园林产品的创作时，所要求的技术无疑是复杂的。随着园林工程日趋大型化，协同作业、多方配合的特点日益突出；同时，随着新材料、新技术、新工艺、新方法的广泛应用，园林各要素的施工更注重技术的综合性。

2. 艺术性

园林绿化工程不单是一种工程，更是一种艺术，它是一门艺术工程，具有明显的艺术性特征。园林艺术涉及造型艺术、建筑艺术和绘画艺术、雕刻艺术、文学艺术等诸多艺术领域。园林绿化工程产品不仅要按设计方案搞好工程设施和构筑物的建设，还要讲究园林植物配置手法、园林设施和构筑物的美观舒适以及整体空间的协调。这些都要求采用特殊的艺术处理才能实现，而这些要求得以实现都体现在园林工程的艺术性之中。

3. 技术性

园林绿化工程是一门技术性很强的综合性工程，它涉及土建施工技术、园路铺装技术、苗木种植技术、假山叠造技术及装饰装修、油漆彩绘等诸多技术。

4. 时代性

园林绿化工程是随着社会生产力的发展而发展的，在不同的社会时代条件下，总会形成与其相适应的园林工程产品。因而园林工程产品必然带有时代性特征。当今时代，随着人民生活水平的提高和人们对环境质量要求的不断提高，对城市的园林建设要求亦多样化，工程的规模和内容也越来越大，新技术、新材料、新科技、新时尚已深入园林绿化工程的各个领域，如以光、电、机、声为一体的大型音乐喷泉、新型铺装材料、无土栽培、组织培养、液力喷植技术等新型施工方法的应用，形成了现代园林工程的又一显著特征。

5. 安全性

"安全第一，景观第二"是园林创作的基本原则。对园林景观建设中的景石假山、水景驳岸、供电防火、设备安装、大树移植、建筑结构、索道滑道等均需格外注意。

6. 时空性

园林实际上是一种五维艺术，除了其空间特性，还有时间性以及造园人的思想情感。在不同的地域，园林绿化工程的空间性表现形式迥异。园林绿化工程的时间性，则主要体现于植物景观上，即常说的生物性。

7. 体验性

提出园林绿化工程的体验特点是时代要求，是欣赏主体——人的心理美感的要求，是现代园林工程以人为本的最直接体现。人的体验是一种特有的心理活动，实质上是将人融于园林作品之中，通过自身的体验得到全面的心理感受。园林绿化工程正是给人们提供这种心理感受的场所，这种审美追求对园林工作者提出了很高的要求，即要求园林绿化工程中的各个要素都做到完美无缺。

8. 生态性和可持续性

园林绿化工程与景观生态环境密切相关。如果项目能按照生态环境学理论和要求进行设计和施工，保证建成后各种设计要素对环境不造成破坏，能反映一定的生态景观，体现出可持续发展的理念，就是比较好的项目。

9. 生物、工程、艺术的高度统一性

园林绿化工程要求将园林生物、园林艺术与市政工程融为一体，以植物为主线，以艺驭术，以工程为陪衬，一举三得；并要求工程结构的功能和园林环境相协调，在艺术性的要求下实现三者的高度统一。同时园林绿化工程建设的过程又具有实践性强的特点，要想变理想为现实、化平面为立体，建设者就既要掌握工程的基本原理和技能，又要使工程园林化、艺术化。

1.1.2 园林绿化工程的分类

园林绿化工程的分类多是按照工程技术要素进行的，方法也有很多，其中按园林工程概、预算定额的方法划分是比较合理的，也比较符合工程项目管理的要求。这一方法是将园林工程划分为三类：单项园林绿化工程、单位园林绿化工程和分部园林绿化工程。

（1）单项园林绿化工程是根据园林工程建设的内容来划分的，主要分为三类：园林建筑工程、园林构筑工程和园林绿化工程。

1）园林建筑工程可分为亭、廊、榭、花架等建筑工程。

2）园林构筑工程可分为筑山、水体、道路、小品、花池等工程。

3）园林绿化工程可分为道路绿化、行道树移植、庭园绿化、绿化养护等工程。

（2）单位园林绿化工程是在单项园林工程的基础上将园林的个体要素划归为相应的单项园林工程。

（3）分部园林绿化工程按照工程技术要素划分为土方工程、基础工程、砌筑工程、混凝土工程、装饰工程、栽植工程和绿化养护工程等。

1.1.3   园林绿化工程的建设过程

园林绿化工程项目的建设过程大致可以划分为四个阶段，即项目计划立项报批阶段、组织计划及设计阶段、工程建设实施阶段和工程竣工验收阶段。

1.1.3.1   项目计划立项报批阶段

项目计划立项报批阶段又称准备阶段或立项计划阶段，是指对拟建项目通过勘察、调查、论证、决策后初步确定建设地点和规模，通过论证、研究、咨询等工作写出项目可行性报告，编制出项目建设计划任务书，报主管部门论证审核，送建设所在地的建设部门批准后再纳入正式的年度建设计划。工程项目建设计划任务书是工程项目建设的前提和重要的指导性文件。工程项目建设计划任务书要明确的主要内容包括工程建设单位、工程建设的性质、工程建设的类别、工程建设单位负责人、工程的建设地点、工程建设的依据、工程建设的规模、工程建设的内容、工程建设完成的期限、工程的投资概算、效益评估、与各方的协作关系以及文物保护、环境保护与生态建设和道路交通等方面问题的解决计划等。

1.1.3.2   组织计划及设计阶段

组织计划及设计就是根据已经批准纳入计划的计划任务书内容，由园林工程建设组织、设计部门进行必要的组织和设计工作。园林工程建设的组织和设计一般实行两段设计制度：一是进行建设工程项目的具体勘察，初步设计并据此编制设计概算；二是在此基础上，进行施工图设计。在进行施工图设计时，不得改变计划任务书及初步设计中已确定的工程建设的性质、规模和概算等。

1.1.3.3   工程建设实施阶段

一旦设计完成并确定了施工企业后，施工企业应根据建设单位提供的相关资料和图样，以及调查掌握的施工现场条件，各种施工资源（人力、物资、材料、交通等）状况，结合本企业的特点，做好施工图预算和施工组织设计的编制等工作，并认真做好各项施工前的准备工作，严格按照施工图、工程合同，以及工程质量、进度、安全等要求做好施工生产的安排，科学组织施工，认真搞好施工现场的组织管理，确保工程质量、进度、安全，提高工程建设的综合效益。

1.1.3.4   工程竣工验收阶段

园林绿化工程建设完成后，立即进入工程竣工验收阶段。在现场实施阶段的后期就应当进行竣工验收的准备工作，并对完工的工程项目组织有关人员进行内部自检，发现问题及时纠正弥补，力求达到设计、合同的要求。工程竣工后，应尽快召集有关单位和部门，根据设计要求和工程施工技术验收规范进行正式的竣工验收，对竣工验收中提出的一些问题及时纠正弥补后即可办理竣工交工与交付使用等手续。

1.2   相关专业术语

1.2.1   建设项目

1.2.1.1   建设项目的概念

建设项目（Construction Project）是指为完成依法立项的新建、改建、扩建的各类工程（土木工程、建筑工程及安装工程等）而进行的、有起止日期的、达到规定要求的一组相互关联的受控活动组成的特定过程，包括策划、勘察、设计、采购、施工、试运行、竣工验收和移交等。

　　建设项目的管理主体是建设单位，建设项目的管理客体是一次性建设任务，即投资者为实现投资目标而进行的一系列工作（包括投资前期工作、投资实施的组织管理工作及投资总结工作）。

1.2.1.2　建设项目的特性

　　建设项目的特性如表 1-1 所示。

建设项目的特性与内容　　　　　　　　　　　　　　表 1-1

序号	特性	内　　含	实质
1	统一性	由建设单位统一管理，统一核算	在一个总体设计范围内
2	约束性	约束条件包括投资总额、建设工期和质量标准	有一定的约束条件
3	一次性	投资、建设地点与工期、设计、施工管理等程序都是一次性的	建设的每个环节都是一次性的
4	程序性	从项目建议书到可行性研究、勘察设计、招标投标、施工、竣工、移交使用，是一个有序的全过程	建设过程是有序的

1.2.2　施工项目

1.2.2.1　施工项目的概念

　　施工项目（Construction Project）是指一定时期内进行过建筑安装施工活动的基本建设项目或更新改造措施项目。包括本期以前开始建设并跨入本期继续施工的项目（简称"上期跨入项目"）、本期内正式开始建设的项目（简称"新开工项目"），以及本期以前缓建"下马"而在本期恢复施工的项目（简称"复工项目"）。

　　施工项目的管理，其主体是施工企业，是施工企业实现目标的一种手段。施工项目的管理，其客体是一次性建设任务，即施工企业为实现其经营目标而进行的投资决策、施工组织及施工总结工作。

1.2.2.2　施工项目的特征

　　（1）它是建设项目或其中的单项工程或单位工程的施工任务。

　　（2）它作为一个管理整体，是以建筑施工企业为管理主体的。

　　（3）该任务的范围是由工程承包合同界定的。但只有单位工程、单项工程和建设项目的施工才谈得上是项目，因为其可形成建筑施工企业的产品。分部、分项工程不是完整的产品，因此也不能称作"项目"。

1.2.2.3　施工项目的分类

　　（1）按照项目的建设性质划分：新建、扩建、改建、恢复和拆建项目。

　　（2）按照固定资产的投资性质划分：基本建设项目和技术改造项目。

　　（3）按照项目的用途划分：生产性项目和非生产性项目。

　　（4）按照项目的规模划分：大型项目、中型项目和小型项目。

　　（5）按照项目的投资效益划分：竞争性项目、基础性项目和公益性项目。

　　（6）按照项目的投资来源划分：政府投资项目（经营性政府投资项目、非经营性政府投资项目）、非政府投资项目（企业、集体、外商和私人投资的工程项目）。

　　建设项目与施工项目的关联如表 1-2 所示。

建设项目与施工项目的关联对照　　　　　　　　　　　　　表 1-2

序号	联　系	区　别
1	具有项目的所有特征和一般规律	二者管理的客体对象不同，所采取的管理方式和手段不同。建设项目的客体是投资活动，工作重点是如何选择投资项目和控制项目费用，对活动的控制方式是间接的。施工项目的客体是施工活动，工作重点是如何利用各种有效的手段完成施工任务，其管理是直接的、具体的
2	建设项目为施工项目提供了必要的基础和前提，建设项目制约影响着施工项目，施工项目在组织管理等方面必须适应建设项目的要求	二者的范围和内容不同，所涉及环境和关系也不同。建设项目涉及的范围包括一个项目从投资意向开始到投资回收全过程各方面的工作，而施工项目涉及的范围仅仅是从施工投标意向开始到施工任务交工终结过程的各方面施工活动。建设项目立项后客体范围一般由设计任务界定，施工项目中标后的工作范围一般由工程承包合同界定
3	施工项目的任务来源于建设项目的任务，施工任务的最终成果又要交付建设单位使用管理	二者的管理主体不同。建设项目的管理主体是建设单位，目标是以最少的投资取得最有效的满足功能要求的使用价值，以投资额、建设新产品质量、建设工期为主要目标，属于成果性目标。施工项目的管理主体是施工企业，目标是如何在保证消费者使用功能要求的情况下，实现建筑和市政产品的最大价值，以利润、成本、工期、质量为主要目标，属于效率性目标

1.2.3 园林绿化工程项目

1.2.3.1 园林绿化工程项目的概念

园林绿化工程项目是指园林建设领域中的项目。一般园林绿化工程项目是指为某种特定的目的而进行投资建设并含有一定建筑或建筑安装工程的园林建设项目。

1.2.3.2 园林绿化工程项目系统

1. 单项工程

单项工程是指具有独立文件的、建成后可以独立发挥生产能力或效益的一组配套齐全的项目。单项工程从施工的角度看就是一个独立的交工系统，因此，一般单独组织施工和竣工验收。如某一综合性公园建设项目，可分为大型土方开挖与回填、土建工程、水电安装工程、装饰工程、市政工程和园林绿化工程等若干个单项工程。

2. 单位工程

单位工程是单项工程的组成部分。一般指一个单体的建筑物、构筑物或种植群落。一个单位工程往往不能单独形成生产能力或发挥工程效益。例如，植物群落单位工程必须与地下排水系统、地面灌溉系统和照明系统等单位工程配套，形成一个单项工程，才能投入生产使用。

3. 分部工程

分部工程是指按单位工程的各个部位或按照使用不同的工种、材料和施工机械而划分的工程项目，是单位工程的组成部分。按照国家定额规定，可将园林绿化工程划分为绿化工程、堆砌假山及塑假石山工程、园路及园桥工程、园林小品工程四个部分；若按照《建设工程工程量清单计价规范》规定，可将园林绿化工程分为绿化工程、园路园桥及假山工程、园林景观工程三个部分。

4. 分项工程

分项工程是指分部工程中按照不同的施工方法、不同的材料、不同的规格等进一步划分的最基本工程项目，是分部工程的组成部分，是工程预算中最基本的计算单位，最显著的特点是可以套用定额中的基价或综合单价，或市场询价。

【案例 1-1】以某居住小区绿化景观工程为例，对相关项目进行划分：

建设项目：××市××花园

单项工程：土建工程、园林绿化工程、市政工程

单位工程（园林绿化工程）：绿化工程、园路工程、水景工程

分部工程（绿化工程）：绿地整理、栽植花木、绿地喷灌

分项工程（栽植花木）：栽植带土球胸径 15cm 香樟、栽植带土球地径 8cm 梅花……

用图表直观表示如下（图 1-1）：

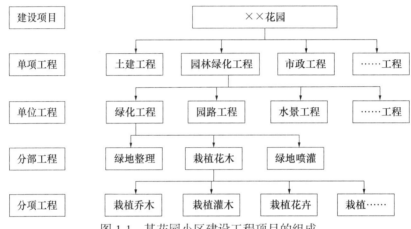

图 1-1　某花园小区建设工程项目的组成

由此可见，分项工程是工程建设项目最基本的工程单位，划分的合理性直接影响到园林工程造价的编制。

1.2.3.3　园林绿化工程项目的特点

园林工程项目有特定的过程，具有以下特点：

1. 系统性

任何工程项目都是一个系统，具有鲜明的系统特征。园林工程项目管理者必须树立起系统观念，用系统的观念分析工程项目。系统观念强调全局，即必须考虑工程项目的整体需要，进行整体管理；系统观念强调目标，把目标作为系统，必须在整体目标优化的前提下进行系统的目标管理；系统观念强调相关性，必须在考虑各个组成部分的相互联系和相互制约关系的前提下进行工程项目的运行与管理。园林工程项目系统包括工程系统、结构系统、目标系统、关联系统等。

2. 一次性

园林工程项目的一次性不仅表现在这个特殊过程有确定的开工和竣工时间，还表现为建设过程的不可逆性、设计的唯一性、生产的单件性和项目产出物位置的固定性等。

3. 功能性

每一个园林工程项目都有特定的功能和用途，这是在概念阶段策划并决策，在设计阶段具体确定，在实施阶段形成，在结束阶段必须验收交付的。

4. 露天性

园林工程项目的实施大多在露天进行，这一过程受自然条件影响大，活动条件艰难、变

化多，组织管理工作繁重且复杂，目标控制和协调活动困难重重。

5. 长期性

园林工程项目生命周期长，从概念阶段到结束阶段，少则数月，多则数年乃至数十年。园林工程产品的使用周期也很长，其自然寿命主要是由设计寿命和植物自然生命期决定的。

6. 高风险性

由于园林工程项目体形庞大，需要投入的资源多，生命周期很长，投资额巨大，风险自然也很大。另外，种植工程是活生命体的施工，其资源采购、运输条件、种植地环境和气候等都构成园林工程项目的高风险性。在园林工程项目管理中必须突出风险管理，积极预防投资风险、技术风险、自然风险和资源风险。

1.3 园林绿化工程项目管理模式与任务

1.3.1 园林绿化工程项目管理模式

1.3.1.1 园林绿化工程项目管理的概念

园林绿化工程项目管理是指在一定的约束条件下（在规定的时间和预算费用内），以实现园林项目为目的，对园林项目进行有效的计划、控制、组织、协调、指挥的系统管理活动。

一定的约束条件是制定园林项目目标的依据，也是对园林项目控制的依据。园林项目管理的目的就是保证项目目标的实现。园林项目管理的对象是项目，由于项目具有单件性和一次性的特点，要求园林项目管理具有针对性、系统性、程序性和科学性。只有用系统工程的观点、理论和方法对园林项目进行管理，才能保证园林项目的顺利完成。

1.3.1.2 园林绿化工程项目管理过程

战略策划过程→配合管理过程→与范围有关的过程→与时间有关的过程→与成本有关的过程→与资源有关的过程→与人员有关的过程→与沟通有关的过程→与风险有关的过程→与采购有关的过程。

1.3.1.3 园林绿化工程项目管理的常用模式

1. 建设单位自行组织建设

在工程项目的全生命周期内，一切管理工作都由建设单位临时组建的管理班子自行完成。这是一种小生产方式，常常只有一次性的教训，很难形成经验的积累。

2. 工程指挥部模式

这种模式将军事指挥方式引入生产管理中。工程指挥部代表行政领导，用行政手段管理生产，此种模式下的项目实施难以全面符合生产规律和经济规律的要求。

3. 设计—招标—建造模式

这是国际上最为通用的模式，世界银行援助或贷款项目、FIDIC 施工合同条件、我国的工程项目法人责任制等都采用这种模式。这种模式的特点是：建设单位进行工程项目的全过程管理，将设计和施工过程通过招标发包给设计单位和施工企业完成，施工企业通过竣工验收交付给建设单位工程项目产品。这种模式具有长期积累的丰富管理经验，有利于合同管理、风险管理和节约投资。

4. CM 模式

这是一种新型管理模式，不同于设计完成后进行施工发包的模式，而是边设计边发包的阶段性发包方式，可以加快建设速度。

它有以下两种类型。第一种是代理型。在这种模式下，业主、业主委托的 CM 经理和建筑师组成联合小组，共同负责组织和管理工程的规划、设计和施工，CM 经理对规划设计起协调作用，完成部分设计后即进行施工发包，由业主与承包人签订合同，CM 经理在实施中负责监督和管理，CM 经理与业主是合同关系，与承包人是监督、管理与协调的关系。第二种是非代理型。CM 单位以承包人的身份参与工程项目实施，并根据自己承包的范围进行分包的发包，直接与分包人签订合同。

5. 管理承包（MC）模式

这是指业主直接找一家公司进行管理承包，并签订合同。设计承包人负责设计，施工承包人负责施工、采购和对分包人进行管理。设计承包人和施工承包人与管理承包人签订合同，而不与业主签订合同。这种方式加强了业主的管理，并使施工与设计做到良好结合，可缩短建设期限。

6. BOT 模式

即建造—运营—移交模式，又称为"特许经营权融资方式"。它适用于需要大量资金进行建设的工程项目。为了获得足够的资金进行工程项目建设，政府开放市场，吸收外来资金，授给工程项目公司以特许权，由该公司负责融资和组织建设，建成后负责运营和偿还贷款，在特许期满时将工程无条件移交给政府。这种形式的优点是：既可解决资金不足，又可强化全过程的项目管理，大大提高了工程项目的整体效益。

7. EPC 模式

即建设项目总承包模式，是指一家总承包商或承包商联合体按照与建设单位签订的合同，对工程项目的设计、材料设备采购、施工等实行全过程的承包，并对工程的质量、安全、工期和造价等全面负责的承包方式。该模式起源于 20 世纪 60 年代，后来逐渐在世界范围内推广，我国化工、石化等行业在 20 世纪 80 年代积极进行了工程总承包模式工程实践的探索，成效显著。随着 2016 年 2 月国务院《关于进一步加强城市规划建设管理工作的若干意见》、2016 年 5 月住房和城乡建设部《关于进一步推进工程总承包发展的若干意见》、2016 年 8 月住房和城乡建设部《住房城乡建设事业"十三五"规划纲要》等文件的出台，要求大力推进工程总承包，建设单位在选择建设项目组织实施方式时，优先采用工程总承包模式，促进设计、采购、施工等各阶段的深度融合，园林行业也开始出现大量的 EPC 模式工程实践。EPC 模式下，承包商在项目初期和设计时就考虑到采购和施工的影响，避免了设计和采购、施工的矛盾，减少了由于设计错误、疏忽引起的变更，可以显著减少项目成本、缩短工期。实践证明，推进工程总承包，可将设计、采购、施工成为一个有机总体，避免三者间的相互脱节，有利于对项目实施全过程、全方位的技术经济分析和方案的整体优化，有利于保证建设质量、缩短建设工期、减低工程投资。

1.3.2　园林绿化工程项目管理的任务

1. 合同管理

园林绿化工程合同是业主和参与项目实施的各主体之间明确责任、权利关系的具有法律效力的协议文件，也是运用市场经济体制、组织项目实施的基本手段。从某种意义上讲，园林项目的实施过程就是园林绿化工程合同订立和履行的过程。一切合同所赋予的责任、权利履行到位之日，也就是园林绿化工程项目实施完成之时。

园林工程合同管理主要是指对各类园林合同的依法订立过程和履行过程的管理，包括合同文本的选择，合同条件的协商、谈判，合同书的签署，合同履行、检查、变更、违约、纠纷的处理，以及总结评价等。

2. 组织协调

组织协调是实现园林项目目标必不可少的方法和手段。在园林项目实施过程中，各个项目参与单位需要处理和调整众多复杂的业务组织关系。

3. 目标控制

目标控制是园林项目管理的重要职能，它是指园林项目管理人员在不断变化的动态环境中为保证既定计划目标的实现而进行的一系列检查和调整活动。园林工程项目目标控制的主要任务就是在项目前期策划、勘察设计、施工、竣工交付等各个阶段采用规划、组织、协调等手段，从组织、技术、经济、合同等方面采取措施，确保园林项目总目标的顺利实现。

4. 风险管理

风险管理是一个确定和度量项目风险，以及制定、选择和管理风险处理方案的过程。其目的是通过风险分析减少项目决策的不确定性，以便使决策更加科学，并在项目实施阶段保证目标控制的顺利进行，更好地实现园林项目质量、进度和投资目标。

5. 信息管理

信息管理是园林工程项目管理的基础工作，是实现项目目标控制的保证。只有不断提高信息管理水平，才能更好地承担起项目管理的任务。

园林工程项目的信息管理是对园林工程项目的各类信息的收集、储存、加工整理、传递与使用等一系列工作的总称。信息管理的主要任务是及时、准确地向项目管理各级领导、各参与单位及各类人员提供所需的综合程度不同的信息，以便在项目进展的全过程中动态地进行项目规划，迅速正确地进行各种决策，并及时检查决策执行的结果，反映园林工程实施中暴露出的各类问题，为项目总目标服务。

6. 环境保护

项目管理者必须充分研究和掌握国家和地区有关环保的法规和规定，对环保方面有要求的园林工程建设项目，在项目可行性研究和决策阶段必须提出环境影响报告及其对策措施，并评估其措施的可行性和有效性，严格按建设程序向环保管理部门报批。在园林项目实施阶段，做到主体工程与环保措施工程同步设计、同步施工、同步投入运行。在园林工程施工承发包中，必须把依法做好环保工作列为重要的合同条件加以落实，并在施工方案的审查和施工过程中始终把落实环保措施、克服建设公害作为重要的内容予以密切关注。

1.3.3　园林绿化工程项目管理的分类

1. 按管理层次分类

（1）宏观项目管理。政府作为主体对项目活动进行的管理。

（2）微观项目管理。项目法人或其他参与主体对项目活动进行的管理。

2. 按管理范围和内容不同层次分类

（1）广义项目管理。包括从投资意向、项目建议书、可行性研究、建设准备、设计、施工、竣工验收到项目后期评估的全过程管理。

（2）狭义项目管理。从项目可行性研究报告批准后到项目竣工验收、建设准备、设计、施工、竣工验收到项目后期评估的全过程管理。

3. 按管理主体不同分类

（1）建设方项目管理。

（2）监理方项目管理。

（3）承包方项目管理。总承包方项目管理、设计方项目管理、施工方项目管理、供应方项目管理。

1.3.4　园林绿化工程项目管理的特征

1. 每个项目具有特定的管理程序和管理步骤

园林项目的一次性、单件性决定了每个项目都有其特定的目标，而园林项目管理的内容和方法要针对园林项目的目标而定，园林项目目标的不同决定了每个项目都有自己的管理程序和步骤。

2. 园林项目管理是以项目经理为中心的管理

由于园林项目管理具有较大的责任和风险，其管理涉及人力、技术、设备、材料、资金等多方面因素，为了更好地进行计划、组织、指挥、协调和控制，必须实施以项目经理为中心的管理模式。在园林项目实施过程中应授予项目经理较大的权力，以使其能及时处理园林项目实施过程中出现的各种问题。

3. 应用现代管理方法和技术手段进行园林项目管理

现代项目的大多数属于先进科学的产物，或者是一种涉及多种学科的系统工程，要使园林项目圆满地完成，就必须综合运用现代化管理方法和科学技术，如决策技术、网络计划技术，价值工程、系统工程，及目标管理、样板管理等。

4. 园林项目管理过程中实施动态控制

为了保证园林项目目标的实现，在项目实施过程中采用动态控制的方法，阶段性地检查实际完成值与计划目标值的差异，采取措施纠正偏差，制定新的计划目标值，使园林项目的实施结果逐步走向最终。

1.4　工程项目管理技术标准体系

1.4.1　工程项目管理法律法规体系构成

工程项目管理法律法规体系按立法权限分为以下五个层次：

（1）建设法律：《中华人民共和国规划法》《中华人民共和国合同法》《中华人民共和国招标投标法》《中华人民共和国劳动法》《中华人民共和国安全生产法》。

（2）建设行政法规：由国务院依法制定并颁布的属于中华人民共和国住房和城乡建设部主管业务范围内的各种法规，如《建设工程质量管理条例》《建设工程勘察设计管理条例》等。

（3）住房和城乡建设部部门规章：指中华人民共和国住房和城乡建设部与国务院有关部门联合制定并发布的规章。如《房屋建筑和市政基础设施工程施工招标投标管理办法》《工程建设项目施工招标投标办法》等。

（4）地方性建设法规：指由省、市、自治区、直辖市人大及其常委会制定并发布的建设方面的规章。

（5）地方性建设规章：指由省、市、自治区、直辖市以及省会城市和经国务院批准的较大市的人民政府制定并颁布的建设方面的规章。

1.4.2 工程项目管理技术标准体系

工程项目管理技术标准是指由国家制定或认可，由国家强制力保证其实施的有关规划、勘查、设计、施工、安装、检测、验收等的技术标准、规范、规程、条例、办法、定额等规范性文件。如《建筑工程施工质量验收统一标准》《建筑施工安全检查标准》《建设工程项目管理规范》《建设工程监理规范》《建设工程工程量清单计价规范》和《工程网络计划技术规程》等。

建设技术法规体系按照属性将国家标准和行业标准分为强制性标准和推荐性标准两类。

（1）强制性标准是指具有法律属性，在一定范围内通过法律、行政法规等强制手段加以实施的标准。涉及工程结构质量和生命安全，具有法规性、强制性和权威性，必须执行。

（2）推荐性标准是指导性标准，基本上与WTO/TBT对标准的定义接轨，它是自愿性的、协调一致的技术文件，不受政府和社会团体的利益干预，可科学地规定特性或指导生产。有国家级、部（委）级、省（直辖市、自治区）级和企业级等。

1.4.3 园林绿化工程相关法律法规及规范

1.4.3.1 相关法律

园林绿化工程相关法律有《中华人民共和国建筑法》《中华人民共和国招标投标法》《中华人民共和国安全生产法》。

1.4.3.2 相关法规

园林绿化工程相关法规有《城市绿化条例》（国务院2017年修订）、《建设工程质量管理条例》（国务院第714号令）、《建设工程安全生产管理条例》（国务院第393号令）、《安全生产许可证条例》（国务院第397号令）、《建筑安全生产监督管理规定》（建设部第13号令）。

1.4.3.3 相关规章

园林绿化工程相关规章有《建筑工程设计招标投标管理办法》《工程建设项目施工招标投标办法》《建筑工程施工许可管理办法》《建筑施工企业主要负责人、项目负责人和专职安全生产管理人员安全生产管理规定》。

1.4.3.4 相关技术规范及标准

园林绿化工程相关技术规范及标准有《风景园林基本术语标准》CJJ/T 91—2017、《园林行业职业技能标准》CJJ/T 237—2016、《传统建筑工程技术标准》GB/T 51330—2019、《古建筑工职业技能标准》JGJ/T 463—2019、《园林绿化工程项目负责人评价标准》T/CHSLA 50004—2019、《建设工程项目管理规范》GB/T 50326—2017、《全国园林绿化养护概算定额》ZYA2（II—21—2018）、《城市绿地分类标准》CJJ/T 85—2017、《绿化种植土壤》CJ/T 340—2016、《城市绿地养护技术规范》DB 44/T 268—2005、《城市绿地养护质量标准》DB 44/T 269—2005、《建设工程工程量清单计价规范》GB 50500—2013、《建设工程文件归档整理规范》GB/T 50328—2014、《园林绿化工程施工及验收规范》CJJ 82—2012、《古建筑修建工程施工与质量验收规范》JGJ 159—2008、《城镇道路工程施工与质量验收规范》CJJ 1—2008、《混凝土结构工程施工质量验收规范》GB 50204—2015、《砌体工程施工质量验收规范》GB 50203—2011、《钢结构工程施工质量验收标准》GB 50205—2020、《建筑地基基础工程施工质量验收标准》GB 50202—2018、《木结构工程施工质量验收规范》GB 50206—2012、《屋面工程施工质量验收规范》GB 50207—2012、《地下防水工程施工质量验收规范》GB 50208—2011、《建筑地面工程施工质量验收规范》GB 50209—2010、《建筑装饰装修工程质量验收标准》GB 50210—2018、《建筑给水排水及采暖工程施工质量验收规范》GB 50242—2016、《建筑电气工程施工质量验收规范》GB 50303—2015、《建筑施工安全技术统一规范》GB 50870—2013、《建筑机械使用安全技术规程》JGB 33—2012。

第 2 章　园林绿化工程项目管理组织

2.1　园林绿化工程项目管理组织概述

2.1.1　园林绿化工程项目管理组织的概念与作用

2.1.1.1　园林绿化工程项目管理组织的概念

组织是按照一定的宗旨和系统建立起来的集团，它是构成整个社会经济系统的基本单位。

组织的第一层含义是作为名词出现的，是指组织机构，组织机构是按一定的领导体制、部门设置、层次划分、职责分工、规章制度和信息系统等构成的有机整体，是社会人的结合体，可以完成一定的任务，并为此而处理人和人、人和事、人和物之间的关系。

第二层含义是作为动词出现的，指组织行为（活动），即通过一定权力和影响力，为达到一定目标，对所需资源进行合理配置，处理人和人、人和事、人和物之间关系的行为（活动）。

施工项目管理的组织，是指为进行施工项目管理、实现组织职能而进行的组织系统的设计与建立、组织运行和组织调整等三个方面工作的总称。

2.1.1.2　园林绿化工程项目管理组织的作用

（1）要做好组织准备，即建立一个能完成管理任务，让项目经理指挥灵便、运转自如、效率很高的项目组织机构——项目经理部，其目的就是为了提供进行施工项目管理的组织保障。

（2）形成一定的权力系统以便进行集中统一指挥。权力由法定和拥戴产生。法定来自于授权，拥戴来自于信赖。法定或拥戴都会产生权力和组织力。组织机构的建立，首先是以法定的形式产生权力。权力是工作的需要，是管理地位形成的前提，是组织活动的反映和保障。没有组织机构，便没有权力，也没有权力的运用。权力取决于组织机构内部是否团结一致，越团结，组织就越有权力和组织力，所以施工项目组织机构的建立要伴随着授权，以便使权力的使用更好地为实现施工项目管理的目标服务。

（3）形成责任制和信息沟通体系。责任制是施工项目组织中的核心问题。没有责任就不称其为项目管理机构，也就不存在项目管理。一个项目组织能否有效地运转，取决于是否有健全的岗位责任制。施工项目组织的每个成员都应肩负一定的责任，责任是项目组织对每个成员规定的一部分管理活动和生产活动的具体内容。

2.1.1.3　园林绿化工程项目管理组织的设置原则

（1）目的性原则。

（2）精干高效原则。

（3）管理跨度和分层统一原则。

（4）业务系统化管理原则。

（5）弹性和流动性原则。

（6）项目组织与企业组织一体化原则。

2.1.2　园林绿化工程项目管理组织的形式

根据园林工程项目的职能要求，施工项目管理组织的形式主要可分为工作队式项目组织、部门控制式项目组织、矩阵式项目组织和事业部式项目组织等。

2.1.2.1　工作队式项目组织

1. 特征

（1）按照特定对象原则，由企业各职能部门抽调人员组建项目管理组织机构（工作队），不打乱企业原建制。

（2）项目管理组织机构由项目经理领导，有较大独立性。在工程施工期间，项目组织成员与原单位中断领导与被领导关系，不受其干扰，但企业各职能部门可为之提供业务指导。

（3）项目管理组织与项目施工同寿命。项目中标或确定项目承包后，即组建项目管理组织机构；企业任命项目经理；项目经理在企业内部选聘职能人员组成管理机构；竣工交付使用后，机构撤销，人员返回原单位。

2. 适用范围

这种项目组织类型适用于大型项目、工期要求紧迫的项目、要求多工种多部门密切配合的项目。

3. 优缺点

（1）优点：项目组织成员来自企业各职能部门和单位熟悉业务的人员，各有专长，可互补长短，协同工作，能充分发挥其作用。项目经理权力集中，行政干预少，决策及时，指挥得力。各专业人员集中现场办公，减少了推诿和等待时间，工作效率高，解决问题快。由于这种组织形式弱化了项目与企业职能部门的结合部，因而项目经理便于协调关系和开展工作。

（2）缺点：组建之初来自不同部门的人员彼此之间不够熟悉，可能配合不力。由于项目施工一次性的特点，有些人员可能存在临时观点。当人员配置不当时，专业人员不能在更大范围内调剂余缺，往往造成忙闲不均，人才浪费。对于企业来讲，专业人员分散在不同的项目上，相互交流困难，职能部门的优势难以发挥。

2.1.2.2　部门控制式项目组织

1. 特征

（1）按照职能原则建立项目管理组织。

（2）不打乱企业现行建制，即由企业将项目委托其下属的某一专业部门或某一施工队。被委托的专业部门或施工队领导在本单位组织人员，并负责实施项目管理。

（3）项目竣工交付使用后，恢复原部门或施工队建制。

2. 适应范围

一般适用于专业性较强的，不需涉及众多部门配合的小型施工项目。

3. 优缺点

（1）优点：利用企业下属的原有专业队伍承建项目，可迅速组建施工项目管理组织机构。人员熟悉，职责明确，业务熟练，关系容易协调，工作效率高。

（2）缺点：不适应大型项目管理的需要。不利于精简机构。

2.1.2.3 矩阵式项目组织

1. 特征

（1）按照职能原则和项目原则结合建立起来的项目管理组织，既能发挥职能部门的纵向优势，又能发挥项目组织的横向优势，多个项目组织的横向系统与职能部门的纵向系统形成了矩阵结构。

（2）企业专业职能部门是相对长期稳定的，项目管理组织是临时性的。职能部门负责人对项目组织中本单位人员负有组织调配、业务指导、业绩考察责任。项目经理在各职能部门的支持下，将参与本项目组织的人员在横向上有效地组织在一起，为实现项目目标协同工作，项目经理对其有权控制和使用，在必要时可对其进行调换或辞退。

（3）矩阵中的成员接受原单位负责人和项目经理的双重领导，可根据需要和可能为一个或多个项目服务，并可在项目之间调配，充分发挥专业人员的作用。

2. 适用范围

（1）适用于同时承担多个工程项目管理的企业。

（2）适用于大型、复杂的施工项目。因大型、复杂的施工项目要求多部门、多技术、多工种配合实施，在不同阶段，对不同人员有不同数量和不同搭配的需求。

3. 优缺点

（1）优点。

兼有部门控制式和工作队式两种项目组织形式的优点，将职能原则和项目原则相结合，融为一体，而实现企业长期例行性管理和项目一次性管理的一致。通过对人员的及时调配，以尽可能少的人力实现多个项目管理的高效率。

项目组织具有弹性和应变能力。

（2）缺点。

1）矩阵式项目组织的结合部多，组织内部的人际关系、业务关系、沟通渠道等都较复杂，容易造成信息量膨胀，引起信息流不畅或失真，需要依靠有力的组织措施和规章制度规范管理。若项目经理和职能部门负责人双方产生重大分歧，难以统一时，还需企业领导出面协调。

2）项目组织成员接受原单位负责人和项目经理的双重领导，当领导之间发生矛盾，意见不一致时，当事人将无所适从，进而影响工作。在双重领导下，若组织成员过于受控于职能部门时，将削弱其在项目上的凝聚力，影响项目组织作用的发挥。

3）在项目施工高峰期，一些服务于多个项目的人员可能应接不暇而顾此失彼。

2.1.2.4 事业部式项目组织

1. 特征

（1）企业成立事业部，事业部是企业的职能部门，对外有相对独立的经营权，可以是一个独立单位。

（2）事业部下设项目经理部，项目经理由事业部选派，一般对事业部负责，有的可以直接对业主负责，是根据其授权程序决定的。

2. 适用范围

（1）适合大型经营型企业承包施工项目采用。

（2）远离企业本部的施工项目，海外工程项目。

（3）适宜在各个地区有长期市场或有多种专业化施工力量的企业采用。

3. 优缺点

（1）优点。

1）事业部式项目组织能充分调动、发挥事业部的积极性和独立经营作用，便于延伸企业的经营职能，有利于开拓企业的经营业务领域。

2）事业部式项目组织能迅速适应环境变化，提高公司的应变能力。既可以加强公司的经营战略管理，又可以加强项目管理。

（2）缺点。

1）企业对项目经理部的约束力减弱，协调指导机会减少，以至于有时会造成企业结构松散。

2）事业部的独立性强，企业的综合协调难度大，必须加强制度约束和规范化管理。

2.2　园林绿化工程项目管理机构

项目管理机构应承担项目实施的管理任务和实现目标的责任。项目管理机构应由项目管理机构负责人领导，接受组织职能部门的指导、监督、检查、服务和考核，负责对项目资源进行合理使用和动态管理。在项目启动前建立，在项目完成后或按合同约定解体。

2.2.1　建立项目管理机构应遵循的规定

（1）结构应符合组织制度和项目实施要求。

（2）应有明确的管理项目、运行程序和责任制度。

（3）机构成员应满足项目管理要求及具备相应资格。

（4）组织分工应相对稳定并可根据项目实施变化进行调整。

（5）应确定机构成员的职责、权限、利益和需承担的风险。

2.2.2　建立项目管理机构应遵循的步骤

（1）根据项目管理规划大纲、项目管理目标责任书及合同要求明确管理任务。

（2）根据管理任务分解和归类，明确组织结构。

（3）根据组织结构，确定岗位职责、权限以及人员配置。

（4）制定工作程序和管理制度。

（5）由组织管理层审核认定。

2.2.3　项目管理机构活动应符合的要求

（1）应执行管理制度。

（2）应履行管理程序。

（3）应实施计划管理，保证资源的合理配置和有序流动。

（4）应注重项目实施过程的指导、监督、考核和评价。

2.2.4　项目团队建设应符合的规定

（1）建立团队管理机制和工作模式。

（2）各方步调一致，协同工作。

（3）制定团队成员沟通制度，建立畅通的信息沟通渠道和各方共享的信息平台。

2.2.5　项目管理目标责任书应包含的内容

（1）项目管理实施目标。

（2）组织和项目管理机构职责、权限和利益的划分。

（3）项目现场质量、安全、环保、文明、职业健康和社会责任目标。

（4）项目设计、采购、施工、试运行管理的内容和要求。

（5）项目所需资源的获取和核算办法。

（6）法定代表人向项目管理机构负责人委托的相关事项。

（7）项目管理机构负责人和项目管理机构应承担的风险。

（8）项目应急事项及突发事件处理原则和方法。

（9）项目管理效果及目标实现的评价原则、内容和方法。

（10）项目实施过程中相关责任和问题的认定、处理原则。

（11）项目完成后对项目管理机构负责人的奖惩依据、标准和办法。

（12）缺陷责任期、质量保修期及之后对项目管理机构负责人的相关要求。

2.3　园林绿化工程项目负责人的职责

2.3.1　园林绿化工程施工项目负责人

园林工程施工项目负责人（Leader of Landscape Construction）是指系统掌握园林绿化工程项目管理的相关理论、方法、技术和工具，以及法律法规和技术标准，受园林绿化施工企业法定代表人委托，对园林绿化工程项目进行计划、组织、指挥、协调、控制等全过程管理，确保项目质量、进度、成本、安全文明施工按照合同约定完成项目履约的从业人员。简称"项目负责人"。

2.3.1.1　施工项目负责人应具备的基本条件

1. 政治素质

施工项目负责人是建筑施工企业的重要管理者，故应具备较高的政治素质和职业道德。

2. 领导素质

施工项目负责人是一名领导者，应具有较高的领导和组织能力、指挥能力，要博学多识，明礼诚信；要多谋善断，灵活机变；要知人善任，团结友爱；要公道正直，勤俭自强；要铁面无私，赏罚分明。

3. 知识素质

应具有大专以上相应学历，懂得建筑施工技术知识、经济知识、经营管理知识和法律知识。特别要精通项目管理的基本理论和方法，懂得施工项目管理的规律。每个项目负责人应接受过专门的项目负责人培训，并获得相应资质。

4. 实践经验

项目负责人必须具有较长时间的施工实践工作经历，在同类建设管理现场担任过高级管理职务，并按规定参加过一定的专业训练。

5. 身体素质

施工项目负责人应身体健康，以便在实际工作中保持充沛的精力和坚强的意志，高效地完成项目管理工作。

2.3.1.2 施工项目负责人的责、权、利

1. 施工项目负责人的任务与职责

施工项目负责人的任务与职责主要包括两个方面：一方面要保证施工项目按照规定的目标高速、优质、低耗地全面完成；另一方面是保证各生产要素在项目负责人授权范围内最大限度地优化配置。

2. 施工项目负责人的权限

施工项目负责人的权限由企业法人代表授予，并用制度和目标责任书的形式具体确定下来。应具有以下权限：用人权限；财务支付权限；进度计划控制权限；技术质量决策权限；物资采购管理权限；现场管理协调权限。

中华人民共和国住房和城乡建设部有关文件中对施工项目负责人的管理权力作了以下规定：① 组织项目管理班子；② 以企业法人代表的身份处理与所承担的工程项目有关的外部关系，受委托签署有关合同；③ 指挥工程项目建设的生产经营活动，调配并管理进入工程项目的人力、资金、物资、机械设备等生产要素；④ 选择施工作业队伍；⑤ 进行合理的经济分配；⑥ 企业法定代表人授予的其他管理权力。

3. 施工项目负责人的利益

施工项目负责人实行的是承包责任制，这是以施工项目经理负责为前提，以施工图预算为依据，以承包合同为纽带而实行的一次性、全过程的施工承包经营管理。项目负责人按规定的标准享受岗位效益工资和奖金，年终各项指标和总工程都达到承包合同指标要求的，按合同奖罚一次兑现，其年度奖励可分为风险抵押金的3～5倍。

2.3.2 园林绿化工程施工项目经理部

建设工程施工项目经理部是由企业委托，代表企业履行工程承包合同，进行施工项目管理的工作班子，是企业组织生产经营的基础。

2.3.2.1 施工项目经理部设置的部门

① 经营核算部门；② 工程技术部门；③ 物资设备部门；④ 监控管理部门；⑤ 测试计量部门。

施工项目经理部也可按控制目标进行设置，由进度控制、质量控制、成本控制、安全控制、合同管理、信息管理和组织协调等部门组成。

2.3.2.2 施工项目经理部的作用

项目经理部是施工项目管理工作班子，置于项目经理的领导之下。为了充分发挥项目经理部在项目管理中的主体作用，必须对项目经理部的机构设置加以特别重视，设计好，组建好，运转好，从而发挥其应有功能。

（1）项目经理部在项目负责人领导下，作为项目管理的组织机构，负责施工项目从开工到竣工的全过程施工生产经营的管理，是企业在某一工程项目上的管理层，同时对作业层负有管理与服务双重职能。作业层工作的质量取决于项目经理部的工作质量。

（2）项目经理部是项目经理的办事机构。为项目经理决策提供信息依据，当好参谋，同时又要执行项目经理的决策意图，向项目经理全面负责。

（3）项目经理部是一个组织体，其作用包括：完成企业所赋予的基本任务项目管理和专业管理任务等；凝聚管理人员的力量，调动其积极性，促进管理人员的合作，建立为事业的

献身精神；协调部门之间、管理人员之间的关系，发挥每个人的岗位作用，为共同目标进行工作；影响和改变管理人员的观念和行为，使个人的思想、行为变为组织文化的积极因素；贯彻组织责任制，搞好管理；沟通部门之间的信息，以及项目经理部与作业队、公司和环境之间的信息。

（4）项目经理部是代表企业履行工程承包合同的主体，也是对最终建筑产品和业主全面、全过程负责的管理主体；通过履行工程承包合同主体与产品管理主体的体现，使每个工程项目经理部成为企业进行市场竞争的主体成员。

2.3.2.3　施工项目经理部管理制度

施工项目经理部的主要管理制度有：施工项目管理岗位责任制度；施工项目技术与质量管理制度；图样与技术档案管理制度；计划、统计与进度报告制度；施工项目成本核算制度；材料、机械设备管理制度；施工项目安全管理制度；文明生产与场容管理制度；信息管理制度；例会和组织协调制度；分包和劳务管理制度；内外部沟通与协调管理制度等。

2.3.3　园林绿化工程施工项目管理规划

2.3.3.1　施工项目管理规划的概念

施工项目管理规划是对施工项目管理的各项工作进行的综合性的、完整的、全面的总体计划。从总体上应包括如下主要内容：项目管理目标的研究与细化；范围管理与结构分解；实施组织策略的制定；工作程序；任务的分配；采用的步骤与方法；资源的安排和其他问题的确定等。

施工项目管理规划有两类：一类是施工项目管理规划大纲，这是满足招标文件要求及签订合同要求的管理规划文件，是企业管理层在投标之前编制的，旨在作为投标依据；另一类是施工项目管理实施规划，这是指导施工项目实施阶段管理的计划文件，一般在开工之前由项目经理主持编制。

2.3.3.2　施工项目管理规划编制依据

（1）编制项目管理规划大纲应依据的资料。

（2）编制项目管理实施规划应依据的资料。

2.3.3.3　施工项目管理规划的内容

施工项目管理规划的内容，见表2-1所示：

施工项目管理规划的内容　　　　　　　　　　　　　　　　　表2-1

序号	分类	内容
1	施工项目管理规划大纲的内容	（1）项目概况描述； （2）项目实施条件分析； （3）管理目标描述； （4）拟定的项目组织结构； （5）质量目标规划和施工方案； （6）工期目标规划和施工总进度计划； （7）成本目标规划； （8）项目风险预测和安全目标规划； （9）项目现场管理规划和施工平面图； （10）投标和签订施工合同规划； （11）文明施工及环境保护规划

序号	分类	内容
2	施工项目管理实施规划的内容	（1）工程概况的描述； （2）施工部署； （3）施工方案； （4）施工进度计划； （5）资源供应计划； （6）施工准备工作计划； （7）施工平面图； （8）施工技术组织措施计划； （9）项目风险管理规划； （10）技术经济指标的计算与分析

2.4　园林绿化工程项目负责人评价

为了加强园林绿化工程建设管理，规范健康有序的市场环境，中华人民共和国住房和城乡建设部《园林绿化工程建设管理规定》（建城〔2017〕251 号）文件提出"园林绿化工程施工实行项目负责人制度"。

为了规范园林绿化施工资质取消后的市场管理，探索园林绿化工程招标投标新模式，中国风景园林学会依据住房和城乡建设部印发的建城〔2017〕251 号文件要求，于 2020 年发布了团体标准《园林绿化工程项目负责人评价标准》T/CHSLA 50004—2019，将园林工程项目负责人纳入市场招投标评价条件，并对项目负责人能力提出了相应要求。

2.4.1　一般规定

涉及园林绿化工程项目负责人的职业功能、职业等级、职业道德、工作内容和基础知识。

2.4.1.1　职业功能

（1）园林绿化工程项目负责人应以项目责任制为核心，对园林绿化工程进行质量、进度、成本、安全、文明施工等管理控制，全面提高项目管理水平，确保项目按合同约定完成验收并交付使用。

（2）园林绿化工程项目负责人应系统掌握园林绿化工程项目管理的相关专业知识和具备丰富的工程项目管理经验，具有较强的统筹计划、组织管理、协调控制、自主学习及创新能力。

2.4.1.2　职业等级

（1）园林绿化工程项目负责人设两个等级，分别为项目负责人和高级项目负责人。

（2）造价大于或等于 3000 万元的大型工程，或者技术特别复杂、施工难度大、专业综合性强的园林绿化工程管理宜由高级项目负责人承担。园林绿化工程类型的划分可符合现行团体标准《园林绿化工程施工招投标管理标准》T/CHSLA 50001—2018 的规定。

2.4.1.3　职业道德

（1）园林绿化工程项目负责人应具有良好的职业道德。

（2）园林绿化工程项目负责人必须遵纪守法、爱岗敬业、诚信为本、追求品质。

2.4.1.4 工作内容

（1）园林绿化工程项目负责人可从事园林绿化建设和养护工程项目管理、园林绿化工程经济技术咨询，以及法律法规规定的其他业务。

（2）园林绿化工程项目负责人项目管理的工作内容应包括项目前期、开工准备、施工组织、竣工验收、后期养护和交付使用的全过程管理工作。

2.4.2 评价条件与培训内容

中国风景园林学会为落实住房和城乡建设部关于推进市场化改革的要求，制定了《园林工程项目负责人评价标准和评价办法（试行）》，在全国园林绿化行业组织开展园林工程项目负责人评价试点工作。近年来已在广东、江苏、湖北、北京等省市开展了一系列的培训与考核，试点工作进展顺利，阶段性成效凸显。

2.4.2.1 评价人员申报条件

（1）凡遵守国家法律法规的园林绿化行业从业人员，可申请园林绿化工程项目负责人能力评价，年龄不应超过60周岁。

（2）风景园林及其相近专业（园艺、植物保护、林业）从业人员应符合下列条件之一：

1）取得中专、中技学历，从事园林绿化项目施工、养护或管理工作满5年；

2）取得大专、高技学历，从事园林绿化项目施工、养护或管理工作满4年；

3）取得本科及以上学历，从事园林绿化项目施工、养护或管理工作满2年。

（3）非风景园林及其相近专业（园艺、植物保护、林业）从业人员应符合下列条件之一：

1）取得中专、中技学历，从事园林绿化项目施工、养护或管理工作满7年；

2）取得大专、高技学历，从事园林绿化项目施工、养护或管理工作满6年；

3）取得本科及以上学历，从事园林绿化项目施工、养护或管理工作满4年。

（4）申请高级项目负责人的考核评价，应符合下列规定：

1）风景园林及其相近专业（园艺、植物保护、林业），学历为大专、本科、硕士及以上，从事园林施工、养护管理工作分别为6年、4年、2年的从业人员。

2）非风景园林及其相近专业（园艺、植物保护、林业），学历为大专、本科、硕士及以上，从事园林施工、养护管理工作分别为8年、6年、4年的从业人员。

3）取得《园林绿化工程项目负责人》证书，从事园林施工、养护管理工作满2年的从业人员。

2.4.2.2 考核科目

园林绿化工程项目负责人评价考试应分为4个科目，内容包括："园林绿化工程经济与法律法规""园林绿化工程施工组织管理""园林绿化工程专业知识""园林绿化工程施工组织管理"。高级项目负责人评价考试4科的权重占比为1.75:1.75:2.5:4。已经取得"园林绿化工程项目负责人"证书者申请"高级园林绿化工程项目负责人"证书，应参加"园林绿化工程项目管理实务（一）"的科目考试，或者参加答辩考核。

2.4.2.3 培训内容

1. 园林绿化工程专业技术知识

①园林工程施工组织管理；②质量与安全生产管理；③园林绿化工程项目合同与成本管理；④园林绿化建设工程基本技术知识（园林工程、园林建筑、种植工程）。

2. 项目运营与经营知识

①园林绿化建设工程项目管理概论；②财务知识；③园林绿化建设工程法律、法规。

3. 专项（创新思维）知识

①生态修复；②海绵城市；③EPC（工程总承包）；④PPP（政府和社会资本合作）。

2.4.2.4　评价组织

（1）中国风景园林学会与地方风景园林行业组织合作开展项目负责人评价工作。

（2）园林绿化工程项目负责人评价应符合园林绿化行业高质量发展的需要。

2.4.2.5　培训学时

符合条件的园林绿化从业者参加项目负责人和高级项目负责人能力评价考核之前，可自愿参加相应的培训。参加集中授课或者线上教育不宜少于40标准学时（5天）；已经取得《园林绿化工程项目负责人》证书，申报高级项目负责人证书的参与者宜参加集中授课或者线上教育不少于24标准学时（3天）。

2.4.2.6　发证

培训和考试分开。中国风景园林学会负责统一组织，统一教材，统一题库，统一考试，统一发证。经培训考试合格者，由中国风景园林学会及所在省（直辖市）风景园林学会（协会）共同盖章，颁发评价证书。

第3章 园林绿化工程施工组织设计

3.1 施工组织设计概述

方案先行是施工的关键，如何合理组织施工、对关键线路进行控制、对施工做法进行分析、对质量通病进行避免、对安全文明施工进行管理，这些都是施工组织设计和方案中必须考虑的。而且，针对季节气候对施工的影响、重要的分部分项工程以及危险性较大的分部分项工程等，还应编制专项施工方案，选择确定更为科学、合理的施工（作业）方法和操作程序来指导施工。

施工组织设计（Construction Organization Design）是以施工项目为对象编制的，用以指导施工的技术、经济和管理的综合性文件。

3.1.1 施工组织设计的类别

1. 施工组织总设计（General Design of Construction Organization）

以若干单位工程组成的群体工程或特大型项目为主要对象编制的施工组织设计，对整个项目的施工过程起统筹规划、重点控制的作用。

2. 单位工程施工组织设计（Construction Organization Plan for Unit Project）

以单位（子单位）工程为主要对象编制的施工组织设计，对单位（子单位）工程的施工过程起指导和制约作用。

3. 施工方案（Construction Scheme）

以分部（分项）工程或专项工程为主要对象编制的施工技术与组织方案，用以具体指导其施工过程。

3.1.2 施工组织设计编制的依据

1. 相关政策法规

① 与工程建设有关的法律、法规和文件；② 国家现行有关标准和技术经济指标；③ 工程所在地区行政主管部门的批准文件，建设单位对施工的要求；④ 工程施工合同或招标投标文件；⑤ 工程设计文件；⑥ 工程施工范围内的现场条件，工程地质及水文地质、气象等自然条件；⑦ 与工程有关的资源供应情况；⑧ 施工企业的生产能力、机具设备状况、技术水平等；⑨ 公司的《内控管理制度》；⑩ 有关地方、行业及企业标准。

2. 计划文件

① 项目可研报告；② 有关批文；③ 单位工程一览表；④ 项目分期计划；⑤ 投资招标；⑥ 施工任务书或目标责任书。

3. 设计文件

① 地勘报告；② 设计施工图；③ 图纸会审及交底形成的文件材料。

4. 合同等相关文件

① 招标文件；② 投标文件；③ 合同。

3.2　施工组织设计的主要内容

施工组织设计的内容要结合工程对象的实际特点、施工条件和技术水平进行综合考虑，一般包括工程概况、总体施工组织布置、项目的总目标、项目的重点难点分析、项目的计划安排、主要分部分项工程施工方案、目标实现的保证措施等。

3.2.1　工程概况的一般描述

施工组织设计中工程概况的描述应该包含以下部分：

（1）项目名称、性质、地理位置和建设规模。

（2）项目的建设、勘察、设计和监理等相关单位的情况。

（3）项目设计概况。

（4）项目承包范围及主要分包工程范围。

（5）施工合同或招标文件对项目施工的重点要求。

（6）项目建设地点气象状况。

（7）项目施工区域地形和工程水文地质状况。

（8）项目施工区域地上、地下管线及相邻的地上、地下建（构）筑物情况。

（9）与项目施工有关的道路、河流等状况。

（10）当地材料、设备供应和交通运输等服务能力状况。

（11）当地供电、供水、供热和通信能力状况。

（12）其他与施工有关的主要因素。

3.2.2　总体施工组织布置

总体施工组织布置的内容包含以下方面：

1. 项目部负责人及主要管理人员职责

（1）项目部组织机构应依据工程项目的范围、内容、特点而建立，绘制组织机构框架图，明确人员。

（2）对项目部的管理职责及主要管理人员职能进行描述。

2. 图纸会审及交底形成的文件材料

3. 施工总平面布置图

施工总平面布置的依据：施工工艺流程，业主提供的现场、地下及周围作业条件和项目所在地地方政府的有关规定等。

（1）施工总平面布置原则：① 平面布置科学合理，施工场地占用面积少；② 合理组织运输，减少二次搬运；③ 施工区域的划分和场地的临时占用应符合总体施工部署和施工流程的要求，减少相互干扰；④ 充分利用既有建（构）筑物和既有设施为项目施工服务，降低临时设施建造费用；⑤ 临时设施应方便生产和生活，办公区、生活区和生产区宜分离设置；⑥ 符合节能、环保、安全和消防等要求；⑦ 遵守当地主管部门和建设单位关于施工现场安全文明施工的相关规定。

（2）施工现场总平面图的内容：①出入口及围墙；②道路及排水；③机械设备的布置；④材料加工、堆放场地；⑤办公区、生活区；⑥临时用水布置；⑦临时用电布置。

3.2.3 项目总目标

园林绿化工程项目的总目标包含以下内容：

（1）质量目标。质量目标是指组织在质量方面为满足要求和持续改进质量管理体系有效性方面的承诺和追求的目标。质量目标一般依据组织的质量方针制定，通常是对组织的相关职能和层次分别规定质量目标。

（2）工期目标。工期是指一项工程完工的时间限制。施工工期是建筑企业重要的核算指标之一。工期的长短直接影响建筑企业的经济效益，并关系到国民经济新增生产能力动用计划的完成和经济效益的发挥。

（3）成本目标。成本目标是量化的、可测量的，是组织在成本方面在一定时期内所要努力达到的某一水平的成本指标。组织总成本的目标若按目标利润的口径进行制定（倒推法），则称之为"目标成本"。成本目标的制定是最高管理者的职责，应由最高管理者领导成本管理人员制定。

（4）安全目标。企业的安全生产目标是指生产经营单位在生产经营时的人身伤害、财产保全、环境保护等方面的目标。减少和控制危害，减少和控制事故，尽量避免生产过程中由于事故造成的人身伤害、财产损失、环境污染以及其他损失。

（5）环境目标。环境目标是依据环境方针制定的，是环境组织管理部门为了改善、管理、保护环境而定的，拟在一定期限内力求达到环境质量水平与环境结构状态，或称较为理想的环境发展，它必须与社会经济发展的目的相适应或相匹配。

（6）文明施工目标。根据国家有关的安全生产法律法规和地方政府颁布的有关规范条例而制定的建设企业职工伤亡指标。

3.2.4 项目的计划安排

（1）界定资源采购中心和项目管理公司的采购范围（表3-1），分别列出分组清单。

采购中心和项目管理公司的采购范围 表3-1

类　别	责任主体
劳务、材料、机械及专业分包（涉及项目施工中所需的一切材料）	采购中心负责入库资格审查，与项目管理公司共同询价，采购中心负责库内招标或核价（控制价），项目管理公司负责采购、配送及合同的签订，采购中心负责合同签订后的合同保存

（2）根据施工的进度计划，上报劳务、材料、机械及专业分包的需求计划：
1）项目管理公司在编制此物资需求计划时，必须严格核对规格及数量。
2）涉及异形加工或其他需要看图纸方能询价的材料，必须在需求计划表中插入图纸。
3）机械要注明机械的种类、型号及计划使用时间。
4）劳务要注明需要的劳务班组种类、计划用工的人数。
5）专业分包工程要注明专业分包的种类，并附专业分包图纸。
（3）资源采购中心采购主管与项目管理公司材料员依据上报的需求计划，同时进行询价或库内招标：

1）招标范围必须要求在资源采购中心库内的合格供应商，对于不在库内的供应商必须先进行入库资格审查，资格审查合格后方能纳入合格供应商库。

2）苗木必须发给 5 家以上的供应商进行投标报价，材料和机械必须发给 3 家以上的供应商询价。

（4）劳务供应商的选择。选择劳务及专业分包队伍必须具备业主方所需要的施工资质，要有完整的组织架构、雄厚的技术队伍及齐全的专用设备。工程项目施工所需的劳务及专业分包队伍选择方式主要有 3 种：

1）项目管理公司根据项目需要自行选择劳务及专业分包公司，选择的依据主要有施工资质、过往业绩、施工队伍组织架构、设备情况及清单报价；如初步达成合作意向，必须对被选公司进行实地考察，符合条件后方可入库，才具有资格承担本公司的劳务或专业施工分包工程。

2）采购中心在供应商库内选择供应商，推荐给项目管理公司，项目管理公司根据清单报价确定劳务和专业分包公司。

3）采用招投标方式选择劳务和专业分包公司。对单体项目较大的专项工程，在公司网站和供应商库内发布招标公告，由成本核算中心确定标底价格，由项目管理公司、成本核算中心、工程管理中心和资源采购中心主要人员组成评审小组，对参与报价的供应商评选打分，最后确定 1 家或几家供应商。

4）绿化劳务需采用包种植、包养护、包辅材的承包方式，养护期需根据业主的养护期而定，成活率需保证在 95% 以上。

5）无论采用哪种方式选择劳务和专业分包供应商，最终的合同单价和合同都要经过公司流程审批。

（5）招标结果会签。询价或招标结束后，资源采购中心邀请相关部门对招标结果进行会签。如对招标结果没有异议的，则参加定标的人员在招标会签表上签字；如有异议的，则另行沟通，直至达成一致意见为止，所有的单价都必须在表的单价范围内。

（6）定标结束后，项目管理公司材料员根据定标结果发起价格确认及合同审批流程。

价格确认发起流程：项目材料员→项目管理公司总经理→资源采购中心总经理→成本核算中心总经理→分管领导。

合同审批发起流程：项目材料员→项目管理公司总经理→资源采购中心总经理→成本核算中心总经理→证券法务部经理→财务中心总经理→分管领导→总经理＋董事长。

1）上传的附件为当年度公司发布的 Word 版本的电子合同并链接之前发送的《项目施工采购价格确认表》。

2）《项目采购合同审批表》必须与《项目施工采购价格确认表》中选定的供应商信息、价格、付款方式等内容一致。

3）《项目采购合同审批表》流程结束后，将其中 Word 版本的电子合同打印 2 份，由供应商签章、项目管理公司总经理签字后，统一由资源采购中心盖章并留存。

4）合同签订的量必须与总物资需求计划及价格确认的量一致。如果后期量有变动，减少量不需要补充合同，增加量则需要补充合同。总之，所有合同的量必须小于或等于表的量，若大于表的量需出示变更手续及说明情况（如同一品种分几家供应，这几家供应商合同累计的总量不能超过表的量）。

5）必须注明材料进场时间和处罚规定；专业分包工程必须注明材料进场时间和完工

时间。

6）合同编号由资源采购中心收到合同后统一进行编号。

7）合同内的签字日期必须是合同流程审批结束后的日期。

8）法人不是供应商本人的公司，需要授权委托书，以及委托人、被委托人的身份证复印件并签字盖章。

9）审批流程附图纸及预算清单的合同，需将图纸及预算清单让供应商签章。

10）劳务分包涉及包辅材的，一定要在合同内注明此家劳务分包单位所分包工程内的辅材用量：① 劳务分包合同需有班组负责人签字盖章的承诺书；② 劳务分包合同需有班组负责人提供拟投入施工的班组人员花名册及身份证复印件。

3.3 施工组织设计的编制方法

3.3.1 编制流程

施工组织设计应由项目负责人主持编制。在征得建设单位同意的情况下，可根据需要分阶段编制和审批。施工组织设计的编制，不仅要考虑技术上的需要，而且要考虑履行合同的需要，应编成一份集技术、经济、管理、合同于一体的项目管理规划性文件、合同履行的指导性文件、工程结算和索赔的依据性文件。

对于大型或复杂项目，应分阶段或分部位（分部、分项）编制；编制工作应在所针对的项目实施前完成。分包施工的分部（分项）工程的施工组织设计（方案），应以附件形式汇总于项目施工组织设计中。

1. 施工组织设计编制前期准备工作

（1）了解工程概况、工程特点。

（2）了解施工条件。

（3）确认甲方应提供的条件：包括施工图、施工场地、水电供应、甲方提供的材料设备、甲方应办理的报批手续等，确认提供施工条件的时间、地点、数量和质量。

（4）工程分包情况。甲方分包的工程，要明确该分包工程的进出场时间、交工验收时间、工程交接的方式和程序等。

（5）施工管理目标。包括工期目标、质量目标，以及新技术应用、文明施工、绿色施工、安全生产和成本目标。

（6）项目组织机构。确定施工管理机构，包括项目经理、技术负责人等管理人员，并明确机构职能及主要人员职责。

（7）施工部署和施工方案。包括施工进度计划、保障工期措施，以及施工准备（包括技术准备、现场准备、主要施工机具准备）。

（8）分部分项工程的施工方法。包括施工测量（监测设备及方法）、地基与基础工程（含土方工程）、架子工程、主体工程（钢筋、模板、混凝土、砌体）、装饰工程、安装工程（水、暖、电气、通风等）。

（9）施工平面布置图：① 生活性施工设施位置；② 现场施工道路位置；③ 现场生产生活用水、用电管网和动力设施位置；④ 大宗材料及钢化周转材料堆放场地；⑤ 设备、成品、半成品、构配件的堆放场地；⑥ 加工厂位置；⑦ 地理方向标志。

2. 施工组织设计编制流程

（1）收集和熟悉编制施工组织总设计所需的有关资料和图纸，进行项目特点和施工条件的调查研究；

（2）计算主要工种工程的工程量；

（3）确定施工的总体部署；

（4）拟定施工方案；

（5）编制施工总进度计划；

（6）编制资源需求量计划；

（7）编制施工准备工作计划；

（8）施工总平面图设计；

（9）计算主要技术经济指标。

3.3.2 施工组织设计审批

（1）《建设工程安全生产管理条例》（国务院第 393 号令）中规定：对下列达到一定规模的危险性较大的分部（分项）工程编制专项施工方案，并附具安全验算结果，经施工单位技术负责人、总监理工程师签字后实施：① 基坑支护与降水工程；② 土方开挖工程；③ 模板工程；④ 起重吊装工程；⑤ 脚手架工程；⑥ 拆除爆破工程；⑦ 国务院建设行政主管部门或其他有关部门规定的其他危险性较大的工程。其中，需要施工单位组织专家进行论证、审查的有：以上所列工程中涉及深基坑、地下暗挖工程、高大模板工程的专项施工方案。

（2）专业承包单位施工的分部（分项）工程或专项工程的施工方案，应由专业承包单位技术负责人或技术负责人授权的技术人员审批；有总承包单位时，应由总承包单位技术负责人核准备案。

（3）规模较大的或在工程中占重要地位的分部（分项）工程或专项工程的施工方案，应按单位工程施工组织设计进行编制和审批（表 3-2）。

施工组织设计审批对照 表 3-2

施工组织总设计	总承包单位技术负责人审批
单位工程施工组织设计	施工单位技术负责人或技术负责人授权的技术人员审批
施工方案	项目技术负责人审批
重难点分部（分项）工程和专项工程施工方案	施工单位技术部门组织相关专家评审，施工单位技术负责人批准

3.4 园林绿化施工进度计划

3.4.1 施工部署

1. 组织机构

（1）项目管理机构。根据工程规模和特点，公司组建工程项目部，对工程的质量、安全、工期、文明施工和工程成本进行统筹管理，以确保工程优质高速地如期完成，项目组织机构如图 3-1 所示。

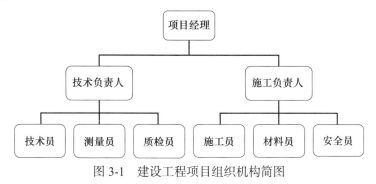

图 3-1 建设工程项目组织机构简图

项目部人员组织见表 3-3 所示。

项目部人员组织

表 3-3

序号	姓名	职务名称	人数	简介
1	×××	项目经理	1	
2	×××	技术负责	1	
3	×××	成本工程师	1	
4	×××	技术员	1	

（2）施工力量组织。组织专业性强、技术突出的土建、绿化、景观、水电各专业施工队，配备足够的施工力量，合理分工，科学管理，各专业队伍密切配合。

2. 施工顺序

（1）根据现场情况初步确定，现场施工分为三个阶段，第一个阶段为土方平衡阶段；第二个阶段为给水排水井砌筑、铺装基础、景观结构、地形处理（微地形制作）、选苗、种植；第三阶段为硬质面层铺装、园路面层铺装、景观装饰、照明电气试运、苗木初期养护、检查、调整等。

（2）施工顺序以土建施工顺序为主线，绿化、亮化等其他为控制辅线进行控制。

（3）具体施工可以根据现场实际情况及时进行具体调整。

3. 施工准备

（1）施工现场交接准备。进入现场前，须对现场实际情况进行交接，如对现场的平面、竖向控制标高与设计要求是否相符进行复验。

（2）技术准备：

1）施工图纸会审。由项目总工程师牵头，组织项目各专业工程施工人员、质检员、技术员、班组等认真学习图纸，吃透图纸。在图纸学习期间，尤其应注意各专业图纸之间的标高是否一致，尺寸位置等是否一致。

2）编制实施性施工组织设计与施工方案。由项目总工程师负责组织编制实施性施工组织设计，在正确贯彻国家各项技术规范、政策和法令中，积极推广应用新技术、新工艺，依靠公司雄厚的科技实力促进科技进步，科学地组织施工，实施性施工组织设计经公司批准后报监理和业主审定执行；根据本工程的特点，结合以前的工程经验，组织编制切实可行的各单项施工工艺措施、施工方案和作业指导书，重点阐述主要分部分项工程的施工方法、施工工艺，以及工程进度安排、劳动力组织、质量及安全保证措施，以有效地指导现场的施工；根据工程施工总进度计划，在每项工作展开前进行相关的技术准备，如编制专项施工方案、关键项目施工过程的作业指导书，这些文件要有针对性和可操作性。

4. 设备及器具准备

根据本工程的施工需要配置有关设备及器具，具体见辅助资料表。

5. 测量基准交底、复测及验收

检测和测量仪器等计量器具提前做好计量鉴定，保证在本工程使用的所有器具均在检定有效期内，并做好记录。

6. 施工现场准备

（1）临时供水、供电。工程中标之后，要组织编制《临时用水方案》及《临时用电方案》，这些方案要综合考虑生产、生活、消防等各方面的因素，经计算确定用水、用电量，临时给水管径，临时用电电缆或导线截面，总用电容量，并进行合理布置。

（2）临时设施。根据本标段的工程项目及工程数量，临时设施计划采用彩钢板房。

（3）各种资源准备。根据本工程规模，有计划的投入机械设备、施工人员、使用材料等供应工程项目的资源，分阶段、分批次的进场，根据工程进展情况合理分配，确保最大限度地支撑项目正常进行，对施工人员进行进场交底及技术、质量、安全教育，重要工种和特殊工艺提前培训，做到持证上岗。

（4）施工总平面布置：

1）施工现场除必要的生产临时设施外，考虑搭设现场项目经理部临时办公室，所有施工及管理人员生活临时设施按建设单位安排。

2）生活临时设施雨水排放采用无组织方式，生活污水经化粪池处理后接入市政污水系统。

3）生活临时设施场地消防采用干式灭火器。

3.4.2 主要施工方法及技术措施

3.4.2.1 土建工程

根据甲方所提供的施工图纸，围墙结构为红砖砌筑、钢筋混凝土矮墙以及铁艺围栏组成，面层为涂料饰面。

1. 测量放线

根据甲方提供的施工图纸，同时结合高程基准，使用水准仪、经纬仪进行定点放线工程，做好标记点，确定围墙的尺寸、位置以及标高，确认无误后准备进行下一步施工。

2. 基础挖土方

根据事先确定的测量放线结果组织施工人员及机械进行基础土方施工工作，基础土方作业完成后需使用人工将基坑内杂物、腐殖物清理干净，杜绝存在导致基础沉降因素，同时确保满足基础垫层尺寸要求及施工需要，根据现场实际情况采取夯实方法，全部完成后报甲方及监理现场确认，符合要求后进行下一步施工。

3. 砖基础施工

（1）施工准备：

1）砖：砖的品种、强度等级符合设计要求，且强度等级不小于MU10，并应有出厂合格证、产品性能检测报告。

2）水泥：一般采用 32.5 级，有出厂证明及复试单。

3）砂、中砂，应过 5mm 孔径的筛，配制 M5 以下的砂浆。

（2）施工顺序。

拌制砂浆、确定组砌方法、排砖摆底、砌筑。

（3）施工方法：

1）拌制砂浆。砂浆配合比由实验室确定。砂浆应用搅拌机搅拌，砂浆应随拌随用，一般水泥砂浆应在拌完后 3h 内使用完成。

2）确定组砌方法。组砌方法采用满丁砌筑，里外咬槎，上下层错缝，采用"三一"砌砖法，严禁用水冲砂浆灌缝方法。砌筑前将砖浇水湿润，一般以水浸砖四边 15mm 左右为宜。

3）排砖摆底。基础大放脚的摆底尺寸及收退方法必须符合设计图纸。

4）砖筑。砖基础砌筑前，基础垫层表面应清洁干净，洒水湿润。砌基础应挂线，先盘墙角，每次盘角高度不应超过 5 层砖，随盘随靠平、吊直。

4. 钢筋混凝土模板

（1）施工准备。

模板有木模板、组合钢模板，根据工程结构形式和特点及现场施工条件，选择模板类型。

（2）施工顺序。

弹线；安装模板；安拉杆或斜撑；预检；模板拆除。

（3）施工方法：

1）弹线。按标高做好定位墩台，以便保证轴线边线与标高水平。

2）安装模板。清理基础内杂物，然后从一侧开台铺，每两块板间边用 U 形卡连接，U 形卡安装间距一般不大于 300mm，每个 U 形卡卡紧方向应正反相间，不要安在同一方向，模板安装应拼缝严密。安完后用水准仪测量模板标高，进行校正，并用靠尺找平。

3）安拉杆或斜撑。标高校完后，支柱之间应加水平拉杆或斜撑，根据支柱高度决定水平拉杆设几道，安装后应经常检查，保证完整牢固。

4）预检。将模板内杂物清干净，办预检。

5）模板拆除。侧模板拆除时，混凝土强度能保证其表面及棱角不因拆除模板受损坏，方可拆除。板与梁底模拆除强度如无设计规定，应符合表 3-4 的规定。

钢筋混凝土模板允许的偏差值　　　　　　　　　　　　　　　　表 3-4

序号	项目	构件跨度	达到设计要求混凝土立方体抗压强度标准值的百分率（%）
1	板	≤2	≥50
2	板	>2，≤8	≥75
3	板	>8	≥100
4	梁	≤8	≥75
5	梁	>8	≥100

（4）质量检验标准。

1）模板及支架必须有足够的强度、刚度和稳定性。

2）模板接缝处应密实，不应漏浆。

3）模板与混凝土的接触面应清理干净并涂刷隔离剂。

4）混凝土浇筑前，模板内的杂物应清理干净。

5. 钢筋

（1）施工准备。

钢筋，有出厂合格证，按规定作力学性能复试。钢筋应无老锈及油污。

（2）施工顺序。

预制构件钢筋骨架；安装钢筋骨架；绑扎搭接部位箍筋。

（3）施工方法：

1）预制构件钢筋骨架。先将两根竖向受力钢筋放在绑扎架上，并在钢筋上画出箍筋间距，根据画线位置，将箍筋套在受力筋上逐个绑扎，要预留出搭接部位的长度。箍筋端头平直长度不小于 $10d$（d 为箍筋直径），弯钩角度不小于 135°。

2）安装钢筋骨架。按设计图纸，并按图纸要求间距，在放箍筋后穿受力筋。箍筋搭接处应设受力钢筋且互相错开，在搭接处应加密箍筋。

（4）质量检验标准：

1）钢筋的品种、规格、形状、尺寸和质量必须符合设计要求和有关标准规定。钢筋应平直无损伤，表面不得有裂纹、油污或老锈。

2）主筋的数量、位置、搭接部位、搭接长度、弯钩长度必须正确。

3）钢筋绑扎应牢固，不得有变形。

4）钢筋的绑扎松扣或缺扣的数量不得超过绑扎数的 10%，且不应集中。

5）允许偏差（表 3-5）。

<table>
<tr><td colspan="4">墙面抹灰工程允许的偏差值</td><td>表 3-5</td></tr>
<tr><th>序号</th><th>项目</th><th>允许偏差（mm）</th><th>检验方法</th></tr>
<tr><td>1</td><td>骨架的宽度、高度</td><td>±5</td><td>尺检验</td></tr>
<tr><td>2</td><td>骨架的长度</td><td>±10</td><td>尺量检查</td></tr>
<tr><td>3</td><td>受力钢筋间距</td><td>±10</td><td>尺量检查</td></tr>
<tr><td>4</td><td>箍筋间距</td><td>±20</td><td>尺量检查</td></tr>
<tr><td>5</td><td>预埋件中心线</td><td>5</td><td>尺量检查</td></tr>
<tr><td>6</td><td>主筋保护层厚度</td><td>±5</td><td>尺量检查</td></tr>
</table>

6. 混凝土浇筑

（1）施工准备。

根据设计图纸，准备相应标号的商品混凝土。

（2）施工顺序。

运输、浇筑、养护。

（3）施工方法：

1）找标高、挂水平线。根据设计要求，测量出混凝土面层的水平线，标记在木桩上，木桩间距不宜大于 10m。

2）浇筑混凝土。将商品混凝土倾倒在地面基层上，紧接着用铁锹等将混凝土初步摊平（略高于设计标高），并用平板振捣器振捣密实，然后用辊筒（常用直径为 100mm，长度 3～4m 的镀锌钢管）往返滚压，如有凹处用同配合比的混凝土填平，直到面层出现泌水现象，最后用刮杠顺着标线刮平。

3）养护。面层抹压 24h 后进行浇水养护，每天不少于 2 次，也可以用塑料薄膜养护，养护时间不少于 7d。

（4）质量标准：

1）混凝土所用的材料符合标准的规定。检查方法为检查材料的出厂合格证、试验报告单。

2）混凝土的强度评定应符合要求。

3）混凝土应搅拌均匀，具有良好的和易性。

4）混凝土坍落度应符合要求。

（5）应注意的质量问题。

1）混凝土强度不足或强度不均匀。

2）混凝土裂缝。

7. 墙面抹灰

（1）施工准备。

水泥、砂、石灰膏准备好，其中砂应为平均粒径是 0.35～0.5mm 的中砂。抹灰前应检查基体表面平整度，以决定抹灰厚度。

（2）施工顺序。

基层处理；吊垂直；抹底层砂浆；抹面层砂浆；养护。

（3）施工方法：

1）基层处理。将墙面清理干净，浇水湿润。若墙面很光滑，应对其表面进行毛化处理。

2）吊垂直。分别在洞口、垛、墙面等处吊垂直，抹灰饼，并按灰饼挂线冲筋，冲筋间距不宜大于 2m。

3）抹底层砂浆。刷掺水重 10% 的 108 胶水泥浆一道，紧跟抹配合比为 1:3 的水泥砂浆，每遍厚度为 5～7mm，并用大杠刮平，找直，用木抹子搓毛。

4）抹面层砂浆。面层砂浆应为配合比是 1:2.5 的水泥砂浆，厚度为 5～8mm。

5）养护。养护不少于 7d。

（4）质量标准。

1）抹灰前将基层表面的尘土、污垢等清除干净，并洒水湿润。

2）抹灰工程应分层进行，当抹灰总厚度大于或等于 35mm 时，抹灰应采取加强措施，不同材料基体交接处表面的抹灰应设置钢丝网，以防止开裂。

3）普通抹灰表面应光滑、洁净、接槎平整。高级抹灰表面应光滑、洁净、接槎平整，颜色均匀，无抹纹。

4）面层铺设应牢固、无松动。

5）允许偏差（表 3-6）。

墙面抹灰工程允许的偏差值 表 3-6

序号	项目	允许偏差（mm）		检验方法
		普通	高级	
1	表面平整度	4	3	用 2m 靠尺检验
2	立面平整度	4	3	用 2m 靠尺检验
3	阴阳角方正	4	3	用方尺检查
4	分格条直线度	4	3	拉线和尺量
5	墙裙、勒脚上直线度	4	3	拉线和尺量

3.4.2.2 地面铺装工程

地面铺装工程包括透水砖地面、植草砖、花岗岩边石。

1. 测量放线

撒灰线，将基坑开挖下口线测放到坑底。及时控制开挖标高，做到 5m 扇形挖土工作面内，标高白灰点不少于 2 个。

2. 基础土方开挖

土方开挖宜从上到下分层分段依次进行，随时做成一定坡势，以利泄水，在开挖过程中，应随时检查槽壁和边坡的状态，不得挖至设计标高以下，可在设计标高以上暂留一层土不挖，以便在抄平后，由人工挖出。暂留土层：一般铲运机、推土机挖土时，为 20cm 左右；挖土机用反铲、正铲和拉铲挖土时，为 30cm 左右。在距槽底设计标高 50cm 槽帮处，抄出水平线，钉上小木橛，然后用人工将暂留土层挖走。同时由两端轴线（中心线）引桩拉通线（用小线或铅丝），检查距槽边尺寸，确定槽宽标准，以此修整槽边。最后清除槽底土方，余土及时运走，不得堆到边坡上。

3. 基础夯实及砂垫层施工

检查基槽，查看局部有没有软弱层挖除不够、基底松土或被扰动土层未清除净，如发现，应挖除后用素土分层填实，或通知设计单位确定处理办法，处理完成后进行碾压基层，采取机械碾压，以达到设计要求为准；级配砂石质量要符合标准要求，拌合的配合比应按设计要求，施工时分层铺筑，各层铺摊后均应用木耙找平，按设计标高对应检查，最上层完工后，应打线或用仪器检查标高和平整度，报监理验收。

4. 混凝土垫层

（1）施工顺序。

浇筑前的准备工作；混凝土的准备；混凝土的浇筑；混凝土的养护；模板拆除。

（2）施工方法：

1）浇筑前的准备工作。在砂石垫层施工完成后，进行基底标高和轴线的检查工作，弹出模板位线，进行模板的安装和检查工作，清理基层上的淤泥或杂物，并进行隐蔽工程验收。

2）混凝土的准备。根据设计图纸要求准备相应强度等级的商品混凝土施工使用。

3）混凝土的浇筑。混凝土应连续浇筑，用插入式振捣器应快插慢拔，按顺序进行，不得遗漏，做到振捣密实，之后表面应用木抹子搓平。浇筑混凝土时应注意观察模板有无走动情况，当发现有变形、位移时，应立即停止浇筑，并及时处理好，再继续浇筑。

4）混凝土的养护。混凝土浇筑完毕后，应在 12h 内加以覆盖和浇水，浇水的次数以能保持混凝土有足够润湿的状态为准，养护一般不少于 7d。

5）混凝土伸缩缝。纵、横向伸缩缝间距不得大于 6m，可用分仓施工缝代替；路宽大于 8m 时，应在路中设纵向伸缩缝。

（3）质量验收标准：

1）混凝土配合比必须符合施工规范的规定，混凝土试块必须按规定取样、制作、养护和试验。

2）混凝土应振捣密实，不得有蜂窝、孔洞、缝隙、夹渣等。

3）标高：允许偏差 ±10mm，用水准仪检查。

4）表面平整度：允许偏差 8mm，用 2m 靠尺检查。

5）轴线位置：允许偏差 15mm，用尺检查。

（4）成品保护。

在已浇筑的混凝土强度达到 1.2MPa 以后，方可在其上进行上部施工。

5. 花岗岩边石施工

（1）施工准备。

路边石材质要求：路边石石料采用质地均匀的天然石材机械切削加工而成，石材的强度必须合格，要求其色泽均匀，表面无裂纹，棱角完整，外观一致，无明显斑点、色差，不允许有风化现象，装卸时不准摔、砸、撞、碰，以免造成损伤。路边石加工要求：按统一长度进行下料，外露面必须机切抛光，长度允许误差在 ±20mm 范围内，宽度、厚度、高度允许误差在 ±2mm 范围内。

（2）施工方法。

路边石必须挂通线进行施工，按侧平面顶面示高标线绷紧，按线码砌侧平石，侧平石要安正，切忌前仰后合，侧面顶线顺直、圆滑、平顺，无高低错牙现象，平面无上下错台、内外错牙现象。路边石接缝处错位不超过 1mm；侧石和平石必须在中间均匀错缝。路边石侧平石应保证尺寸和光洁度满足设计要求。外观美观，对弯道部分侧石应按设计半径专门加工弯道石，砌筑时保证线形流畅、圆顺、拼缝紧密。弧形侧石必须人工精凿后抛光处理。路边石勾缝：勾缝时必须再挂线，把侧石缝内的杂物剔除干净，用水润湿，然后用 1∶2.5 的水泥砂浆灌缝填实勾干。路边石勾缝、安砌后适当浇水养护。路边石后背应还土夯实，夯实宽度不小于 50mm，厚度不小于 15mm。

（3）质量标准：

1）路边石材料、规格、质量必须符合设计要求。

2）路边石必须座浆砌筑，座浆必须密实，严禁塞缝砌筑。

3）路边石按同一长度进行下料，外露面必须机切抛光，长度允许误差在 ±20mm 范围内，宽度、厚度、高度允许误差在 ±2mm 范围内。

4）弯道部分侧石应按设计半径专门加工弯道石，砌筑时保证线形流畅、圆顺、拼缝紧密。

5）允许偏差（表 3-7）。

花岗岩边石施工允许的偏差值 表 3-7

序号	项目	允许偏差（mm）	检验方法
1	直顺度	10	拉线
2	相邻块高差	3	尺量
3	缝隙宽度	±3	用钢尺检查
4	侧石顶面标准	±10	用水准仪检查

（4）成品保护：

1）路边石勾缝、安砌后适当浇水养护。

2）安砌后防止车辆碾压。

6. 面层施工

（1）施工准备。面层材料进场后，已对品种、规格、数量等按设计要求进行详细核对，严格按照施工图纸执行，并对有裂纹、缺棱、掉角、有色差和表面有缺陷的石材进行剔除，材料下垫方木堆码整齐。

（2）铺装顺序。定标高、拉线；清理基层；弹线；试拼；扫浆；铺装结合层；铺面层；灌、擦缝。

（3）铺装方法：

1）定标高、拉线。根据设计要求，测出石板面的水平线，标记在木桩上，木桩间距不宜大于 10m。

2）基层清理。将基层上的树叶、土块等杂物清扫干净。基层施工时，必须按规范要求预留伸缩缝。

3）抄平。以地面 ±0.00 的抄平点为依据，在周边弹一套水平基准线。水泥砂浆结合层厚度控制在 10～15mm。

4）清扫基层表面的浮灰、油渍、松散混凝土和砂浆，用水清洗湿润。

5）弹线。根据板块分块情况，挂线找中，在铺装区取中点，拉十字线，根据水平基准线，再标出面层标高线和水泥砂浆结合层线，同时还需弹出流水坡度线。

6）试拼。根据找规矩线，对每个铺装区的板块，按图案、颜色、纹理试拼达到设计要求后，按两方向编号排列，按编号放整齐。同一区的花色、颜色要一致。缝隙如无设计规定，不大于 1mm。

7）根据设计要求把板块排好，检查板块间缝隙，核对板块与其他管线、洞口、构筑物等的相对位置，确定找平层砂浆的厚度，根据试排结果，在铺装区主要部位弹上互相垂直的控制线，引到下一铺装区。

8）铺装结合层。采用 1:3 的干硬性水泥砂浆，洒水湿润基层，然后用水灰比为 1:0.5 的素水泥浆刷一遍，随刷随铺干硬性水泥砂浆结合层。根据周边水平基准线铺砂浆，从里往外铺，虚铺砂浆比标高线高出 3～5mm，用括尺赶平，拍实，再用木抹子搓平找平，铺完一段结合层随即安装一段面板，以防砂浆结硬。铺张长度应大于 1m，宽度超出板块宽 20～30mm。

9）铺面层。铺镶时，应选择好材料，不能选有质量问题的材料铺装，之后放线定位，拉通线，将石板跟线平稳铺下，用橡皮锤垫木轻击，使砂浆振实，缝隙、平整度满足要求后，揭开板块，再浇上一层水灰比为1：0.5的素水泥浆正式铺贴。轻轻锤击，找直找平。铺好一条，及时拉线检查各项实测数据。注意锤击时不能砸边角，不能砸在已铺好的板块上。

10）补边。在大面积铺砌完成后，对道路两侧与道牙之间的缝隙进行补边，首先根据补砖的形状在石板上画线，然后用云石机仔细切割，保证嵌入后四边严丝合缝，井盖周边的石板应尽量用角磨机将石板边缘打磨成弧形，按井圈的弧度拼装。

11）灌、擦缝。板块铺完养护2d后在缝隙内灌水泥浆、擦缝。水泥色浆按颜色要求，在白水泥中加入矿物颜料调制。灌缝1～2h后，用棉纱醮色浆擦缝。缝内的水泥浆凝结后，再将面层清洗干净。

（4）质量验收标准：

1）面层所有板块品种、规格、级别、形状、光洁度、颜色、图案必须符合设计要求。

2）面层与基层必须接合牢固，无空鼓。

3）材料面层的外观质量应满足设计要求和使用要求，表面平整洁净，图案清晰，无磨划痕，周边顺直方正，无裂纹、掉角、缺棱现象。

4）石板面层表面坡度应符合设计要求，无积水。

（5）铺装注意事项：

1）为防止材料尺寸超标准、缺棱、掉角及色差质量问题，应加强材料出厂检验、进场复验、铺装过程检验制度。

2）为防止铺垫干硬性砂浆不密实，局部不平整，应采用小刮杠刮平。

3）为防止石材裂纹的发生，夯击石材时应垫橡胶块或防止夯击力度过大。

4）为防止相邻石材出现错台、高差超标，应严格控制石材砂浆虚铺厚度及材料夯击次数。

5）为避免石材灌缝不密实，应保证水泥干砂浆填缝饱满，充分洒水，并进行二次灌缝。

（6）成品保护：

1）铺砌面层材料时，操作人员应做到随铺随用干布擦干净材料上的水泥。

2）养护过程中封闭上，不得有其他工种进入操作。

3）不得在已铺好的路面上拌和混凝土或砂浆。

4）地面完工后，应封闭交通并在其表面加以覆盖保护。

3.4.2.3 绿化工程

1. 地形整理

根据甲方提供的施工场地，对照设计施工图进行场地细整。

（1）地形要求，应使整个地形的坡面曲线保持排水通畅，堆筑地形时，根据放样标高，由里向外施工，边造型，边压实，施工过程中始终把握地形骨架，翻松辗压板结土，机械设备不得在栽植表层土上施工。

（2）微地形粗整形完成后，人工细做覆盖面层，保持表面土质疏松，并清理杂物。人工平整时从边缘逐步向中间收拢，使整个地形坡面曲线和顺，排水通畅。回填土的含水率应控制在23%左右，不允许含有粒径超过10cm的石块，雨天停止作业，雨后及时修整和拍实边坡。若施工场地有垃圾、渣土、建筑垃圾等要进行清理。

（3）必须使场地与四周道路、广场的标高合理衔接，使绿地排水通畅。

（4）种植场地种植土最低厚度必须符合表 3-8 的要求。

园林植物种植必需的最低土层厚度　　　　　表 3-8

植被类型	草本花卉	草坪地被	小灌木	大灌木	浅根乔木	深根乔木
土层厚（cm）	30	30	45	60	90	150

（5）对场地进行翻挖、松土，对杂草需用锄头、铁锹连根拔除，杂草很多时用除草剂进行消除，以符合植物和设计要求。

（6）如果用机械整理地形，应事先与建设单位或相关单位联系，了解是否有地下管线，以免机械施工时造成管线的损坏。

（7）场地整理时应考虑土壤的压实程度与设计标高的关系，土壤压实后密实度应达 80%以上，以免种植后，淋水下陷厉害造成场地不平整。

2. 乔灌木栽植

（1）定点放线。

栽植放线前认真领会设计意图，并按设计图纸放线，用白灰点标出单株位置，为了保证施工质量，使栽植的树种、规格与设计一致，在定点放线的白灰点处用木桩，并标明编号、树种、挖穴规格。

（2）挖穴：

1）挖穴的质量好坏对树木以后的生长有很大影响，在栽植苗木之前应以所定的白灰点为中心沿四周往下挖坑，栽植坑的大小，应按苗木规格的大小而定，一般坑径应大于土球直径 0.3～0.5m，栽植穴的形状一般为圆形或正方形，但无论何种形式，其穴口与穴底口径应一致，不得挖成上大下小或锅底形，以免根系不能舒展或填土不实（表 3-9～表 3-11）。

常绿乔木类种植穴规格（单位：cm）　　　　　表 3-9

树高	土球直径	种植穴深度	种植穴直径
150	40～50	50～60	80～90
150～250	70～80	80～90	100～110
250～400	80～100	90～110	120～130
400 以上	140 以上	120 以上	180 以上

落叶乔木类种植穴规格（单位：cm）　　　　　表 3-10

胸径	种植穴深度	种植穴直径	胸径	种植穴深度	种植穴直径
2～3	30～40	40～60	5～6	60～70	80～90
3～4	40～50	60～70	6～7	70～80	90～100
4～5	50～60	70～80	7～8	80～90	100～110

花灌木类种植穴规格（单位：cm）   表 3-11

冠径	种植穴深度	种植穴直径
200	70～90	90～110
100	60～70	70～90

2）挖穴时，挖出的表土与底土应分别堆放，待填土时将表土填入下部，底土填入上部和做围堰用。挖穴时，如遇地下管线应停止操作，及时找有关部门配合解决，并与设计人员协商，适当改动位置。

3）施肥与换土。土壤较贫瘠时，先在穴部施入有机肥料，将基肥与土壤混合后置于坑底，然后上面再覆盖5cm厚表土，避免肥料与树木根部接触引起烧根。土质不好的地段，种植穴内需换种植土。

（3）起苗及包装：

1）起苗的质量标准：为保证树木成活，提高绿化效果，要选生长健壮无病虫害、树形端正、根系发达的树苗。先在苗圃号苗并在重要苗木的向阳面喷漆做标记。

2）起苗的土球尺寸：乔木土球应达到其胸径的7～10倍或树高的1/3；常绿类乔木土球应达到其胸径的7～10倍或树高的1/3；灌木土球应达到其胸径的7～10倍或树高的1/3；灌木土球应达到其高度的1/2；或按设计要求规定土球大小起苗。

3）掘带土球苗，应保证土球完好，土球要削平整，50cm以上土球底要小，一般不要超过土球直径的1/3，土球包装均要严，草绳要打紧，不能松脱，土球底要封严，不能漏土。

4）打包：土球规格在40cm以下，土质坚硬，可在坑外打包，先将蒲包放好，捧出土球放入包内，但搬运土球时不要只提树干，放入包内将包包严，再按规定将草绳捆紧。土球虽在40cm以下，但土质松软，沙性大，易散坨的，和50cm以上的土球均应在坑内打包，所用蒲包草绳应在使用前一天浸水，以增加拉力，可使草包打严，草绳勒紧。50cm以上土球如土质松软，应修好土球后先围腰绳，腰绳宽度应根据土质而定，围好腰绳再用蒲包将土球包严，用草绳将蒲包固定，进行打包，打好包后再围上腰绳，腰绳宽应根据土球大小而定，一般为6～10道，最后进行封底，封底前在顺树倒的方向坑底处先挖一小沟并将封底草绳紧紧拴在草绳上，然后将树推倒，用蒲包封严，用草绳错开勒紧，捆成双十字形或五角形。

（4）苗木进场验收。

苗木御车前仔细核对苗木的品种、规格、数量、质量及土球大小是否符要求，并查看苗木检验检疫证明文件，填报苗木进场检验记录。

（5）苗木种植前修剪。

种植前应进行苗木根系修剪，宜将劈裂根、病虫根、过长根剪除，并对树冠进行修剪，保持地上地下平衡。另外，落叶树栽植前还应该疏枝，应尽量保持原有树形，常绿针叶树不宜修剪，只剪除病虫枝、枯死枝、过密的轮生枝和下垂枝。

（6）苗木修剪质量的规定。

剪口应平滑，不得劈裂。修剪直径2cm以上大枝及粗根时，截口必须削平并涂防腐剂或树木伤口创可贴。

（7）栽植。

栽植前需核对设计图纸，看树种、规格是否正确，若发现问题立即调整，栽植将土球入穴后填土固定，剪开包装材料并尽量取出，填土至一半时用木棍将土球四周夯实，填土到穴口时再夯实，注意不要砸碎土球，然后筑土堰。

（8）栽植的注意事项和要求：

1）栽植深度对成活率影响很大，灌木应与原土痕平齐，乔木比土球顶部深2~3cm。

2）注意树冠的朝向，乔木要按其原来的阴阳面栽植，尽可能将树冠丰满完整的一面朝主要观赏方向。

3）绿篱成块种植或色块种植时，应由中心向外顺序退植，坡式种植应由上向下种植大型块植或不同色彩丛植时，宜分区、分块种植。

（9）栽植后的养护管理：

1）支撑。采用木杆二支式、三支式和四支式3种，一般采用三支式，松木杆长度视树高而定，以能支撑树高的三分之一处即可。

2）浇水。苗木栽好后，应在边缘处起高10~15cm的土堰，应于当日内灌透水一遍。所谓透水，是指灌水分2~3次进行，每次都应灌满土堰，前次水完全渗透后再灌一次。隔2~3d后浇第二遍水，隔7d后浇第三遍水。以后根据具体情况浇水，对于特大树木应增加浇水次数，并经常向树冠喷水。

3）扶正。在浇水后，应检查树苗是否歪斜，如有，应及时扶正，并用细土将堰内缝隙填严，将苗木固定好。

4）其他养护管理。根据天气情况和土壤水分状况以及苗木本身的需水量，适时浇水。缓苗过程结束后，苗木开始生长，适当追施肥料，中耕除草。经常巡逻值班，防止盗苗，如发现死苗或缺苗，应及时补栽。根据病虫害发生情况，适时对苗木进行病虫害防治，根据苗木生长情况使用营养液等相关措施。冬季封冻前浇足冻水，并清理苗木附近杂草以防止火灾毁苗。

3. 草坪施工

（1）整平、施基肥及耕翻。在清除了杂草、杂物后，对压实后的地面应进行铲高填低的平整。平整要顺地形和周围环境，整成龟背形、斜坡形等，坡度为2.5%~3.0%，边缘要低于路面或道牙3~5cm，表面平整，无坑洼。平整后撒施基肥。

（2）草皮种植的施工方法。草坪营造，可采用播种、栽种、铺种等方法。播种，凡结籽量大且种子容易采集的草种（如结缕草等）均可用播种法。

1）种子的质量：采用纯度在97%以上、发芽率在50%以上的经过处理的种子。

2）播种量和播种时间：单播应根据草种、种子发芽率确定播种量，一般用量为10~20g/m²；混播则要求2~3种草按合适比例混播，其总用量为10~20 g/m²。

3）播种方法：采用条播、撒播或机械喷播。条播是在整好的场地上开沟，深5~10cm，沟距15cm，用等量的细土或砂与种子拌匀撒入沟内；撒播不开沟，撒种人应作回纹或纵横向后退播种，播种后应轻耙土镇压，使种子入土0.2cm；机械喷播是用草坪草种子加上泥炭（或纸浆）、肥料、高分子化合物和水混合浆，贮存在容器中，借助机械力量喷到需育草的地面或斜坡上。

4）播后管理：播种后根据天气情况每天或隔天喷水，等幼苗长至3~6cm时可停止喷水，但应经常保持土壤湿润，并要及时清除杂草。

（3）铺种。采用无缝铺种、有缝铺种或方格形花纹铺种。无缝铺种要求草皮或种子布紧连，不留缝隙，相互错缝。有缝铺种要求各块草皮或种子布相互间留有1~2cm宽度的缝进行铺种。

3.4.2.4　管网工程

管网施工包括给水、排水、工程施工。

1. 施工准备

（1）材料要求。

按设计要求采取材料，所有材料应有产品合格证、出厂日期和检测报告。管道连接应符合工艺要求，阀门、水表等安装位置要正确。塑料给水管道上的水表、阀门等设施其重量或起闭装置的扭矩不得作用于管道上，当管径大于等于50mm时必须设立独立的支撑装置。

（2）作业条件。

施工前审核图纸，编制工程施工方案，并进行技术交底。施工现场测量放线工作已完成，在管道中心线上每30m设置一个控制桩。

2. 施工顺序

管沟开挖；管道安装；雨污水井砌筑；管线试压；管沟回填。

3. 施工方法

（1）管沟开挖。

沟槽开挖的位置、基底标高和尺寸应符合图纸的要求。开挖中如发现地质水文、地下管道、构造物与图纸不符，应根据实际情况，提出处理措施报监理工程师批准。挖沟槽弃土应及时运走，不得堆放在沟槽口附近妨碍施工和槽壁稳定，也不得阻碍交通。沟槽不允许超过图纸要求的挖深，超挖部分应按监理工程师同意的材料回填，并夯压密实。

（2）管道安装。

管道铺设应在沟底标高和管道基础质量检查合格后进行，且所有管材、管件必须提供出厂合格证，并经监理工程师检查合格后方能使用。管道下入沟槽后，应将管道的中心对正，并校验管道标高和坡度，管道底部和侧面用细土填实、稳固。

（3）雨污水井砌筑。

砌筑雨污水井位置、基底标高和尺寸应符合图纸的要求，且井中心与管道的中心应对正，并做好井的沉淀池，砌筑要符合施工规范要求。

（4）管线试压。

管网进行水压试验，试验压力为工作压力的1.5倍，但不得少于0.6MPa。

（5）管沟回填。

管道安装完应填土定位，经试压合格后回填，加填土管道两侧同时进行，管顶200mm范围内的填土应选用砂子或细土分层夯实。

4. 质量标准

（1）管网必须进行水压试验。管道试验压力不应小于管道设计工作压力的1.5倍，但不得少于0.6MPa。

（2）给水管道安装竣工后，必须对管道进行冲洗。

（3）管材的埋地防腐必须符合设计要求。

（4）排水管道的坡度应符合设计要求，严禁无坡或倒坡。管道埋设前必须做灌水试验和通水试验，排水应畅通，无堵塞，管口无渗漏。

（5）允许偏差（表3-12）。

官网工程允许的偏差值

表 3-12

序号	项目	允许偏差（mm）	检验方法
1	坐标	100	拉线和尺量检查
2	标高	±50	拉线和尺量检查
3	水平管缘分横向弯曲	±50	拉线和尺量检查

5. 成品保护

（1）管道穿越道路应加套管保护。

（2）管道分期进行时，应用堵头将其口进行封闭。

6. 应注意的质量问题

（1）水压试验应在环境温度 5℃以上进行。

（2）回填土不应含有砖块、石子等。

3.4.2.5　电器工程

1. 电缆施工

（1）施工准备。

1）材料要求。电缆的品种、规格应符合设计要求和国家标准。外观质量无机械损伤、扭曲或漏油等缺陷。

2）作业条件。施工前审核图纸，编制工程施工方案，并进行技术交底。施工现场测量放线工作已完成，在管道中心线上每 30m 设置一个控制桩，电缆在敷设前应对整盘电缆进行绝缘电阻测试。

（2）施工顺序。

电缆沟开挖；直埋敷设；穿保护管；铺砂盖砖；管沟回填。

（3）施工方法：

1）电缆沟开挖。直埋电缆沟必须符合设计要求，设计无要求时深度不应小于 700mm，沟底必须平整，无坚硬物质，并应在沟底铺一层 100mm 厚的细砂或软土。

2）直埋敷设。敷设电缆时，电缆应从电缆盘上方引出，用滚筒架起，防止地面摩擦。严格防止电力电缆扭伤和弯曲。敷设转弯时弯曲半径一般根据电缆外径的倍数而定，外径在 40mm 以下时为 25 倍，外径在 40mm 以上时为 30 倍。电缆敷设时不要拉得过紧、过直，应为波浪形，防止气候变化使电缆受到拉力后而损坏。

3）穿保护管。电力电缆穿越园路或引出地面时，均应穿保护管，一根保护管只准穿一根电缆线，电缆保护管内径不应小于电缆外径的 1.5 倍，保护管的弯曲半径一般为管外径的 10 倍。

4）铺砂盖砖。埋地电缆在回填土前，须作隐检验收，验收通过后方可覆土。回填土时，上面先覆盖一层 100mm 厚的细砂或软土，然后覆盖砖，砖的宽度应大于电缆两侧各 50mm，回填土必须分层夯实。

5）管沟回填。管道安装完应填土定位，经试压合格后回填，加填土管道两侧同时进行，回填土应分层夯实。

（4）质量标准：

1）电缆的耐压试验结果、泄露电流和绝缘电阻必须符合施工规范规定。

2）电缆线敷设严禁绞拧、铠装压扁、护套断裂和表面划伤等等。

3）喷头、阀门数量位置准确。

4）直埋电缆的深度、回填土要求、保护措施以及电缆间和电缆与地下管网平行或交叉的最小距离均应符合施工规范规定。

（5）成品保护：

1）管道穿越道路应加套管保护。

2）电缆应尽量减少中间接头，当必须有接头时，并列敷设的电缆，其接头位置应错开。

3）电缆与热力管线平行敷设时，其间距最小允许距离为 2m，交叉敷设时，最小允许距离为 0.5m，否则应在平行或交叉点前后 1m 范围内采取隔热措施。任何条件下，都不允许将电缆平行敷设在热力管道的上面或下面。

2. 灯具安装

（1）施工准备：

1）材料要求：灯具的品种、规格、外观质量应符合设计要求及国家标准。

2）作业条件：灯具基础预制完成并验收合格。灯具经过检验并试装合格。

（2）施工顺序。

灯杆安装；灯具接线；灯具安装；通电试运行。

（3）施工方法。

1）灯杆安装。灯杆的连接件和配件必须是镀锌件或经过防腐处理，灯杆安装必须垂直于地面且重心稳定，安装牢固，灯杆应有保护接地线。

2）灯具接线。配电线路导线经绝缘检验合格才能与灯具连接，穿入灯具的导线不得有中间接头，不得承受挤压和摩擦，导线与灯具的端子螺栓要拧紧、牢固，水中敷设电缆宜穿保护钢管，管内不得有接头，电缆头与接头连接处须严格密封，水中电缆如需连接时，必须使用专用的连接头、接线盒，并做好封闭。

3）灯具安装。每套灯具应在相线上安装熔断器，每套灯具其导线部分的对地绝缘电阻必须大于 2MΩ。

4）通电试运行。照明系统安装完毕后应进行系统相序和绝缘测试，合格后进行通电检查，通电运行时间为 24h，每 2h 记录一次运行状态，连续 24h 无故障为合格。

（4）质量标准：

1）灯具预埋件必须埋设牢固。

2）照明器具的接地保护措施和其他安全要求必须符合施工规范规定。

3）检查数时，全数检查。

4）灯具必须绝缘良好，潮湿环境应选用封闭型或防水型。

（5）成品保护：

1）灯具进入现场安装前应在室内保存。

2）灯具安装时应轻拿轻放，注意保护灯罩和油漆涂层。

3）保护膜应在灯具安装完成后撕掉，并将灯具擦拭干净。

3. 配电箱施工

（1）施工准备：

1）材料要求：配电箱规格、外观质量应符合设计要求及国家标准。

2）作业条件：配电箱基础或预留洞已施工完成并验收合格。灯具经过检验并试装合格。

（2）施工顺序。

配电箱安装；灯具接线；导线连接；绝缘测试。

（3）施工方法：

1）配电箱安装。配电箱安装应牢固，其垂直偏差不应大于 3mm，固定螺栓要拧紧，箱体四周应用水泥砂浆填实抹平。

2）灯具接线。配电线路导线经绝缘检验合格才能与灯具连接，穿入灯具的导线不得有中间接头，不得承受挤压和摩擦，导线与灯具的端子螺栓要拧紧、牢固，水中敷设电缆宜穿保护钢管，管内不得有接头，电缆头与接具连接处须严格密封，水中电缆如需连接时，必须使用专用的连接头、接线盒，并做好封闭。

3）导线连接。配电箱内的布线应平直，无绞扭现象。在布线前，先要理顺在放线过程中导线出现的扭转，然后按回路对每组导线用尼龙扎带等距离进行绑扎。输入和输出的导线均应在箱内侧左右两角敷设，各型号开关等配线，其导线端部绝缘层不应剥得过长，防止导线插入开关接线孔后，仍有裸芯外露。另外，配电箱内不论电源有多少回路，导线都不应交叉捏成一团，应平行整理，按开关排列。

4）绝缘测试。配电箱安装完毕后应用 500V MΩ 表对线路进行绝缘测试，测试项目包括相线之间、相线与中性线之间、相线与保护地线之间、中性线与保护地线之间的绝缘电阻，并做好存档。

（4）质量标准：

1）配电箱安装必须牢固。

2）落地安装的设置地点应平坦且高出地面。

3）检查数时，全数检查。

4）箱体内外清洁，柜箱盖开闭灵活。

5）开关切断相线。

6）内部接线整齐，导线连接牢固紧密，不伤芯线，压板连接压紧无松动，同一端子上导线不超过 2 根，防松垫圈等配件齐全。

7）导线接入柜、箱内应留有适当余量。

8）同样用途的三相插座接线相序排列一致，单相插座的接线面对插座，左极接零线。

（5）成品保护：

1）配电箱进入现场安装前应在室内保存。

2）配电箱安装时应轻拿轻放，注意保护灯罩和油漆涂层。

3）配电箱安装完必须上锁，由专人负责。

3.4.3 质量目标及质量保证体系

1. 质量目标

科学管理，精心施工，合理制定工程进度计划，严格按照国家及地方有关安全操作规程施工，坚决杜绝事故发生。在施工过程中严格按照规范精心施工，争取各工序均达到优良，创造一个全优工程。

2. 质量保证体系

（1）施工企业按 ISO 9002 国际标准建立健全质量体系，配备充足的资源，按标准要求进行管理和监督。施工中，认真贯彻公司的质量方针，落实《质量手册》《程序文件》和《技术交底》，实施全过程、全方位的管理，以确保工程质量目标的实现。

（2）建立健全工程的质量责任制：经理负责协调施工企业机关各职能部门及项目经理部的质量活动；主管生产的副经理主持该工程质量活动，主持纠正和预防措施的规定，并对实施和有效性组织跟踪和验证；总工程师组织贯彻执行国家现行有关工程质量责任制，组织推广新技术、新工艺并组织编制质量保证措施。

（3）项目经理是工程的第一负责人。工地设置专职质量检查员一人作为项目经理管理助手，在项目经理和项目技术负责人的直接领导下，在施工企业的指导下，具体担负质量管理方面的业务工作，实行质量一票否决权，对工程质量实施严格严密的监控管理。

（4）组织好工序交接检查验收。各施工班组设兼职质量检查员，对本班组完成的项目按照标准进行认真质检，并填写自检记录，对于验收不合格的项目自行整改关闭，最后提交专职质量检查员验收，同下一道工序办理交接手续，上道工序存在的质量问题没有进行整改，下道工序拒绝接收，以保证上道工序的不合格项不转入下道工序。

3. 管理措施

（1）各级管理人员、工程技术人员和质检人员必须对工程量严格要求，一丝不苟地执行施工规范、操作规程和质量验收标准。

（2）领导和技术人员对工程的关键部位要跟班作业，严格把关，发现问题及时解决。

（3）对技术复杂、施工要求高的施工部位，除必须认真进行技术交底外，还要现场指导，先做样板，再全面展开施工作业。

（4）实行全面质量管理，成立主要分项的 QC 小组并认真开展活动，对存在的质量问题，制定整改措施，并抓好落实。

（5）明确各级质量责任制，做到责任落实到人。

（6）实行优质有奖，劣质受罚，质量和经济利益挂钩，保证质量目标的实现。

（7）在施工过程中不断组织定期和不定期的质量检查评比，不断发现和处理施工操作中存在的质量问题，不断提高施工质量水平。

（8）建立施工现场的例会制度，通过工程例会，经常掌握生产动态，解决施工中存在的质量问题，确保施工生产的顺利进行。项目经理每周召开一次工程质量分析会议及质量意识教育会议。总结上周施工过程中的质量情况，对类似质量问题出现的原因进行分析并提出整改措施，并对下周施工过程中可能出现的质量问题先进行交底，防止质量问题的产生。

（9）技术负责人专职负责质量检查，工程技术人员应经常定时检查各作业层的质量情况，能以真实的数据反映当天的质量情况，并做详细的记录。

4. 工程质量的具体要求

（1）认真熟悉图纸，搞好图纸会审，施工前处理好设计和技术上的有关问题，在此基础上，项目技术负责人向施工班组做好技术交底工作。交底采用书面交底和口头交底相结合的方式进行，以书面交底为主。

（2）做好测量放线工作，所有测量仪器按期校核，保管完好，保证作业状态优良。设置专门的测量放线小组，指定测量负责人。每次测量放线完毕后，技术负责人必须组织复核。维护好现场所有的测量标桩或标志，如有损伤立即校验复补。

（3）工程所用材料把好三关，即材质关、检验关和计量关，特别是钢材和水泥等主要材料，除必须要有出厂合格证外，还必须按批量取样送检，合格后方可使用，对已通过检验和未通过检验的材料严格分开堆放，做出标识，防止误用，材料堆放应保证必须的条件，防止由于堆放不当而使材料受损严重。

（4）实行混凝土浇筑令制度。混凝土浇筑前的检查是一道重要的生产工序，因此在计划安排上要留出一定的时间，当检查中发现有影响质量的因素时，必须及时处理妥当，经复查通过后才能签发混凝土浇筑令，坚决杜绝边检查、边修整、边浇筑的做法，更不允许未经检查确认合格擅自浇筑，为此提倡和鼓励浇筑前检查一次通过。

（5）采用的商品混凝土在施工前应做坍落度实验，并现场随机取样做试件，到期送检。

（6）稳定层的施工应按配合比严格检查水泥的用量。养护期到达后应按规范规定选点做回弹实验和密实度实验。

（7）地基土必须认真压实，做好密实度实验。如发现"弹簧土"现象，应立即通知监理方与设计院进行处理。

（8）沟槽开挖过程中，应尽量避免扰动原土，回填时认真做好分层夯实工作，并按规范规定取点做密实度实验。每层回填完毕，密实度符合要求后方可进行下一层的回填工作。

（9）钢筋严格按设计尺寸加工，并按设计涂好防锈漆。

（10）在基层及混凝土路面施工之前，应认真复核各种地下管线的位置，做到不错放、漏放管线，避免造成结构层的返工凿槽现象。

（11）完善工程技术档案资料的管理，项目设计专人负责此项工作，工程竣工后，由项目经理部提供完整的资料交付生产技术科管理、归档，作为竣工资料交付。

（12）进行经常性的质量意识教育，在全体员工中树立坚定的质量第一和信誉第一的观念。树立必须是严格操作做出质量而不仅是靠质量检查的思想。

（13）经常组织技术人员、各班组成员参观邻近先进单位的施工现场，吸收先进的质量管理体系及施工方法，不断提高工程的质量。

（14）密切与甲方、监理、监督和设计部门的联系，自觉接受管理，不断改进服务质量。

3.4.4　进度保证措施

1. 做好施工前的准备工作

（1）收集工程图纸的设计进度情况、甲方的资金来源与供应情况，为工程施工安排提供依据。

（2）做好图纸会审，各专业有无交叉，做好记录，交监理部门、设计部门审定。

（3）编制工程图施工预算，为施工组织设计提供数据。

（4）依据工程图纸、地质资料、施工合同编制施工组织设计。

（5）编制材料、构件供应计划，为材料、构件订货采购提供依据。

（6）做好市场材料供应与运输条件的调查，确定材料供应方案与运输方式。

（7）组建一支组织能力强、技术高超、能打硬仗的组织管理队伍，组织好这项工程的施工。

（8）选择一支工种齐全、技术水平高，且能吃苦耐劳、人员充足的施工队伍。

（9）选择优质、高效、完好的机械设备。施工中充分发挥作用，做到两班、三班作业，缩短工期。

2. 加强施工过程中的管理

（1）组织施工管理人员学好图纸及有关技术资料，提前研究解决施工中存在的问题，解决土建、水暖、电气工程及分包工程发生的交叉矛盾，避免施工时发生交叉，影响施工进度。

（2）主要工程项目，采用分段流水、立体交叉作业，最大限度地利用空间、时间，减少停工窝工时间。

（3）在施工组织设计的指导下，科学组织、精心编制施工进度计划，制定相应的技术措施，精心组织施工，做到日保旬、旬保月。当天的工作必须完成，计划只能提前，不能拖后。

（4）施工队伍、班组实行分部、分项工程承包制，包质量、包材料、包工期。工程提前完成得奖，工期拖后受罚，推动施工计划的加快进行。

（5）施工中，管理人员做到责任分工明确，必要时做到跟班作业。

（6）分项工程施工中做好施工技术安全交底。推行样板制，做好施工过程中的检查，做到一次成活，避免大量返工影响工期。

（7）工程中采用新技术、新材料、新工艺。提前做好试验，制定相应的技术措施，保证工程质量，加快工程进度。

（8）每周召开一次生产调度会议，除本工程施工管理人员参加外，邀请建设单位、监理单位人员参加。调整进度计划，解决施工中存在的问题。

（9）搞好与建设单位、设计单位及监理单位三方关系，及时搞清资金供应情况，设计图纸供应情况，特殊材料、设备供应情况，以及施工过程中监理的工作程序。工作中做到团结一致，相互信任，互相支持与帮助，共同促进工作。

（10）加强与各分包队伍的协调配合工作。在土建方面给予施工设备、脚手架等使用上的保证和劳动上的配合，并建立例会制度加以协调。

3. 本工程采取的具体措施

（1）物资保证：

1）按施工进度计划提前编制原材料、构配件加工计划，提前3～5d组织进场。

2）现场仓储量能满足3～5d施工材料的要求，以保证随机事件发生，满足材料供应充足，保证工程按计划进行。

3）增加机械设备的一次投入量，利用技术间歇时间和业余时间检查维护、保养机械设备，使其完好率达到100%。

4）选择机械性能好、机械效率高的机械设备，使其使用率达到100%，减少机械设备维修时间，加快工程进度。

（2）资金保证：

1）及时编制月、季施工进度计划和资金使用计划，每月月底向建设单位提供资金使用计划和施工进度计划，以保证建设单位按期拨付工程款。

2）合理编制资金使用明细，分轻、重、缓、急安排资金的合理使用。

3）施工合同中明确规定各项经济责任和索赔条款，避免发生经济纠纷，影响工程进度及交付使用。

（3）技术保证：

1）采用网络控制技术，采用立体交叉平行流水施工的方法，使各工种最大可能同时进行施工，形成流水作业段的良性循环，各工种密切配合，做到不窝工。

2）混凝土预应力梁施工中，采用早强剂，保证预应力梁的强度在7d内达到100%。

3.5　园林绿化工程施工规范

3.5.1　施工规范编制依据

（1）××市××绿化工程×标段招标文件及施工图纸。

（2）国家现行的施工规范及××省××市有关标准、法规、规范、规程等文件。

（3）现场及周围环境实地踏勘。

（4）现行园林劳动定额。

3.5.2　技术规范

1. 基本规范、标准

《城市园林绿化工程施工及验收规范》DB 11/T 212—2003、《城市园林绿化养护管理标准》DB 11/T 213—2003、《城市园林绿化用植物材料木本苗》DB 11/T 211—2003、《绿化种植土壤》CJ/T 340—2016、《城市绿地养护技术规范》DB 44/T 268—2005、《城市绿地养护质量标准》DB 44/T 269—2005、《园林绿化工程施工及验收规范》CJJ 82—2012、《古建筑修建工程施工与质量验收规范》JGJ 159—2008、《城镇道路工程施工与质量验收规范》CJJ 1—2008、《混凝土结构工程施工质量验收规范》GB 50204—2015、《砌体结构工程施工质量验收规范》GB 50203—2011、《钢结构工程施工质量验收标准》GB 50205—2020、《建筑地基基础工程施工质量验收标准》GB 50202—2018、《木结构工程施工质量验收规范》GB 50206—2012、《建筑给水排水及采暖工程施工质量验收规范》GB 50242—2002。

2. 安全生产规范、规程

《城市绿化条例》（国务院 2017 年修订）、《建设工程质量管理条例》（国务院第 714 号令）、《建设工程安全生产管理条例》（国务院第 393 号令）、《安全生产许可证条例》（国务院第 397 号令）、《建筑安全生产监督管理规定》（建设部第 13 号令）、《建筑施工安全技术统一规范》GB 50870—2013、《建筑机械使用安全技术规程》JGB 33—2012。

3.6　冬雨期与夜间施工措施

3.6.1　雨期施工措施

（1）在整体安排上，路基土方施工尽可能避开雨期。

（2）路基土方雨季施工，每层表面横坡不小于 3%，以便横向排水；控制运土，随挖，随运，随平，随压实；若突遇雨季，先快速粗平、粗压一遍，防止雨水灌透，天晴时再翻凉，平整压实，经常测定含水量，保证压实度，雨天禁止在路基上行车，已成型路基及时搞好纵、横向排水和截水沟，保证不进水、浸泡。

（3）管道基槽开挖应随挖，随安装，及时回填压实，弃土的堆放应离沟槽边 2m 以上，以免下雨造成塌方。深度较深的沟槽底应设置排水沟，并及时用抽水机抽出集水坑的积水，以免造成基底土受雨水浸泡。

（4）路面施工应在天气晴朗的日子进行，如果路面施工过程中突遇雨水，应采取有效的防雨措施。

（5）应为水泥等材料搭设材料棚，防止雨淋造成材料变质。

（6）办公室外、生活区以及施工范围内应在施工前做好临时排水工作，以免在雨期时造成积水。

3.6.2 冬期施工措施

根据相关规定，冬期施工的起止日期为：当冬天到来，如连续5天的日平均气温稳定在5℃以下，则此5天的第一天为进入冬季施工的初日；当气温转暖时，最后一个5天的日平均气温稳定在5℃以上，则此5天的最后一天为冬期施工的终日（日平均气温是指在地面以上1.5m处，并远离热源的地方测得1天内2时、8时、14时和20时4次室外气温观测结果的平均值）。园林工程在进入冬期施工前和解除冬期施工后，均必须有一定的防护措施，以防气温突然降至0℃以下的寒流及霜冻等侵袭造成工程质量下降。

3.6.2.1 冬期施工的部署原则

施工部署上要根据晴、冷、内、外相结合的原则，晴天多以室外施工为主，冷天多以室内施工为主，尽量缩短低温露天作业时间，缩小雨天露天作业面以及采取集中兵力打歼灭战的方针，采取分栋、分段、分部位突击施工的方法。例如将基础工程加快进度，突击抢出地面，避免倒灌和塌方；对已完成结构的工程要停到一定部位等。安排冬期施工要考虑气温及降雪的影响，要考虑冬期施工的作业面积、施工进度，加快劳动调配，强调合理的工序穿插，善于利用各种有利条件，加快施工进度，并适当考虑一些机动的施工项目，加强生产调度工作。要将冬期施工准备工作纳入生产计划，考虑一定的劳动力，安排一定的作业时间，搞好冬季施工期间工程材料和冬期设备的储备。

3.6.2.2 冬期施工的准备工作

（1）掌握施工所在地区气象资料。

（2）技术准备工作。

（3）施工现场准备工作。

（4）生活上的准备工作。

（5）物资准备工作。

（6）施工管理方面工作。

3.6.2.3 冬期施工主要技术措施

1. 土方工程

在冬期，土方表面遭受冻结，挖掘困难，施工费用比常温施工要高，所以冬期开工的项目，应力争在土冻结以前把土方挖掘完覆盖好。或者采取表面松土、覆盖保温材料的措施，防止土冻利于挖掘。当土冻层较深时，必须在经济及技术条件认为合理时，方可进行。

（1）土的防冻：土的防冻尽量利用自然条件，因地制宜。土防冻的方法，一般采用地面耕松耙平、覆雪、隔热材料防冻、冰壳或暖棚防冻四种。

（2）冻土的破碎与挖掘：在没有保温防冻的条件，或土已冻结时，比较经济的土方施工方法是破碎冻土，然后挖掘。一般有爆破法、机械法和人工法三种。

（3）冻土的融冻：冻土的融冻是依靠外加的热能来完成的，所以费用较高，只有在面积不大的工程上采用。通常有循环针法、电热法和烘烤法三种。

（4）冻土的钻孔：在建筑工程中，经常需要在冻土中穿凿孔洞，特别在采用爆破法及循环针法时，更需要先在冻土中钻孔，钻孔可用机械或手工方法进行。机械法钻孔常采用电钻或气动钻，钻头是弹簧钢条般的，钻头厚度为 6～8mm，宽度为 50～60mm。

（5）由于土冻结后即成为坚硬的土地，在回填的过程中不能压实或夯实，土解冻后就会造成大量的下降，所以施工及验收规范中对冻土作回填土石有详细的规定，对基坑可用含有冻块的土回填，但冻土块体积不得超过填土总体积的 15%。回填管沟时，在离管道顶上 0.5m 以内的用冻土。在回填管沟上部时，冻土体积不得超过该部分填土体积的 15%。房屋内部不得用冻土。为此，冬期施工的回填土工程中，可以采用如下措施：

1）把回填土在入冬前预先保温，堆积一处进行严格的保温，等冬期需要回填时将内部含有一定热量的土回填。

2）在冬期挖土中，将不冻土堆在一起加以覆盖，留作回填之用。

3）在编制施工方案时，应考虑挖方与填方的平衡，即用从甲坑挖出的未冻土，填到乙坑中作回填土，并迅速夯实。

4）回填处的冻雪一定要扫干净，方可进行回填。

5）适当养活回填土方量：在冬期进行回填土时，可在保证基底不遭受冻坏条件下，尽量少填一些，留待春季温度回暖后再继续回填。

6）为确保冬季回填的质量，对一些重大工程项目，必要时可用砂回填。

7）在有冻胀土的地梁、桩基的承台等处，其下面有可能受冻土降起的地方，要垫以炉渣等松散材料。

2. 砖石工程

（1）关于设计方面的问题：

1）对于需在冬期建造的砖石房屋或构筑物，施工单位应在施工前会同设计单位进行一次图样会审，要求设计部门根据施工单位确定的施工方案，对原设计图纸进行补充验算和给予必要的补充，待修改后再进行施工。修改后的设计图，应包括：① 在砂浆解冻期内砌筑的极限高度；② 在结构解冻期内结构需要采取的临时加固措施；③ 如果下层墙壁需要加强时，应明确其加强方法；④ 对掺有化学附加剂的砂浆，应指出在房屋不同完成程度时在其各层砌体中砂浆必须达到的强度值。

2）采用冻结法砌筑的砖石结构的承载能力计算，除有对已完工房屋的主要计算外，还必须包括结构解冻初期的补充验算。

3）用抗浆砂浆法砌筑的砌体承载能力，应按试验室提出的砂浆块的实际强度进行解冻初期的补充验算，砂浆试块应为与结构相同的条件下养护的试块。

4）冬季用其他方法施工的砌体承载能力，应考虑结构的全部或部分在载面范围内砂浆能达到的实际值来核算。

5）当复核解冻阶段和解冻后人工加热的冬期施工砌体的抗压强度时，允许将安全系数降低 20%。

6）用冻结法及抗冻砂浆法砌筑的砌体，不可采用石灰砂浆、黏土砂浆。

7）用冻结法施工，在房檐挑出长度大于墙厚的一半或 18cm 时，应当砌筑钢筋混凝土悬臂梁，悬梁应锚固在砌体内，并用拉条加强，拉结条的末端应焊接在特设的铁件上或其他固定构件上。如未采用上述措施，则在解冻前应采取临时加固措施，并在施工图上注明。

8）为增加重要的砌体在融化阶段的强度，可用钢筋网加强。

9）用砖石砌筑，冬季的砌筑砂浆中掺一定数量的抗冻外加剂，称为"抗冻砂浆法"，实践效果很好，但在下列情况下按规定要求不可使用抗冻砂浆：① 发电站、变电所等工程；② 装饰要求较高的工程；③ 房屋使用时湿度大于 60% 的工程；④ 经常受高温（40℃以上）影响的工程；⑤ 处于水位变化的基础和经常受侵蚀的结构。

（2）冬期施工砌筑砂浆的要求：

1）水泥采用变通水泥或矿渣水泥，但不可使用无熟料水泥。不得使用白灰砂浆或黏土砂浆。

2）石灰膏应防止冻结。冻结石灰膏应经融化并重新拌和后方可使用，受冻而脱水风化的石灰膏不可使用。

3）拌制砂浆的砂中不得含有冰块和直径大于 1cm 的冻结块。

4）冬期施工砌筑用砂浆的流动性宜比常温施工适当增大，应按有关规定调配砂浆稠度。

（3）对砂浆使用的温度要求。冬期施工砌筑用砂浆应使用热砂浆，可将水加热，当不能满足砂浆要求的温度时可采取砂加热。水的温度不得超过 80℃，砂的温度不得超过 40℃。当水温超过要求温度时，应将水、砂搅拌后再加水泥，以防出现水泥假凝现象。

1）为了保证砂浆使用时的温度，砂浆在搅拌、运输和储放过程中，应采取措施减少热量损失：砂浆的搅拌应在采暖房间或暖棚内进行，环境温度不可低于 5℃；冬期施工砂浆要随拌随运，不可存储和二次倒运。

2）在安排冬期施工方案时，应把缩短运距作为搅拌站设置的重要因素之一考虑。

3）冬期砂浆应存储在保温灰槽中，砂浆应随拌随用。

4）保温槽和运输车应及时清理，每日下班应清洗干净，以免冻结。

5）严禁使用已冻结砂浆，不准单以热水掺入冻砂浆内重新搅拌使用，也不宜在砌筑时向砂浆中随便掺入热水。

（4）抗冻砂浆的配制：抗冻砂浆的材料配合比与常温施工一样，砂浆的组成按照规定的材料配合比（重量计）进行配制。水泥、水和化学附加剂的误差不宜超过自身重量的 1%，石灰膏的误差不宜超过 2%。

（5）抗冻砂浆的氯盐掺量与掺盐的方法：掺盐量是根据拌合水的全部重量来计算的，搅拌时除了加入水之外，在砂子及白灰膏中都有水分，所以要测定砂子的含水率，根据砂子和白灰膏的含水率计算出他们的含水量。拌合水的用量实际上等于砂搅拌时所加入水的质量加上砂子、白灰膏的含水量。搅拌时实际上等于砂搅拌时所加入水的重量加上砂子、白灰膏的含水量。所以搅拌时实际加入水时，会使砂子的含水率大幅度增高，因此应测定砂子的含水率，然后根据砂子和白灰膏的含水量按下式调整搅拌加入水的掺盐量。

搅拌加入水的掺盐量（%）＝[（砂子含水量＋白灰膏含水量）/搅拌加入水重量]×P＋P

上式中，P 是指按早 7 时半气温确定的拌合水掺盐量（%），每个砂浆搅拌机最少要设置一个浓盐水桶和一个稀盐水桶，两种水桶的规格均宜采用水平截面为 1m×1m，深为 1.2m，测量桶内水深即可得知桶内存水体积。浓盐水浓度可用比重计检查来控制，稀盐水的浓度可用注入桶内的浓盐水与清水的比例来控制。浓盐水的位置应高于稀盐水桶，以便浓盐水可以用管直接放入稀盐水桶，另外稀盐水桶可同时作为水加热的容器。

（6）砌筑要求：

1）冬期施工时，用干砖砌筑造成砌体的抗剪强度降低，试验表明用干砖比用带含水率的砖砌筑的砌体，抗剪强度相差近一倍。因此冬期施工砌砖时，如浇水有困难，应根据结构需要采取其他有效措施给予补救。

2）砌砖通常应采用"三一"砌砖法（即一块砖，一铲灰，一挤揉）进行操作。砌筑砖砌体时，砂浆应辅助砌均匀，水平和垂直灰缝的平均厚度不可大于 10mm，个别灰缝的厚度不可小于 8mm，施工时要经常检查灰缝的厚度和均匀。砖和其他块材在砌筑前应清除掉其表面的冰雪和浮尘。砌筑砖块灌浆时，可先浇热水随后灌以热砂浆。

3）用抗冻浆砌砖，外墙拐角处和内外墙交接处应同时砌筑，否则应留踏步。必须留直槎的部位，每隔 10 匹砖应设置拉结筋（按墙厚度 120mm 设一根 $\phi 6$ 的拉结筋）。

3. 混凝土工程

4. 抹灰工程

5. 油漆、刷浆和玻璃安装

6. 屋面防水工程

3.6.3　夜间施工措施

1. 夜间施工措施

（1）根据现场情况，夜间施工应尽量安排噪声小的工作，避免影响邻近居民休息。当工程需要连续施工时，应提前征得居民的谅解。

（2）夜间施工时，应保证有足够的照明设施，能满足夜间施工需要，并准备备用电源。

（3）施工现场设置明显的交通标志、安全标牌、警戒灯等标志，标志牌应具备夜间荧光功能。保证施工机械和施工人员的施工安全。

（4）在人员安排上，夜间施工人员白天必须保证睡眠，不得连续作业。

（5）项目经理部各部门建立夜间施工领导值班和交接班制度，加强夜间施工管理与制度。在项目经理部设置夜间值班室，在施工现场安排现场值班室。

（6）考虑工期、工程质量等因素，估计当天不能停止作业的班组，班组长应提前向队部相关管理人员做好有关工作。及时上报项目部经理室审批，经项目部审批后，方可进行夜间施工。申请书内容包括：作业部位、作业人数、照明安排、申请作业时间、值班负责人安排、安全技术交底情况。

2. 夜间施工的安全保障措施

（1）充分考虑施工安全问题，不安排交叉施工的工序同时在夜间执行。

（2）施工现场设置明显的交通标志、安全标牌、护栏、警戒灯等标志。保证行人、施工机械和施工人员的施工安全。

（3）做好夜间施工防护，在所在地点设置警戒标志，悬挂红色灯，以提醒行人和司机注意，并安排专人值守。

（4）夜间施工用电设备必须有专人看护，确保用电设备及人身安全。

（5）夜间气候恶劣的情况下严禁施工作业。

（6）夜间施工时，各项工序的作业区的结合部位要有明显的发光标志。施工人员需穿戴反光警示服。

（7）各道工序夜间施工时，除当班的安全员、质检员必须到位外，还要建立治安主管人员巡查制度，发现问题必须立即解决。

（8）施工具有重大危险源的工程项目时，必须根据重大危险源的应急救援预案措施，做好随时启动应急预案的准备。

3. 夜间施工环境保护措施

夜间施工现场周围有噪声敏感区域，必须对周围社区告知，在 23：00～6：00 期间禁止施工，必须时要取得周围社区居民的谅解，使用机械时尽量选择低噪声的设备，如必须使用高噪声的设备时，应采用降噪措施。

第4章　园林绿化工程施工现场管理

4.1　施工现场管理概述

施工现场（Construction Site）是指从事工程施工活动的施工场地（经批准占用）。该场地既包括红线以内占用的建筑用地和施工用地，又包括红线以外现场附近经批准占用的临时施工用地。它的管理是指对这些场地如何科学安排、合理使用，并与各自环境保持协调关系。

施工现场管理的目的是希望现场可以做到"规范场容、文明施工、安全有序、整洁卫生、不扰民、不损害公共利益"。

4.1.1　施工现场管理的意义

1. 施工活动正常进行的基本保证

在园林施工中，大量的人流、物流、财流和信息流汇于施工现场。这些流是否畅通，涉及施工生产活动是否顺利进行，而现场管理是人流、物流、财流和信息流畅通的基本保证。

2. 各专业管理联系的纽带

在施工现场，各项专业管理工作按合理分工分头进行，又密切协作，相互影响，相互制约，很难截然分开。施工现场管理的好坏，直接关系到各项专业管理的技术经济效果。

3. 建设体制改革的重要保证

在从计划经济向市场经济转换的过程中，原来的建设管理体制必须进行深入的改革，而每个改革措施的成果，必然都通过施工现场反映出来。在市场经济条件下，在现场内建立起新的责、权、利结构，对施工现场进行有效的管理，既是建设体制改革的重要内容，也是其他改革措施能否成功的重要保证。

4. 贯彻执行有关法规的集中体现

园林施工现场管理不仅是一个工程管理问题，同时也是一个严肃的社会问题。它涉及许多城市建设管理法规，诸如消防安全、交通运输、工业生产保障、文物保护、居民安全、人防建设、居民生活保障、精神文明建设等。

5. 施工企业与社会的主要接触点

施工现场管理是一项科学的、综合的系统管理工作，施工企业的各项管理工作，都通过现场管理来反映。企业可以通过现场这个接触点体现自身的实力，获得良好的信誉，取得生存和发展的压力和动力。同时，社会也通过这个接触来认识、评价企业。

4.1.2　施工现场管理的依据

1. 相关的法律法规

《中华人民共和国建筑法》《中华人民共和国环境保护法》《中华人民共和国消防法》《中

华人民共和国土地管理法》《中华人民共和国文物保护法》《中华人民共和国安全生产法》《中华人民共和国食品安全法》以及《城市绿化条例》《城市道路管理条例》《城市市容和环境卫生管理条例》等。

2. 相关的部门管理规章以及规范性文件

《建筑工程施工现场管理规定》以及各地有关建设工地管理的规范性文件。

3. 相关的技术规范和标准

如工程施工安全、消防、环保、卫生防疫、食品卫生、临时用电等国家标准、技术规范及规程等，以及建设工程项目管理规范等。

4. 施工平面布置图

施工平面布置图也是施工现场的规划图，是施工现场管理的蓝图，施工现场管理工作应根据施工现场平面布置图来规划。

4.2 施工现场管理的内容

4.2.1 合理规划施工用地

首先要保证施工场内占地的合理使用。当场内空间不充足时，应会同建设单位、规划部门向公安交通部门申请，经批准后才能使用场外临时施工用地。

4.2.2 科学地进行施工总平面设计

施工组织设计是园林工程施工现场管理的重要内容和依据，尤其是施工总平面设计，目的是对施工场地进行科学规划，以便合理利用空间。在施工平面布置图上，临时设施、大型机械、材料堆场、物资仓库、构件堆场、消防设施、道路及进出口、水电管线、周转使用场地等，都应各得其所，位置关系合理合法，从而使施工现场文明，有利于安全和环境保护，有利于节约，便于工程施工。

4.2.3 按阶段调整施工现场平面布置

不同的施工阶段，施工的需要不同，现场的平面布置也应进行调整。当然，施工内容变化是主要原因，另外分包单位也随之变化，他们也对施工现场提出了新的要求。因此，不应当把施工现场当成一个固定不变的空间组合，而应当对它进行动态的管理和控制，但是调整也不能太频繁，以免造成浪费。

4.2.4 加强对施工现场使用的检查

现场管理人员应经常检查现场布置是否按平面布置图进行，是否符合各项规定，是否满足施工需要，还有哪些薄弱环节，从而为调整施工现场布置提供有用的信息，也使施工现场保持相对稳定，不被复杂的施工过程打乱或破坏。

4.2.5 建立文明的施工现场

文明的施工现场是指按照有关法规的要求，使施工现场和临时占地范围内秩序井然，文明安全，环境得到保持，绿地树木不被破坏，交通畅达，文物得以保存，防火设施完备，居民不受干扰，场容和环境卫生均符合要求。建立文明的施工现场有利于提高工程质量和工作质量，提高企业信誉。为此，应当做到主管挂帅、系统把关、普遍检查、建章建制、责任到人、落实整改、严明奖惩。

1．主管挂帅

公司和工区均成立主要领导挂帅，各部门主要负责人参加的施工现场管理领导小组，在企业范围内建立以项目管理班子为核心的现场管理组织体系。

2．系统把关

各管理、业务系统对现场管理进行分口负责，每月组织检查，发现问题及时整改。

3．普遍检查

对现场管理的检查内容，按达标要求逐项检查，填写检查报告，评定现场管理先进单位。

4．建章建制

建立施工现场管理规章制度和实施办法，按法办事，不得违背。

5．责任到人

管理责任不但要明确到部门，而且各部门要明确到人，以便落实管理工作。

6．落实整改

针对各种问题，一旦发现，必须采取措施纠正，避免再度发生。无论涉及哪一级、哪一部门、哪一个人，都不能姑息迁就，必须落实整改。

7．严明奖惩

如果成绩突出，便应按奖惩办法予以奖励；如果有问题，要按规定给予必要的处罚。

4.2.6　及时清场转移

施工结束后，项目管理班子应及时组织清场，将临时设施拆除，剩余物资退场，组织向新工程转移，以便整治规划场地，恢复临时占用土地，不留后患。

4.3　施工现场管理的方法

现场施工组织就是现场施工过程的管理，它是根据施工计划和施工组织设计，对拟建工程项目在施工过程中的进度、质量、安全、节约和现场平面布置等方面进行指挥、协调和控制，以达到施工过程中不断提高经济效益的目的。

4.3.1　组织施工

组织施工是依据施工方案对施工现场有计划、有组织地均衡施工活动，必须做好以下三个方面的工作：

1．施工中要有全局意识

园林工程是综合性艺术工程，工种复杂，材料繁多，施工技术要求高，这就要求现场施工管理全面到位，统筹安排。在注重关键工序施工的同时，不得忽视非关键工序的施工；各工序施工务必清楚衔接，材料机具供应到位，从而使整个施工过程顺利进行。

2．组织施工要科学、合理和实际

施工组织设计中拟定的施工方案、施工进度、施工方法是科学合理组织施工的基础，应认真执行。施工中还要密切注意不同工作面上的时间要求，合理组织资源，保证施工进度。

3. 施工过程要做到全面监控

由于施工过程是繁杂的工程实施活动，各个环节都有可能出现一些在施工组织上、设计中未加考虑的问题，这要根据现场情况及时调整和解决，以保证施工质量。

4. 确立拟建工程项目的领导机构

施工组织领导机构的建立应根据施工项目的规模、结构特点和复杂程度，确定项目施工的领导机构人选和名额，坚持合理分工与密切协作结合，把有施工经验、创新精神、工作效率的人选入领导机构，认真执行因事设职、因职选人的原则。组织领导机构的设置程序见图4-1。

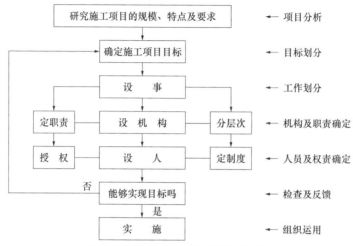

图 4-1　组织领导机构的设置程序

4.3.2 施工作业计划的编制

施工作业计划和季度计划是对其基层施工组织在特定时间内以月度施工计划的形式下达施工任务的一种管理方式，虽然下达的施工期限很短，但对保证年度计划的完成意义重大。

1. 施工作业计划编制的依据

（1）工程项目施工期与作业量。

（2）企业多年来基层施工管理的经验。

（3）上个月计划的完成状况。

（4）各种先进合理的定额指标。

（5）工程投标文件、施工承包合同和资金准备情况。

2. 施工作业计划编制的差异

施工作业计划的编制因工程条件和施工单位的管理习惯不同而有所差异，计划的内容也有繁简之分。在编写的方法上，大多采用定额控制法、经验估算法和重要指标控制法三种：定额控制法是利用工期定额、材料消耗定额、机械台班定额和劳动力定额等测算各项计划指标的完成情况，编制出计划表；经验估算法是参考上年度计划完成的情况及施工经验估算当前的各项指标；重要指标控制法则是先确定施工过程中哪几个工序为重点控制指标，从而制定出重点指标计划，再编制其他计划指标。

实际工作中可结合这几种方法进行编制。施工作业计划一般要有以下几方面内容：

（1）年度计划总表和季度计划表，参照表 4-1、表 4-2 内容填写。

（2）根据季度计划编制月工程计划汇总表，并要将本月内完成的和未完成的工作量按计划形象进度形式填入表 4-3 中。

（3）按月工程计划汇总表中的本月形象进度计划，确定各单项工程（或工序）的本月日程进度，用横道图表示，并求出用工数量，见表 4-4。

（4）将技术组织措施与降低成本计划列入表中，见表 4-5。

×× 施工队 ×× 年度施工任务计划总表　　　　　　　　表 4-1

项次	工程项目	分项工程	工程量	定额	计划用工（工日）	施工进度	措施

季度施工进度表　　　　　　　　表 4-2

施工队名称	工程量	投资额	预算额	累计完成量	本季度计划工作量	形象进度	分月进度

×× 施工队 × 年 × 月工程计划汇总表　　　　　　　　表 4-3

项次	工程名称	开工日期	计量单位	数量	工作量（万元）	累计完成		本月计划形象进度	承包工作量（万元）	自行完成工作总量（万元）	说明
						形象进度	工作量（万元）				

×× 施工队 ×× 年 × 月份施工进度计划表　　　　　　　　表 4-4

项次	建设单位	工程名称（或工序）	单位	本月计划完成工程量	用工量（工日）			进程日程					
					A	B	小计	1	2	3	…	29	30

技术组织措施、降低成本计划表 表 4-5

措施项目名称	涉及的工程项目名称和工程量	措施执行单位及负责人	措施的经济效果					降低其他直接费	降低管理费	降低成本合计	备注
			降低材料费用			降低工资					

4.3.3 施工任务单

施工任务单是由园林施工单位按季度施工计划给施工单位或施工队所属班组下达施工任务的一种管理方式。通过施工任务单，基层施工班组对施工任务和工程范围更加明确，对工程的工期、安全、质量、技术、节约等要求更能全面把握。这利于对工人进行考核，利于施工组织。

1. 施工任务单使用要求

（1）施工任务单是下达给施工班组的，因此任务单所规定的任务、指标要明了具体。

（2）施工任务单的制定要以作业计划为依据，要实事求是，符合基层作业。

（3）任务单中所拟定的质量、安全、工作要求、技术与节约措施应具体化，易操作。

（4）任务单工期以半个月到一个月为宜，下达、回收要及时。班组的填写要细致认真并及时总结分析。所有单据均要妥善保管。

2. 施工任务单的执行

基层班组接到任务单后，要详细分析任务要求，了解工程范围，做好实地调查工作。同时，班组负责人要召集施工人员，讲解任务单中规定的主要指标及各种安全、质量、技术措施，明确具体任务。在施工中要经常检查、监督，对出现的问题要及时汇报并采取应急措施。各种原始数据和资料要认真记录和保管，为工程完工验收做好准备。

4.3.4 施工平面图管理

施工平面图管理是指根据施工现场布置图对施工现场水平工作面的全面控制活动，其目的是充分发挥施工场地的工作面特性，合理组织劳动资源，按进度计划有序施工。园林工程施工范围广、工序多、工作面分散，要做好施工平面的管理。

（1）现场平面布置图是施工总平面管理的依据，应认真予以落实。

（2）实际工作中发现现场平面布置图有不符合现场的情况，要根据具体情况提出修改意见。

（3）平面管理的实质是水平工作的合理组织。因此，要视施工进度、材料供应、季节条件等做出劳动力安排。

（4）在现有的游览景区内施工，要注意园内的秩序和环境。材料堆放、运输应有一定的限制，避免景区混乱。

（5）平面管理要注意灵活性与机动性。对不同的工序或不同的施工阶段采取相应的措施，例如夜间施工可调整供电线路，雨季施工要组织临时排水，突击施工增加劳动力等。

（6）必须重视生产安全。施工人员要有足够的工作面，注意检查，掌握现场动态，消除安全隐患，加强消防意识，确保施工安全。

4.3.5　施工现场布置

（1）现场办公室及工棚设施要合理、方便、整齐、划一，工程一旦开工，文明施工的宣传标语要同步进场。

（2）为方便公众监督，施工现场入口处必须悬挂城监部门颁发的施工标牌，标明工程名称、施工单位、现场负责人、施工许可证号、文明施工负责人、投诉电话等。

（3）严格控制施工范围，搭设临设、停放机具、材料不乱占施工范围外的道路。

（4）施工场地两侧沿线设置排水沟，场内设置横向排水系统，将场地内的积水排至小河涌，保证施工现场道路畅通，场地平整，无大面积积水。

（5）工程竣工后，按规定在一个月内拆除工地及四周围栏、安全防护设施和其他临时设施，并将工地四周环境清理整洁。

4.3.6　施工围蔽

（1）根据施工现场的施工布置和进度安排，做到有规范、有目的、有次序地对施工场地进行围蔽。

（2）开挖坑、沟等，必须有围蔽设施，且要有夜间警示标志。

4.3.7　施工调度

施工调度是保证合理工作面上的资源优化，是结合有效地使用机械、合理组织劳动力的一种施工管理手段。它是组织施工中各个环节、专业、工种协调动作的中心。其中心任务是通过检查、监督计划和施工合同执行情况，及时全面掌握施工进度和质量、安全、消耗的第一手资料，协调各施工单位（或各工序）之间的协作配合关系，搞好劳动力的科学组织，使各工作面发挥最高的工作效率。调度的基本要素是平均合理，保证重点，兼顾全局。调度的方法是累积和取平。

进行施工合理调度是十分重要的管理环节，以下几点值得重视：

（1）减少频繁的劳动资源调配，施工组织设计必须切合实际，科学合理。并将调度工作建立在计划管理的基础之上。

（2）施工调度着重在劳动力及机械设备的调配，为此要对劳动力技术水平、操作能力、机械的性能和效率等有准确的把握。

（3）施工调度时要确保关键工序的施工，有效抽调关键线路的施工力量。

（4）施工调度要密切配合时间进度，结合具体的施工条件，因地因时制宜，做到时间与空间的优化组合。

（5）调度工作要有及时性、准确性、预防性。

4.3.8　施工过程的检查与监督

园林工程是游人直接使用和接触的，不能存在丝毫的隐患。为此应重视施工过程的检查与监督工作，要把它视为保证工程质量必不可少的环节，并贯穿于整个施工过程中。

1. 检查种类

根据检查对象的不同可将施工检查分为材料检查和中间作业检查两类：材料检查是指对

施工所需的材料、设备的质量和数量的确认记录；中间作业检查是施工过程中作业结果的检查验收，分为施工阶段检查和隐蔽工程验收两种。

2. 检查方法

（1）材料检查：是指对所需材料进行必要的检查。

检查材料时，要出示检查申请、材料入库记录、抽样指定申请、试验填报表和证明书等。不得购买假冒伪劣产品及材料；所购材料必须有合格证、质量检查证、厂家名称和有效使用日期；做好材料进出库的检查登记工作；要选派有经验的人员做仓库保管员，搞好材料验收、保管、发放和清点工作，做到"三把关，四拒收"，即把好数量关、质量关、单据关；拒收凭证不全、手续不整、数量不符、质量不合格的材料；绿化材料要根据苗木质量标准验收，保证成活率。

（2）中间作业检查：是指在工程竣工前对各工序施工状况的检查。

对一般的工序可按时间或施工阶段进行检查。检查时要准备好施工合同、施工说明书、施工图、施工现场照片、各种质量证明材料和试验结果等；园林景观的艺术效果是重要的评价标准，应对其加以检验确认，主要通过形状、尺寸、质地、色彩等加以检测；对园林绿化材料的检查，要以成活率和生长状况为主，并做到多次检查验收；对于隐蔽工程，要及时申请检查验收，待验收合格方可进行下道工序；在检查中如发现问题，要尽快提出处理意见。

4.4 施工现场管理制度

4.4.1 基本要求

1. 承包人要求

园林工程施工现场门头应设置企业标志。承包人项目经理部应负责施工现场场容、文明形象管理的总体策划和部署。各分包人应在承包人项目经理部的指导和协调下，按照分区划块原则，搞好分包人施工用地区域的场容文明形象管理规划并严格执行。

2. 项目经理部

项目经理部应在现场入口的醒目位置，公示以下标牌：

（1）工程概况牌包括：工程规模、性质、用途、发包人、设计人、承包人、监理单位的名称和施工起止年月等。

（2）安全纪律牌。

（3）安全生产、文明施工牌。

（4）防火须知牌。

（5）安全无重大事故计时牌。

（6）施工平面布置图。

（7）施工项目经理部组织架构及主要管理人员名单图。

3. 项目经理

项目经理应把施工现场管理列入经常性的巡视检查内容，并与日常管理有机结合，认真听取邻近单位、社会公众的意见和反映，及时整改。

4.4.2　规范场容的要求

（1）施工现场场容规范化应建立在施工平面图设计的科学合理化和物料器具管理标准化的基础上。承包人应根据本企业的管理水平，建立和健全施工平面图管理和现场物料器具管理标准，为项目经理部提供场容管理策划的依据。

（2）项目经理必须结合施工条件，按照施工技术方案和施工进度计划的要求认真进行施工平面图的规划、设计、布置、使用和管理，应注意以下内容：

1）施工平面图宜按指定的施工用地范围和布置的内容，分为施工平面布置图和单位工程施工平面图，分别进行布置和管理。

2）单位工程施工平面图宜根据不同施工阶段的需要分别设计成阶段性施工平面图，并在阶段性进度目标开始实施前，通过施工协调会议确认后实施。

3）应严格按照已审批的施工平面布置图或相关的单位工程施工平面图划定的位置，布置施工项目的主要机械设备，脚手架，模具，施工临时道路，供水、供电、供气管道或线路，施工材料制品堆场及仓库，土方及建筑垃圾，变配电间消防栓，警卫室，现场办公、生产、生活临时设施等。

4）施工物料器具除应按施工平面图指定位置就位布置外，尚应根据不同特点和性质，规范布置方式与要求，包括执行码放整齐、限宽限高、上架入箱、规格分类、挂牌标识等管理标准。砖、砂、石和其他散料应随用随清，不留料底。

5）施工现场应设垃圾站，及时集中分拣回收、利用、清运，垃圾清运出现场必须到批准的消纳场地倾倒，严禁乱倒乱卸。

6）施工现场剩余料具、包装容器应及时回收，堆放整齐并及时清退。

7）在施工现场周边应设置临时围护设施。市区工地的周边围护设施应不低于1.8m。临街脚手架、高压电缆、起重把杆回转半径伸至街道的，均应设置安全隔离棚。危险品库附近应有明显标志及围挡措施。

8）施工现场应设置畅通的排水沟渠系统，场地不积水、不积泥浆，保持道路干燥坚实，工地地面宜做硬化处理。

4.4.3　施工现场环境保护

（1）施工现场泥浆和污水未经处理不得直接排入城市排水设施和河流、湖泊、池塘。

（2）禁止将有毒有害废物用作土方回填。

（3）建筑垃圾、淤土应在指定地点堆放，每日进行清理。装载建筑材料垃圾或渣土的车辆，应有防止尘土飞扬、撒落或流溢的有效措施。施工现场应根据需要设置机动车辆冲洗设施，冲洗污水处理设施。

（4）对施工机械的噪声与振动扰民，应有相应措施予以控制。

（5）凡在居民稠密区进行强噪声作业的，必须严格控制作业时间，一般不得超过22时。

（6）经过施工现场的地下管线，应由发包人在施工前通知承包人，标出位置，加以保护。施工时发现文物、古迹、爆炸物、电缆等，应当停止施工，保护好现场，及时向有关部门报告，按照有关规定处理后方可继续施工。

（7）施工中需要停水、停电、封路而影响环境时，必须经过有关部门批准，事先告示。在行人、车辆通行的地方施工，应当设置沟、井、坎、穴覆盖物和标志。

4.4.4 施工现场安全防护管理

1. 料具存放安全要求

（1）大模板存放必须将地脚螺柱提上去，使自稳角呈 70°～80°。长期存放的大模板必须用拉杆连接绑牢。没有支撑或自稳角不足的大模板，要存放在专用的堆放架内。

（2）砖、加气块、小钢模码放稳固，高度不超过 1.5m。脚手架上放砖的高度不超过三层侧砖。

（3）存放水泥等袋装材料严禁靠墙码垛，存放砂、土、石料严禁靠墙堆放。

2. 临时用电安全防护

（1）临时用电必须按现行规范的要求做施工组织设计（方案），建立必要的内业档案资料。

（2）临时用电必须建立对现场线路、设施的定期检查制度，并将检查、检验记录存档备查。

（3）临时配电线路必须按规范架设整齐，架空线必须采用绝缘导线，不得采用塑胶软线，不得成束架空敷设，也不得沿地面明敷设。

（4）施工机具、车辆及人员，应与内、外电线路保持安全距离，达不到规范规定的最小距离时，必须采用可靠的防护措施。

（5）配电系统必须施行分级配电。各类配电箱、开关箱的安装和内部设置必须符合有关规定，箱内电气必须可靠完好，其选型、定值要符合规定，开关电器应标明用途。各类配电箱、开关箱外观应完整、牢固、防雨、防尘，箱体应外涂安全色标，统一编号，箱内无杂物。停止使用的配电箱应切断电源，箱门上锁。

（6）独立的配电系统必须按部颁标准采用三相四线制的接零保护系统，非独立系统可根据现场实际情况采取相应的接零接地保护方式。各种电气设备和电力施工机械的金属外壳、金属支架和底座必须按规定采取可靠的接零或接地保护。

（7）手持电动工具的使用应符合国家标准的有关规定。工具的电源线、插头和插座应完好。电源线不得任意接长和调换，工具的外绝缘应完好无损，维修和保护应由专人负责。

（8）凡在一般场所采用 220V 电源照明的，必须按规定布线和装设灯具，并在电源一侧加装漏电保护器。特殊场所必须按国家标准规定使用安全电压照明器。

（9）电焊机应单独设开关。电焊机外壳应做接零或接地保护。一次线长度应小于 5m，二次长度应小于 30m，两侧接线应压接牢固，并安装可靠防护罩。

3. 施工机械安全防护

（1）施工组织设计应有施工机械使用过程中的定期检测方案。

（2）施工现场应有施工机械安装、使用、检测、自检记录。

（3）搅拌机应搭防砸、防雨操作棚，使用前应固定，不得用轮胎代替支撑。移动时，必须先切断电源。启动装置、离合器、制动器、保险链、防护罩应齐全完好，使用安全可靠。搅拌机停止使用料斗升起时，必须挂好上料斗的保险链。维修、保养、清理时必须切断电源，设专人监护。

（4）机动翻斗车时速不超过 5km，方向机构、制动器、灯光等应灵敏有效。行车中严禁带人。往槽、坑、沟卸料时，应保持安全距离并设挡墩。

（5）蛙式打夯机必须由两人操作，操作人员必须戴绝缘手套和穿绝缘胶鞋。操作手柄应采取绝缘措施。夯机用后应切断电源，严禁在夯机运转时清除积土。

（6）钢丝绳应根据用途保证足够的安全系统。凡表面磨损、腐蚀、断丝超过标准的，或打死弯、断胶、油芯外露的不得使用。

4. 操作人员个人防护

（1）进入施工区域的所有人员必须戴安全帽。

（2）凡从事 2m 以上、无法采取可靠防护设施的高处作业人员必须系安全带。

（3）从事电气焊、剔凿、磨削作业人员应使用面罩或护目镜。

（4）特种作业人员必须持证上岗，并佩戴相应的劳保用品。

4.4.5　施工现场的保卫和消防管理

（1）应做好施工现场保卫工作，采取必要的防盗措施。现场应设立门卫，根据需要设置警卫。施工现场的主要管理人员在施工现场应当佩戴证明其身份的证卡，应采用现场施工人员标识。有条件时可对进出场人员使用磁卡管理。

（2）承包人必须严格按照《中华人民共和国消防条例》的规定，在施工现场建立和执行防火管理制度，现场必须安排消防车出入口和消防道路，设置符合要求的消防设施，保持完好的备用状态。现场严禁吸烟，必要时设吸烟室。

（3）施工现场的通道、消防入口、紧急疏散楼道等，均应有明显标志或指示牌。有高度限制的地点应有限高标志。

（4）施工现场的材料保管，应依据材料性能采取必要的防雨、防潮、防晒、防冻、防火、防爆、防损坏等措施。植物材料应该采取假植的形式加以保管。

（5）更衣室、财会室及职工宿舍等易发案部位要指定专人管理，制定防范措施，防止发生盗窃案件。严禁赌博、酗酒、传播淫秽物品和打架斗殴。

（6）料场、库房的设置应符合治安消防要求，并配备必要的防范设施。职工携物出现场，要开出门证。

（7）施工现场要配备足够的消防器材，并做到布局合理，经常维护、保养，采取防冻保温措施，保证消防器材灵敏有效。

（8）施工现场进水干管直径不小于 100mm。消火栓处昼夜要设明显标志，配备足够的水龙头，其周围 3m 范围内，不准存放任何物品。

4.4.6　施工现场环境卫生和卫生防疫

（1）施工现场不宜设置职工宿舍，必须设置时应尽量和施工场地分开。现场应准备必要的医务设施。在办公室内显著地点张贴急救车和有关医院电话号码，根据需要制定防暑降温措施，进行消毒、防毒处理。施工作业区与办公区应明显划分。生活区周围应保持卫生、无污染和污水。生活垃圾应集中堆放，及时清理。

（2）在工地出入口设置洗车槽，配置高压枪，严格要求车辆驶出工地前要进行冲洗，避免将砂泥夹带出马路。

（3）施工现场及其附近的道路安排专人清扫。

（4）施工现场应有开水，饮水器具要卫生。

（5）食堂、伙房要有一名工地领导主管食品卫生工作，并设有兼职或专职的卫生管理人员。食堂、伙房的设置需经当地卫生防疫部门的审查、批准，要严格执行食品卫生法和食品卫生有关管理规定。建立食品卫生管理制度，应办理食品卫生许可证、炊事人员身体健康证和卫生知识培训证。

（6）伙房内外要整洁，炊具必须干净，无腐烂变质食品。操作人员穿着整洁的工作服并保持个人卫生。食堂、操作间、仓库要做到生熟分开，操作和保管有防蝇措施，做到无蝇、无鼠、无蛛网。

（7）应进行现场节能管理。有条件的现场应下达能源使用规定。

（8）厕所要符合卫生要求，施工现场内的厕所应有专人保洁，按规定采取冲水或加盖措施，及时打药，防止蚊虫类滋生。市区及远郊城镇内施工现场的厕所，墙壁屋顶要严密，门窗要齐全。

（9）临时建筑采取砖砌墙体，或集装箱式临时设施，并符合安全、通风、明亮及环境卫生要求。

（10）承包人应考虑施工过程中必要的投保。应明确施工保险及第三者责任险的投保人和投保范围。

（11）冬季取暖炉的防煤气中毒设施必须齐全有效。应建立验收合格证制度，经验收合格发证后，方准使用。

（12）施工现场应经常保持整洁卫生。运输车辆不带泥沙出现场，并做到沿途不遗撒。

（13）做好工地饮食卫生，工地厨房内墙贴白色瓷片，地下铺防滑耐磨砖。

（14）保持施工场容、场貌整洁，设立专门的垃圾箱，严禁生活垃圾随地乱扔。

（15）生活区内派专人定时清扫，并确保生活区沟渠畅通。

4.4.7 路况维护

（1）专人负责给施工便道和现场的机动车道淋水，以减少工地的尘土。

（2）专人负责路况维护工作，对因施工造成的路面破损、凹陷等及时进行修补，确保路况完好。

4.4.8 综合治理

（1）工地实行综合治理责任制，落实分工责任，搞好综合治理工作。

（2）进场人员按公安及有关规定办理手续，进行岗前培训及纪律法制教育。

（3）在生活区内显眼处张挂防火、安全警示牌。

（4）加强宿舍的治安巡查，制定突发事件的控制及疏散路线图，配备必要的防火设施。

（5）搞好与邻近单位的关系，积极与当地各级行政及公安部门合作，共创文明工地。

4.5 园林绿化施工现场管理

4.5.1 管理方案

工期间的环境保护应做到：

（1）遵守国家和地方有关环境保护、控制环境污染的规定，采取必要的措施防止施工中的污水、废料和垃圾等有害物质对环境的污染，防治噪声对环境的污染，把施工对环境、空气和居民生活的影响减小到法定允许的范围内。

（2）任何因施工造成的环境污染，承包人应采取措施予以防治和消除，否则承包人应承担由于这种污染而产生的一切索赔和罚款。

4.5.2　施工要求

（1）按照绿化工程施工图纸的布置和种植种类要求，在有利于种植的季节进行施工。

（2）种植前应在各种植区内进行地表准备，土壤条件不适合种植时应采取相应的措施并报给发包人和监理工程师同意。

（3）配备专业园林工程师为绿化技术负责人，负责全部绿化工程养护的技术工作。

（4）种植密度：符合设计和施工验收规范要求。

（5）种植穴、槽及管沟开挖：

1）种植穴、槽及管沟挖掘前应了解地下管线和隐蔽物埋设情况。

2）挖穴、槽前应进行植物的定点、放线，经监理工程师验收后方可进行，种植穴、槽定点放线应符合设计要求，位置准确，标记明显。

3）种植穴、槽的大小应符合设计要求，且不低于施工验收规范要求。

（6）树木栽植点必须与设计相符。乔木灌木的栽植应注意前景与背景的关系，认真领会设计意图，充分展现植物的群体美与个体美。

（7）栽植时，树穴低部应施基肥并填入种植土，使中部略微突起，注意树木朝向，创造最佳观赏面。树木栽植后要整姿，在保留自然树形的前提下，提高或剪薄树冠，去除死病枝、树椿等，改善树形。

（8）地被植物、花卉成片栽植以整体覆盖地面为原则，要求枝条互相搭接，修剪整齐，密度合理，景观效果好。

（9）树木定植后铺种草皮时，为树木留出直径 1m 的水盆，水盆边缘应整齐美观，树木成活后，水盆中补植草坪到树木根部。

（10）树木扶架：应符合施工验收规范要求。

（11）植物储存和保护：

1）运出植物前，应由园艺人员按起苗、调运等技术要求负责将植物挖出、包扎、打捆，以备运输。任何时候，植物根系应保持潮湿，防冻，防止过热。落叶树在裸根情况下运输时，必须将根部包涂粘上土浆，使根的全部带有泥土，然后包装在稻草袋内。所有常青树及灌木的根部，均应连同掘出的土球用草袋包装。运到工地及种植前，这些土球应结实，草包完好，树冠应仔细捆扎以防止枝杈折断。

2）多年生植物以及其他植物应在合适的容器内运输，保护好根系，这些植物发育充分并有足够的根系，从容器中移出时应裹满泥土。

3）植物以单株、成捆、大包或容器内装有一株或多株植物运到工地时，均应分别系有清楚的标签，标明植物名称、尺寸、树龄或其他详细资料，这对鉴别植物是否符合规定是必要的。当不能对各单株植物分别标明时，标签内应说明成捆、成包以及容器内的各种规格植物的数量。

4）运到工地后 1d 内栽植不完的植物，应存放在阴凉潮湿处，以防日晒风吹，或暂进行假种。

5）裸根树种应将包打开，放在沟内，根部暂盖壅土，并保持湿润。

6）带有土球及草袋包装的植物，应用土、稻草或其他适当材料加以保护，并保持土、稻草等潮湿，以防根系干燥。

7）装运竹类时，不得损失竹干与竹鞭之间的着生点和鞭芽。

（12）种植前和种植后，应进行修剪，以保持各植物的自然形态。修剪工作应由有经验的人员按照正常的园艺惯例进行，将有病的、损坏的或枯萎的及不平衡细枝和枝杈去掉。对于苗木根系，宜将劈裂根、病虫根、过长根剪除，并对树干进行修剪，保持地上地下平衡。

（13）在对植物生长有妨害的种植区，承包人应设置标志，或立支柱牵索，或设临时篱笆等警告、防护措施，以保证植物的成活及正常生长。

（14）种植区内应保持整洁，不堆放杂物或用作临时场地。

4.5.3 种植前土壤的处理

（1）绿化工作开始前，在绿化区域内按照图纸布置和要求，进行地面平整、翻松、铺设表土等施工作业。表土铺设达到要求厚度后，其完成的工程应符合施工图所要求的线形、坡度和边坡。

（2）种植或播种前应对种植区土壤的理化性能进行化验分析，必要时采取相应的消毒、施肥、旋耙和客土等改良土壤技术措施，要求种植土含有机质，团粒结构完好，具有较好的通气、透水和保肥能力。投标人应提供土壤的酸碱度（pH 值）及干燥土密度值。

（3）绿地应按照设计要求构筑地形。对草坪种植地、花卉种植地、播种地应施足基肥，翻耕不少于 30cm，耙平耙细，去除杂物，平整度和坡度应符合设计要求。不能打碎的土块、砾石、树根、树桩和其他垃圾应清除并运到监理工程师同意的地点废弃。

（4）更换种植土和施肥应在挖穴、挖槽后进行。

（5）种植土最低应满足设计要求且不低于施工验收规范规定。

4.5.4 种植材料和播种材料

1. 种植材料

种植材料应根系发达、生长苗壮、无病虫害，其规格及形态应符合设计要求。

2. 草种

（1）播种用的草坪、草花、地被植物种子均应注明品种、品系、生产单位、采收年份、纯净度及发芽率，不得有病虫害。自外地引进的种植物应有检疫合格证。

（2）应按设计要求选择适合当地气候条件、易于生长的草种，或经监理工程师同意或指示的其他混合草种。混合草种应试验其萌芽情况，其纯度和萌发率均应达到 90% 以上。

3. 树木

（1）行道树要求树木挺拔，树型完美，分枝点高应满足设计、施工和验收规范要求。

（2）树木形态要求：主景树要求形态优美；球类要求丰满不空膛，不偏冠；花灌木要求内膛多枝，枝条饱满，无徒长枝，株型整齐；特选苗木在绿地中做孤植观赏树，要求具有较高的观赏价值。

4. 种植要求

规则式种植要求树冠规格、胸径、高度等一致。

5. 肥料

（1）应优先使用经过沤制的农家肥。

（2）如使用化肥时，应为标准农用化肥并按袋装提供，根据土壤肥力状况选定并报监理工程师同意后方可使用。

（3）树木、草种和花卉种植前、种植中、种植后适合施用的肥料名称、数量、种类、用法、可替代肥料品种等详细资料，数据规范。

4.5.5 劳动力及主要设备

1. 技术设备准备

（1）组织有关人员熟悉图纸，把图纸吃透，尽量把图纸中的所有问题和疑问提出，尽早解决每个问题。

（2）根据建设单位提供的坐标点，建立半永久性轴线控制桩和标高控制点。

（3）进行分项工段技术交底和安全交底。

2. 施工设备准备

（1）按照施工组织设计中的设备一览表和施工需要安排设备进场。

（2）根据平面布置图中设备的位置布置施工设备，安装设备就位，然后进行调试。

3. 材料准备

根据施工进度计划，编制材料进场月、旬计划，安排材料进场。

4. 劳动力准备

要组织好劳务队伍和专业队伍进场施工。

4.5.6 文明施工措施

1. 文明施工管理目标

文明施工，争取达到省文明施工优良标准。

2. 文明施工措施

（1）建立现场文明施工制度，文明施工措施要落实到人，按照公司施工现场文明施工检查评分表进行打分，每月进行一次。

（2）施工现场按照文明施工的有关规定，在工地明显的位置设置施工标牌、主要管理人员名单牌和总平面布置图。

（3）场容场貌实行分片包干制度，规定职责范围。

（4）保持施工现场场容场貌的整洁、平整、道路畅通、排水良好，下雨后不积水。

（5）现场资料堆放必须做到：散材成方，型材成垛，并标明标识。

（6）施工现场管理人员及操作人员要佩戴胸卡。

（7）项目经理部设立一名专职文明施工员和一名兼职文明施工主管领导，负责现场文明施工。

（8）做好现场文明施工宣传工作，增强文明施工意识，自觉实施文明施工。

（9）坚持文明施工检查制度，各施工队每周不少于一次自检，公司每月不少于一次检查评比。对重点工程可根据实际情况随时组织检查。

4.5.7 施工成品、半成品保护组织措施

合理安排施工顺序，按正确的施工流程组织施工，是进行成品保护的有效途径之一，应做到以下几方面：

（1）遵循合理的施工顺序，不至于破坏管网和道路、地面。提前保护，包裹、覆盖、局部封闭成品，以防止成品可能发生的损伤、污染和堵塞。

（2）对全体职工进行文明生产与成品保护的职业道德教育。工程竣工交验时，向建设单位进行建筑物成品保护及正确使用方法交底，避免不必要的质量争议和返修。

4.5.8　防噪及减少扰民措施

1. 施工现场周围近处住房较多，易造成扰民，一定要采取措施。

（1）在施工过程中产生的垃圾和生活垃圾，要日产日清。

（2）挖土运土时装车不要太满，以防止在运输途中掉落在公路上，弄脏公路。

（3）对各工种操作人员进行教育，在施工过程中搬运材料要轻拿轻放，不得乱扔，减少噪声。

（4）生活污水和施工废水要进行有组织排放，先流进沉淀池沉淀，然后排除。

（5）施工现场进材料时，运输车辆应安排在交通非高峰期，避开交通高峰，避免造成交通堵塞。

（6）对劳务人员进行教育，非必要不要到周围居民住宅区，避免扰民事情发生。

（7）定期向周围居民了解情况，了解在施工过程中是否有扰民情况，如有，需要立即采取有效措施防止扰民事情发生。

（8）严格控制各种施工机械（如推土机、压路机、发电机、空压机等）的噪声，对不符合噪声标准的汽车、机械严禁使用。

（9）发电机、空压机等噪声、震动源设备以及临时搅拌站应设置在远离民居、厂房区的下风位置。

（10）采用围墙分隔声源，减少噪声，围护材料不得有破损现象，并应连接紧密牢固，连接可靠。

（11）严格执行夜间施工规定，禁止夜间使用高噪声、高振动设备，减轻对附近居民的影响。

4.5.9　绿化保护措施

（1）成立有力的绿化保护小组。

（2）施工前与绿化部门联系、协商，确定绿化迁移及保护方案。

（3）实际施工时严格按绿化部门要求的保护措施对绿化进行保护。

（4）指定高度负责任的人员在施工期间进行管理值班。

（5）保护绿化小组的领导在施工前要全面检查各项保护措施是否落实，才能动工。

（6）加强思想政治工作，要对全体人员（包括施工人员）讲清楚保护绿化的重要性，明确要求。

第5章 园林绿化工程施工进度管理

5.1 施工进度管理概述

施工进度管理（Construction Project Time Management）是园林工程施工项目管理的重要内容之一。控制施工进度是保证园林工程施工项目按期完成、合理安排资源供应、节约工程成本的重要措施。施工项目进度控制是指在既定的工期内，编制出最优的施工进度计划，在执行该计划的过程中，经常检查施工实际情况，并将其与计划进度相比较，若出现偏差，分析产生的原因和对工期的影响程度，制定出必要的调整措施，修改原计划，如此不断地循环，直至工程竣工验收。施工项目进度控制应以实现施工合同约定的交工日期为最终目标。

5.1.1 施工进度管理的原理

施工项目进度控制是以现代科学管理原理为理论基础的，主要有动态控制原理、弹性原理、系统控制原理、封闭循环原理、信息反馈原理及网络计划技术原理等。

5.1.1.1 动态控制原理

施工项目进度控制随着施工活动向前推进，根据各方面的变化情况，进行适时的动态控制，以保证计划符合变化的情况。同时，这种动态控制又是按照计划、实施、检查、调整这四个不断循环的过程进行控制的。在项目实施过程中，可分别以整个施工项目、单位工程、分部工程或分项工程为对象，建立不同层次的循环控制系统，并使其循环下去。这样每循环一次，项目管理水平就会更进一步。

5.1.1.2 弹性原理

施工项目进度计划工期长，影响进度的因素多，其中有的因素已被人们掌握，根据统计经验可估计出影响出现的可能性和影响的程度，并在确定进度目标时进行实现目标的风险分析。计划编制者具备了这些知识和实践经验之后，在编制施工项目进度计划时就会留有余地，使施工进度计划具有弹性。在进行施工项目进度控制时，便可以利用这些弹性，缩短有关工作的时间，或者改变它们之间的搭接关系，使施工项目即使之前拖延了工期，通过缩短剩余计划工期的方法，仍然可达到预期的计划目标。这就是施工项目进度控制中弹性原理的应用。

5.1.1.3 系统控制原理

施工项目进度控制本身是一个系统工程，它包括施工项目进度计划系统、施工项目进度实施组织系统和施工项目进度控制组织系统三部分内容。项目经理必须按照系统控制原理，强化其控制全过程。

1. 施工项目进度计划系统

为做好施工项目进度控制工作，必须根据施工项目进度控制目标要求，制定出施工项目进度计划系统。根据需要，计划系统一般包括施工项目总进度计划、单位工程进度计划、分部、分项工程进度计划和季、月、旬等作业计划。这些计划的编制对象由大到小，内容由粗到细，将进度控制目标逐层分解，保证了计划控制目标的落实。在执行施工项目进度计划时，应以局部计划保证整体计划，最终达到施工项目进度控制目标。

2. 施工项目进度实施组织系统

施工项目实施全过程的各专业队伍都是遵照计划规定的目标去努力完成一个个任务的。施工项目经理和有关劳动调配、材料设备、采购运输等各职能部门都按照施工进度规定的要求进行严格管理，落实和完成各自的任务。施工组织各级负责人，包括项目经理、施工队长、班组长及其所属全体成员，组成了施工项目实施的完整组织系统。

3. 施工项目进度控制组织系统

为了保证施工项目进度实施，还有一个项目进度的检查控制系统。从公司经理、项目经理，一直到作业班组，都设有专门职能部门或人员负责检查汇报、统计整理实际施工进度的资料，并与计划进度比较分析，进行进度调整。不同层次人员负有不同的进度控制职责，他们分工协作，形成一个纵横连接的施工项目控制组织系统。事实上，有的领导可能既是计划的实施者，又是计划的控制者。实施是计划控制的落实，控制是计划按期实施的保证。

5.1.1.4 封闭循环原理

施工项目进度控制是从编制施工项目进度计划开始的。由于影响因素的复杂和不确定性，在计划实施的全过程中，需要连续跟踪检查，不断地将实际进度与计划进度进行比较。如果运行正常，可继续执行原计划；如果发生偏差，应分析其产生的原因，采取相应的解决措施和办法，对原进度计划进行调整和修订，然后再进入一个新的计划执行过程。这个由计划、实施、检查、比较、分析、纠偏等环节组成的过程就形成了一个封闭循环回路，如图 5-1 所示。施工项目进度控制的全过程就是在许多这样的封闭循环中进行不断调整、修正与纠偏，最终实现总目标。

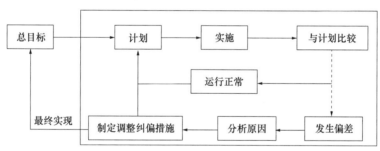

图 5-1　施工项目进度控制的封闭循环回路

5.1.1.5 信息反馈原理

施工项目进度控制的过程实质上就是对有关施工活动和进度的信息不断搜集、加工、汇总、反馈的过程。施工项目信息管理中心要对搜集的施工进度和相关影响因素的资料进行加工分析，由领导做出决策后，向下发出指令，指导施工或对原计划做出新的调整、部署；基层作业组织根据计划和指令安排施工活动，并将实际进度和遇到的问题随时上报。

5.1.1.6 网络计划技术原理

在施工项目进度的控制中，可利用网络计划技术原理编制进度计划，根据收集的实际进度信息，比较和分析进度计划，又可利用网络计划的工期优化、工期与成本优化和资源优化的理论调整计划。网络计划技术原理是施工项目进度控制完整的计划管理和分析计算的理论基础。

5.1.2　施工进度管理的内容

建设工程项目管理有多种类型，代表不同利益方的项目管理（业主方和项目参与各方）都有进度控制的任务，但是，其控制的目标和时间范畴并不相同。

建设工程项目是在动态条件下实施的，因此进度控制也就必须是一个动态的管理过程，具体包括以下几方面：

（1）进度目标的分析和论证，其目的是论证进度目标是否合理，进度目标是否可能实现。如果经过科学的论证，目标不可能实现，则必须调整目标。

（2）在收集资料和调查研究的基础上编制进度计划。

（3）进度计划的跟踪检查与调整，包括定期跟踪检查所编制进度计划的执行情况，若其执行有偏差，则采取纠偏措施，并视必要性调整进度计划。

园林工程施工进度管理是根据施工合同中的开工日期、总工期和竣工日期确定施工进度目标，在保证施工质量、不增加施工实际成本的条件下，确保施工项目既定目标工期的实现和适当缩短施工工期。

施工进度管理的主要内容包括：编制施工总进度计划并控制其执行，按期完成整个施工项目的任务；编制单位工程施工进度计划并控制其执行，按期完成单位工程的施工任务；编制分部分项工程施工进度计划并控制其执行，按期完成分部分项工程的施工任务；编制季度、月（旬）作业计划并控制其执行，完成规定的目标等。

编制施工进度计划，不仅要明确开工日期、计划总工期和计划竣工日期，而且应确定项目分期、分批的开、竣工日期，还要具体安排实现进度目标的工艺关系、组织关系、搭接关系、起止时间、劳动力计划、材料计划、机械计划和其他保证性计划。

应将施工进度管理的总目标进行层层分解，形成实施进度控制、相互制约的目标体系。园林工程施工进度管理的关键是明确进度计划。对施工进度目标的分解，可按单项工程分解为交工分目标，按承包的专业或按施工阶段分解为完工分目标，按年、季、月计划分解为时间分目标。

在园林工程施工进度管理的过程中，首先，应向发包人或监理工程师提出开工申请报告，按监理工程师签发的开工令指定的日期开工；其次，认真实施施工进度计划，在实施中加强协调和检查，如出现偏差应及时进行调整，并不断预测未来进度状况，项目竣工验收前抓紧收尾阶段进度控制，全部任务完成后进行进度控制总结，并编写进度控制报告。

5.2　施工进度控制的目标

进度控制的目的是通过控制以实现工程的进度目标。如只重视进度计划的编制，而不重视进度计划必要的调整，则进度无法得到控制。为了实现进度目标，进度控制的过程也就是随着项目的进展，进度计划不断调整的过程。

施工方是工程实施的一个重要参与方，许多工程项目，特别是大型重点建设工程项目，工期要求十分紧迫，施工方的工程进度压力非常大。数百天的连续施工，一天两班制施工，甚至 24h 连续施工也时有发生。如果不是正常有序地施工，而是盲目赶工，难免会导致施工质量问题和施工安全问题的出现，并且会引起施工成本的增加。因此，施工进度控制不仅关系到施工进度目标能否实现，它还直接关系到工程的质量和成本。在工程施工实践中，必须树立和坚持一个最基本的工程管理原则，即在确保工程质量的前提下，控制工程的进度。

为了有效地控制施工进度，尽可能摆脱因进度压力而造成工程组织的被动，施工方有关管理人员应深化理解：① 整个建设工程项目的进度目标如何确定；② 有哪些影响整个建设工程项目进度目标实现的主要因素；③ 如何正确处理工程进度和工程质量的关系；④ 施工方在整个建设工程项目进度目标实现中的地位和作用；⑤ 影响施工进度目标实现的主要因素；⑥ 施工进度控制的基本理论、方法、措施和手段等。

5.3 施工进度计划

施工进度计划（Construction Schedule）是施工单位对全工地所有施工项目根据施工合同、资源状况、施工现场以及设计文件所做出的时间安排，是施工现场各施工活动在时间上的体现。其作用在于确定各个施工项目及其主要工程、工种、准备工作和全工程的施工期限及开工与竣工日期，从而便于确定园林工程施工现场上的劳动力、材料、成品、半成品、施工机械（机具）的需要数量及调配情况，以及现场临时设施的数量、水电供应负荷及能源交通需求数量等，以满足施工要求，从而确保如期竣工。实践证明，科学合理地编制施工进度计划是保证工程如期交付使用、降低施工成本的重要手段。

5.3.1 施工进度计划的分类

园林工程进度计划按照编制时间、编制对象、编制内容的繁简程度等可以按照以下情况分类：

5.3.1.1 按照编制时间划分

可以分为：年度施工进度计划、季度施工进度计划、月度施工进度计划、旬施工进度计划、周施工进度计划等。由于园林工程通常工期较短，所以，项目经理部应更加重视月度、旬计划乃至周进度计划的编制。

5.3.1.2 按照编制对象划分

可以分为：施工总进度计划、单项（单位）工程进度计划、分阶段工程进度计划、分部分项工程进度计划。

施工总进度计划是以一个园林项目或以园林建筑、园林工程、园林种植为对象，用来控制整个项目，或园林建筑、园林工程、园林种植施工全过程进度控制的指导性文件。施工总进度计划通常在园林工程总承包企业总工程师或技术负责人的领导下进行编制。

单项（单位）工程进度计划是以一个单位工程、单体工程或单项工程为对象，在项目总进度计划控制目标的前提下编制而成，如亭、廊、榭、土方工程、给水排水工程、乔木种植工程等进度计划，用来控制单项（单位）工程施工进度的指导性文件。一般由项目经理部组织，在项目技术负责人的领导下于单位工程开工前编制完成。

分阶段工程进度计划是以工程阶段目标为对象，如基础施工阶段、主体结构施工阶段、室内装饰阶段等，用来控制施工阶段进度的指导性文件。一般与单位工程进度计划一起编制，由负责该工程施工的专业工程师编制。

分部分项工程施工进度计划是以分部分项工程为对象，用来控制分部分项工程施工进度的指导性文件。它是在分阶段工程进度计划控制下，由负责该工程施工的专业技术人员编写。

5.3.1.3　按照编制内容的繁简程度划分

可以分为：完整的施工进度计划和简单的施工进度计划。

完整的施工进度计划适用于工程规模大、专业多、艺术要求高、交叉施工复杂的工程项目进度计划的控制，如大型公园、大型居住小区的园林工程、仿古建筑等。

简单的施工进度计划则仅适用于工程规模小、施工简单、技术要求不复杂、种植设计简单的园林种植等工程施工进度计划的编制。

5.3.2　施工进度计划编制的要求与原则

5.3.2.1　施工进度计划编制的基本要求

园林工程进度计划编制应满足以下基本要求：

（1）满足施工合同的总工期、开工日期与竣工日期或分段竣工工期的要求；施工过程顺序合理，衔接关系适当；

（2）实现施工的连续性与均衡性，节约施工费用。

5.3.2.2　施工进度计划编制的原则

园林工程进度计划的编制应符合以下原则：

1. 符合施工程序与施工顺序

园林工程的施工程序与施工顺序有其固有的技术规律：应遵循先地下、后地上，先深后浅；先主体后结构；先基层后面层；先大树后小树；先乔木后地被等先后顺序施工。还应遵循施工工艺顺序以及施工工艺间隔规律。此外，还应合理安排工种之间的间隔与搭接。

2. 采用先进的施工组织技术组织施工

可以采用流水施工方法和网络计划技术，组织有节奏、均衡、连续的施工。

3. 保证重点工程施工，统筹安排

施工应抓重点工程或工序，做到先重点后一般。重点工程一般是整个项目的控制工程，施工难度最大，工程量最大或工期最长，因此，要集中主要力量搞好重点工程或工序的施工，这对大型园林项目建设尤为重要。

4. 合理安排冬雨期施工项目

充分考虑雨期与冬期施工特点，合理安排冬雨期施工项目，保证施工的连续性与均衡性。

由于园林工程施工均在露天进行，受天气影响大，因此，编制进度计划时就应充分考虑这一特点，采取相应的组织及技术措施，以保证整个施工过程的连续性与均衡性，从而达到进度控制的目标。

5. 科学地安排园林种植的施工时间

由于某些植物种类的种植有其季节性，因此，在安排进度计划时应考虑不同种类园林植物种植的季节性，将这些植物安排在整个施工期内适宜种植的季节种植，或者采取其他技术手段克服季节对植物种植的影响。

6. 贯彻"早、全、实、细"

在编制进度计划时应贯彻"早、全、实、细"的原则：

（1）早。即影响施工进度计划控制的所有工作都应强调计划先行。针对影响施工进度的因素，逐一进行分解与分析，制定相应的组织与技术措施，减少其对进度的影响。同时，必须根据进度控制目标，尽早制定施工项目整体和阶段性工作目标与计划，尽早地依照进度计划完成施工准备的各项工作，使计划得以落实。

（2）全。强调进度计划的全面配套。把施工项目的全部管理活动、施工全过程以及参与施工的所有人员，均纳入计划管理控制系统，并使各种计划、各施工过程衔接紧密，施工连贯。

（3）实。强调进度计划安排实事求是。首先，进度计划安排要准确，既要考虑进度计划的总目标，又要实事求是地安排进度计划的季度、月度等计划目标，充分考虑分目标计划实现的可能性，计划既要先进又要留有余地，从而通过采取及时的措施顺利完成。其次，施工方案要先进合理，简单实用，便于操作。

（4）细。强调编制进度计划要细致、细化：一是要在总体进度计划的基础上编制分进度计划，包括年、季、月、旬、周，以及单位工程、单项工程、单体工程、分部分项工程，乃至各施工工序的进度计划；二是要编制多管理层次的进度计划，使进度计划层层落实。如编制施工专业队伍、施工班组进度计划等。

5.3.3 施工进度计划编制的依据与内容

5.3.3.1 施工进度计划编制的依据

1. 编制施工总进度计划的主要依据

（1）施工项目承包合同与投标文件。

（2）施工图纸及其他设计文件。包括施工图纸、设计说明、设计变更等。

（3）工程量清单、施工图预算、企业定额、劳动定额、机械台班定额及工期定额等。

（4）施工项目所在地的自然条件和社会经济技术条件。包括气象、地形地貌、水文地质状况、地区施工能力、交通、水电等条件。

（5）施工部署与拟采用主要施工方案及措施，施工工艺关系、组织关系、搭接关系、施工顺序及流水段划分等。

（6）施工企业本身的人力、施工机械设备、技术及管理水平等状况。

（7）项目施工所需要的资源以及当地的资源供应状况。包括劳动力、机械设备的租赁状况、物资供应状况等。

（8）当地建设行政主管部门（特定业主）对建设工程施工的要求。

（9）现行的施工及验收技术规范、规程和有关技术规定。

（10）施工企业对类似工程施工的经验及经济指标。

2. 单项工程施工进度计划编制的资料依据

（1）施工项目管理目标责任书。

（2）施工总进度计划。

（3）施工方案。

（4）主要材料和设备的供应能力。

（5）施工人员的技术素质和劳动效率。

（6）施工现场条件、气候条件、环境条件。

（7）已建成同类工程的实际进度及经济指标。

5.3.3.2 施工进度计划编制的主要内容

1. 编制施工总进度计划的主要内容

（1）编制说明。包括园路工程项目的基本情况，如工程性质、建设地点、建设规模、总建设面积、园林建筑规模、单体建筑数量、建筑艺术特色、土方工程量、道路及场地铺装面积、水体面积、园林绿化面积及主要乔木的种植数量、草皮及地被植物面积等。

（2）各种进度计划表。包括施工总进度计划表，分期分批施工工程的开工日期、完工日期以及工期一览表，资源需要量及供应平衡表等。

（3）进度计划目标。包括施工总进度控制目标、单位工程的分阶段控制目标等。

（4）施工部署和主要采取的施工方案。

（5）施工总平面布置和各阶段施工平面调整方案，以及主要经济技术指标。

2. 编制单项工程进度计划的内容

相当部分的园林工程项目仅需要编制总施工进度计划或单项工程施工进度计划，但大型或技术复杂的园林工程项目也应编制单项工程施工进度计划。单项工程进度计划的编制内容包括：

（1）编制说明。包括拟建工程的基本情况，如建设单位、工程名称、工程投资、开工与竣工日期、施工合同要求、单位工程竣工时间要求等。

（2）进度计划图。通常用横道图或网络计划图表示。

（3）单项工程进度计划及风险分析与控制措施。

（4）劳动力、主要材料、预制件、半成品及机械设备需要量计划与供应计划。

（5）主要施工方案及流水段划分。

5.3.4　施工进度计划的编制

5.3.4.1　施工总进度计划的编制方法与步骤

规模不大或技术不复杂的园林工程项目，只要编制施工总进度计划即可满足要求，施工总进度计划的编制方法与步骤如下：

1. 工程项目分类与计算工程量

园林工程项目通常规模不会太大，所以，工程项目分类不宜过于复杂，应根据工程项目的特点进行分类。如仅有园林建筑工程，或园林工程，或种植工程部分的工程项目，可按照单位或单项工程，或按照分部分项工程来分类；如项目包含了上述两类或三类工程则项目分类可按照下列方式进行，并列入工程项目一览表，如表 5-1 所示。

工程项目分类与工程量一览表　　　　　　　　　　　　表 5-1

工程项目分类	工程名称	建设规模（m³/m²）	预算投资（万元）	实物工程量					
				土方工程	场地平整	…	混凝土工程	钢筋工程	…
土方工程									
亭									
廊									
榭									
种植工程									
……									

工程量应根据建设单位（业主）批准的施工图及其他设计文件、现场核对情况进行准确计算，将计算的工程量填入表5-1。

2. 确定总工程及各单项工程的施工期限

总工程及各单项工程的施工期限应根据施工合同工期确定，同时，还应考虑建筑规模、建筑类型、建筑艺术风格、结构特征、施工方法、施工管理水平、施工机械化程度以及施工现场条件等因素。

3. 协调各单项工程的开竣工时间和相互搭接关系

（1）保证重点，兼顾一般。在安排进度计划时，要分清主次，抓住重点工程、关键工程。同一时期进行施工的项目不宜过多，以免分散有限的人力、物力。

（2）尽量做到均衡施工与连续施工。在安排进度计划时，应尽量使各类施工人员、施工机械在工地内连续施工；同时，使劳动力、施工机具和物资消耗在施工工地达到均衡，避免出现突出的高峰与低谷，以利于劳动力的调度、材料的供应以及临时设施的充分利用。

（3）满足施工工艺要求。要根据施工工艺确定的施工方案，合理安排施工顺序，使园林建筑施工、园林工程各单项工程施工以及园林种植施工相互衔接，从而缩短施工工期。

（4）充分考虑施工总平面与空间布置对施工进度的影响。施工用的临时设施尽量设置在对施工进度影响小的位置，如临时设施对工期造成影响，则应在编制计划时予以充分的考虑。

（5）全面考虑其他主要影响因素：① 甲方提供设计图纸的时间进度；② 设计变更；③ 不利天气因素；④ 不利施工季节（主要影响物资以及劳动力的供应）；⑤ 环境保护因素。

4. 编制初步施工总进度计划

施工总进度计划应安排全工地性的流水作业。全工地性的流水作业安排应以工程量大、工期长的单项或单位工程为主导，组织若干条流水线。再根据相关资料，先编制初步施工总进度计划。

5. 编制正式施工总进度计划

初步施工总进度计划编制后，要对其进行检查、比对。主要看总工期是否符合合同工期要求，资源是否均衡且供应能否得到保证，如出现异常，应进行调整。调整的主要方法是改变某些工程项目的起止时间或调整主导工程的工期。如果是网络计划，则可利用计算机分别进行工期、费用以及资源优化。一旦初步施工总进度计划调整符合要求，则可编制正式的施工总进度计划。

6. 编制劳动力需求计划

编制劳动力需求计划首先根据工种工程量汇总表中分别列出的各个园林建（构）筑物主要工种的劳动量；再根据总进度计划表中单位工程工种的持续时间，得出某单位工程在某段时间里的平均劳动力数量。将总进度计划表纵坐标上各单位工程同工种所需要的人数叠加在一起，并连成一条曲线，即为某工种的劳动力动态曲线图和计划表。劳动力需要量计划表见表5-2。通常在表的下端画出分月劳动力动态曲线，曲线纵坐标表示人数，横坐标表示时间。表中的人数还应包括辅助工人的数量，以及服务与管理用工的数量。

7. 编制材料、构件和半成品需求计划

根据工程量汇总表中的各工种工程量和概算指标，可以算出各种园林建材及绿化材料、构件和半成品的需求数量，然后根据施工总进度计划表，可以大致估算出某月各种材料、构件和半成品的需求量，从而编制出材料、构件和半成品需求计划表。

劳动力需要量计划表　　　　　　　　　　　　　表 5-2

序号	工程名称	施工高峰所需的工种与人数	××××年					现有人数	增加或减少人数
			一月	二月	三月	……	十二月		
1									
2									
……									

8. 施工机械需求量计划

主要施工机械，如挖掘机、运输车辆、起重机等的需求量，可以根据施工进度计划、主要单位工程的工程量与施工方案，并套用机械产量定额求得；运输车辆可以根据运输量求得。

5.3.4.2　单项工程施工进度计划的编制

1. 单项工程施工进度计划的编制步骤

单项或单位工程施工进度计划的编制步骤如图 5-2 所示。

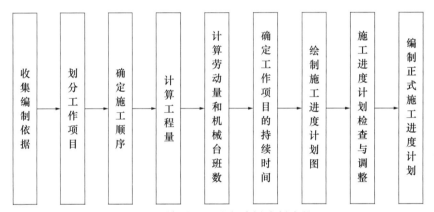

图 5-2　单项工程进度计划编制步骤

2. 单项工程施工进度计划的编制方法

（1）划分工作项目。

所谓工作项目就是包括一定工作内容的施工过程，它是施工进度计划的基本组成单元。项目内容的多少与划分的粗细程度，应根据计划的需要来决定。对于大型的工程项目，经常需要编制控制性施工进度计划，此时，工作项目可划分得粗一些，一般仅明确到分部工程。如某仿古多层亭的控制性施工进度计划，可以仅列出土方工程、基础工程、主体结构工程、装饰工程等分部工程项目。如果编制实施性施工进度计划，工程项目就要划分得细一些。一般情况下，单位工程施工进度计划的工作项目划分应明确到分项工程或更具体，以满足指导施工作业、控制施工进度的要求。如前述的工程施工，其基础工程又可划分为挖基础、做垫层、扎钢筋、捣制基础梁、捣制柱体、回填土等。

工作项目的划分应在熟悉施工图的基础上，根据单位工程的特点和已经确定的施工方案，按照施工顺序逐项列出，以防止漏项或重复。工作项目的划分还应注意以下事项：

1）要结合所选择的施工方案进行；

2）注意适当简化单位工程进度计划的内容，避免工程项目划分过细，造成重点不突出；

3）电气工程、暖通工程等对外分包工程，在进度计划中仅需反映与其他工程如何配合即可，无须再细分项目；

4）施工项目应大致按照施工先后次序排列，所采用的施工项目名称可参考相关定额手册。

园林工程常见分部分项工程如表 5-3 所示。

（2）确定施工顺序。

确定施工顺序是为了按照施工技术的规律和合理的组织关系，解决各工作项目之间在时间上的先后和搭接问题，以达到充分利用空间，争取时间，实现合理安排工期的目的。

施工顺序通常受施工工艺和施工组织两方面的制约。当施工方案确定后，工作项目之间的工艺关系也随之确定了。如果违背这种关系，将不可能施工，或者导致工程质量事故和安全事故的出现，或者造成返工及浪费。

在确定施工顺序时，必须根据工程特点、技术组织要求以及施工方案等进行研究，不能拘泥于某种固定的顺序。

（3）计算工程量。

工程量的计算应根据施工图、工程量清单和工程量计算规则，针对所划分的每个工作项目进行。如果已有工程预算文件，且工作项目的划分与施工进度计划一致时，可以直接套用施工预算的工程量。如果某些项目有出入，但出入不大时，应结合工程的实际情况进行某些必要的调整。计算工程量时还应注意以下问题：

1）工程量的计算单位应与现行的定额工程量计算规则中的单位一致，以便计算劳动力、材料和机械数量时直接套用定额，而不必进行换算。

2）要结合具体的施工方法和安全技术要求计算工程量。如计算柱基础土方工程量时，应根据所采用的施工方法（单独基坑开挖、基槽开挖还是大开挖）和边坡稳定要求（放坡还是加支撑）进行计算。

3）应结合施工组织要求，按照已划分的施工段分层、分段进行计算。

（4）计算劳动量和机械台班数。

当某工作项目是由若干个分项工程合并而成时，则应分别根据各分项工程的时间定额或产量定额以及工程量，按照公式（5-1）计算出合并后的综合时间定额或综合产量定额。

$$H=\frac{Q_1H_1+Q_2H_2+\cdots Q_iH_i+\cdots+Q_nH_n}{Q_1+Q_2+\cdots+Q_i+\cdots+Q_n} \qquad (5-1)$$

式中　H——综合时间定额（工日/m³，工日/m²，工日/t，……）；

园林工程常见分部工程项目　表 5-3

工程项目
（1）准备及临时设施工程；
（2）平整建筑用地工程；
（3）基础工程；
（4）模板工程；
（5）混凝土工程；
（6）土方工程；
（7）给水工程；
（8）排水工程；
（9）安装工程；
（10）地面工程；
（11）抹灰工程；
（12）瓷砖工程；
（13）防水工程；
（14）脚手架工程；
（15）木工工程；
（16）油饰工程；
（17）供电工程；
（18）灯饰工程；
（19）栽植整地工程；
（20）掇山工程；
（21）栽植工程；
（22）收尾工程

Q_i——工作项目中第 i 个分项工程的工程量；

H_i——工作项目中第 i 个分项工程的时间定额。

根据工作项目的工程量和所采用的定额，即可按照公式（5-2）或公式（5-3）计算出各工作项目所需的劳动量和机械台班数。

$$P = QH \qquad\qquad (5\text{-}2)$$

$$P = Q/S \qquad\qquad (5\text{-}3)$$

式中　P——工作项目所需的劳动量（工日）或机械台班数（台班）；

　　　Q——工作项目的工程量（m^3，m^2，t，……）；

　　　S——工作项目所采用的人工产量定额（$m^3/$工日，$m^2/$工日，t/工日，……）或机械台班产量定额（$m^3/$台班，$m^2/$台班，t/台班，……）。

其他符号同前。

零星项目所需的劳动量可结合实际情况，根据承包单位的经验进行估算。

专业分包工程可以不计算劳动量和机械台班数，仅安排与自身施工有关的工程施工配合的进度。

（5）确定工作的持续时间。

根据工作项目所需的劳动量或机械台班数，以及该工作项目每天安排的工人数或配备的机械台数，即可按照公式（5-4）计算出各工作的持续时间。

$$D = \frac{P}{RB} \qquad\qquad (5\text{-}4)$$

式中　D——完成工作项目所需要的时间，即持续时间（d）；

　　　R——每班安排的工人数或机械台班数；

　　　B——每天工作班数。

其他符号同前。

在安排每班工人数或机械台班数时，应综合考虑以下问题：

1）要保证各个工作项目上工人班组中每一个工人拥有足够的工作面（不少于最小工作面），以发挥效率并保证施工安全。

2）要使各个工作项目上的工人数不低于正常施工时所必需的最低限度（不能小于最小劳动组合）。

每天工作班数应根据工作项目施工的技术要求和组织要求来确定。例如，浇筑大的水池时，如要求不留施工缝连续浇筑，必须根据混凝土工程量决定采用双班制或三班制。

如果根据组织要求（如组织流水施工时），需要采用倒排的方式来安排进度，即先把公式（5-4）换成公式（5-5）。利用公式（5-5）即可确定各工作项目所需的工人数或机械台数。

$$R = \frac{P}{DB} \qquad\qquad (5\text{-}5)$$

如果根据上式求得的工人数或机械台数已超过承包单位现有的人力、物力，除了寻求其他途径增加人力、物力外，承包单位应从技术上和施工组织上采取措施加以解决。

（6）绘制施工进度计划。

目前，用来表达建设工程施工进度计划的方法有横道图和网络图两种方式。两种表达方式各有千秋，这将在下文中介绍。

（7）劳动力、材料、机具需要量等计划的落实。

施工进度计划编制后即可落实劳动资源的配置。组织劳动力，调配各种材料和机具并确定劳动力、材料、机械进场时间表。现介绍劳动力需要量计划（表5-4），各种材料（建筑材料、植物材料）、配件、设备需要量计划（表5-5），工程施工机械需要量计划（表5-6）。

劳动力需要量计划　　　　　　　　　　　　　　　　表5-4

序号	工程名称	人数	月份												备注
			1	2	3	4	5	6	7	8	9	10	11	12	

各种材料（建筑材料、植物材料）、配件、设备需要量计划　　　　表5-5

序号	各种材料、配件、设备名称	单位	数量	规格	月份												备注
					1	2	3	4	5	6	7	8	9	10	11	12	

工程施工机械需要量计划　　　　　　　　　　　　　　表5-6

序号	机械名称	型号	数量	使用时间	退场时间	供应单位	月份						备注
							1	2	3	…	11	12	

5.3.4.3　横道图

横道图也称为条形图或甘特图，是20世纪20年代由美国人甘特（Gantt）提出的。横道图是一种最简单、运用最广泛的传统进度计划方法，尽管有许多新的计划技术，横道图在建设领域中的应用仍非常普遍。其优点是形象、直观，且易于编制和理解，因而长期以来被广泛用于建设工程进度控制之中。

通常横道图的表头为工作及其简要说明，项目进展表示在时间表格上，左侧为工作项目名称及工作的持续时间等基本数据部分，按照所表示工作的详细程度，时间单位可以为小时、天、周、月等。右侧为横道线部分，如图5-3所示的某庭院工程施工进度计划横道图，工程包括种植工程1800m²，其中乔木、灌木135株，地被植物235m²，草皮950m²；园路及小桥350m²，单层钢筋混凝土结构单层琉璃瓦亭1个，450m²水池一个。该计划明确表示了各工作项目的划分、工作的开始时间、完成时间和持续时间，以及各工作之间的相互搭接关系，整个工程项目的开工时间、完工时间和总工期。

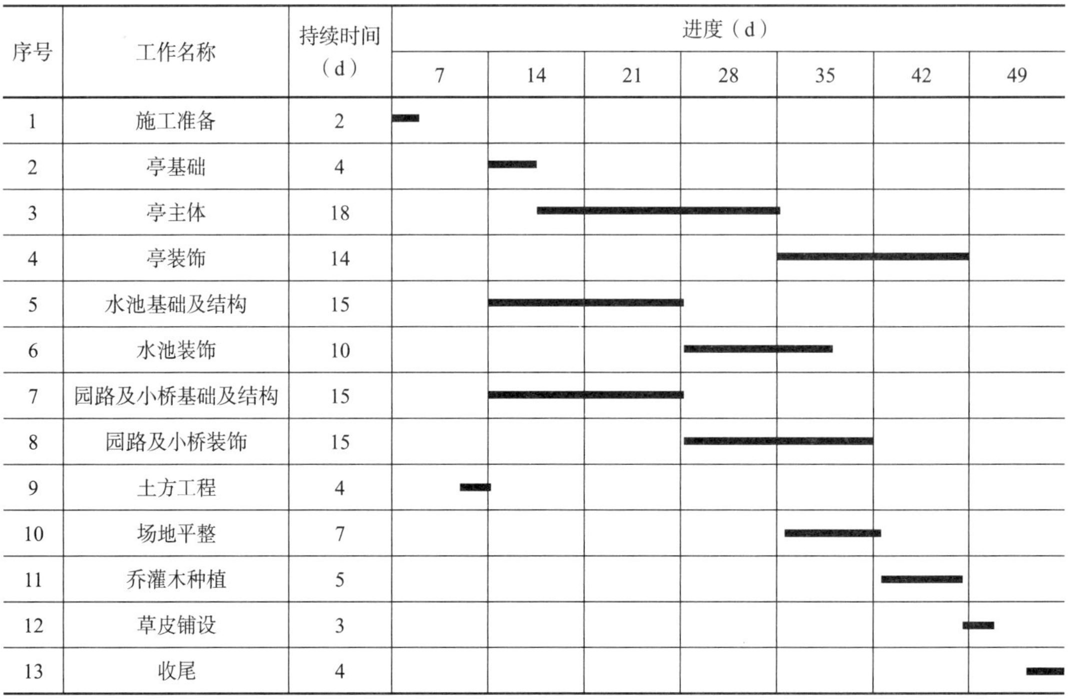

序号	工作名称	持续时间 (d)	进度（d）						
			7	14	21	28	35	42	49
1	施工准备	2	▬						
2	亭基础	4		▬					
3	亭主体	18			▬▬▬▬▬				
4	亭装饰	14						▬▬▬	
5	水池基础及结构	15		▬▬▬					
6	水池装饰	10				▬▬			
7	园路及小桥基础及结构	15		▬▬▬					
8	园路及小桥装饰	15				▬▬▬			
9	土方工程	4	▬						
10	场地平整	7					▬▬		
11	乔灌木种植	5						▬	
12	草皮铺设	3							▬
13	收尾	4							▬

图 5-3　某庭院工程施工进度计划横道图

横道图也可将工作简要说明直接放在横道上。横道图可将最重要的逻辑关系标注在内，但是，如果将所有逻辑关系均标注在图上，则横道图的简洁性这一最大优点将丧失。

横道图用于小型项目或大型项目的子项目上，或用于计算资源需要量和概要预示进度，也可用于其他计划技术的表示结果。

横道图计划表中的进度线（横道）与时间坐标相对应，这种表达方式较直观，易看懂计划编制的意图。

但利用横道图表示工程进度计划，也存在以下缺点：

（1）不能明确地反映出各项工作之间错综复杂的相互关系，因而在计划的执行过程中，当某些工作的进度由于某种原因提前或拖延时，不便于分析其对其他工作及总工期的影响程度，不利于园林工程进度的动态控制。

（2）不能明确地反映出影响工期的关键工作和线路，也无法反映出整个工程项目的关键所在，因而不便于进度控制人员抓住主要矛盾。

（3）不能反映出工作所具有的机动时间，看不到计划潜力所在，无法进行最后合理的组织与指挥。

（4）不能反映工程费用与工期之间的关系，因此，不便于缩短工期和降低成本。

5.3.4.4　网络计划图

国际上，工程网络计划有许多名称，如 CPM、PERT、CPA、MPM 等。

利用网络计划控制建设工程进度，与横道图相比，有以下优点：

（1）能够明确表达出各工作施工顺序之间的先后逻辑关系。这对于分析各工作之间的相互影响及处理它们之间的协作关系具有非常重要的意义，这也是网络计划比横道计划先进的主要特征。

（2）通过网络计划时间参数的计算，可以找出关键线路和关键工作，从而明确找出工程进度控制中的工作重点，这对于提高园林工程进度控制的效果具有重要意义。

（3）通过网络计划时间参数的计算，可以明确各工作的机动时间，从而用于网络的优化。

（4）网络计划可以利用电子计算技术计算、优化与调整。

网络图的缺点是没有横道图直观、明了，但如果绘制时标网络计划也可以弥补这种不足。

图 5-3 中的进度计划，如果用网络图来表示，就可以绘成如图 5-4 所示的网络图。

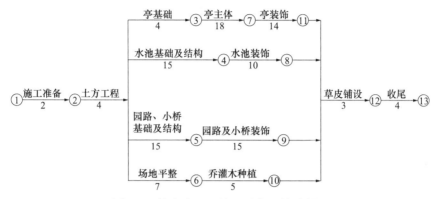

图 5-4 某庭院工程施工进度网络计划图

5.3.4.5 工程网络计划的类型

美国较多使用双代号网络计划，欧洲则较多使用单代号搭接网络计划。我国《工程网络计划技术规程》JGJ/T 121－2015 推荐的常用工程网络计划类型包括双代号网络计划、单代号网络计划、双代号时标网络计划和单代号搭接网络计划。

1. 双代号网络计划

（1）基本概念。

双代号网络图是以箭线及其两端节点的编号表示工作的网络图，如图 5-5 所示。

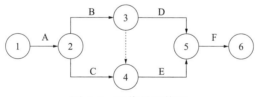

图 5-5 双代号网络图

1）箭线（工作）。

箭线（工作）是泛指一项需要消耗人力、物力和时间的具体活动过程，也称工序、活动、作业。双代号网络图中，每一条箭线表示一项工作。箭线的箭尾节点 i 表示该工作的开始，箭线的箭头节点 j 表示该工作的完成。工作名称可标注在箭线的上方，完成该项工作所需的持续时间可标注在箭线的下方，如图 5-6 所示。由于一项工作需用一条箭线和其箭尾与箭头处两个圆圈中的号码来表示，故称为双代号网络计划。

在双代号网络图中，任意一条实箭线都要占用时间，并多数要消耗资源。在建设工程中，一条箭线表示项目中的一个施工过程，它可以是一道工序、一个分项工程、一个分部工程或一个单位工程，其粗细程度和工作范围的划分根据计划任务的需要确定。

在双代号网络图中，为了正确地表达图中工作之间的逻辑关系，往往需要应用虚箭线。虚箭线是实际工作中并不存在的一项虚设工作，故它们既不占用时间，也不消耗资源，一般起着工作之间的联系、区分和断路三个作用：① 联系作用是指应用虚箭线正确表达工作之间相互依存的关系。② 区分作用是指双代号网络图中每一项工作都必须用一条箭线和两个代号表示，若两项工作的代号相同时，应使用虚工作加以区分，如图 5-7 所示。③ 断路作用是用虚箭线断掉多余联系，即在网络图中把无联系的工作连接上时，应加上虚工作将其断开。

图 5-6　双代号网络图工作的表示方法　　　图 5-7　虚箭线的区分作用

在无时间坐标的网络图中，箭线的长度原则上可以任意画，其占用的时间以下方标注的时间参数为准。箭线可以为直线、折线或斜线，但其行进方向均应从左向右。在有时间坐标的网络图中，箭线的长度必须根据完成该工作所需时间的长短按比例绘制。

在双代号网络图中，通常将工作用箭线 i–j 表示。紧排在本工作之前的工作称为紧前工作。紧排在本工作之后的工作称为紧后工作。与之平行进行的工作称为平行工作。

2）节点。

节点（又称结点、事件）是网络图中箭线之间的连接点。在时间上，节点表示指向某节点的工作全部完成后该节点后面的工作才能开始的瞬间，它反映前后工作的交接点。网络图中有三种类型的节点：① 起点节点。即网络图的第一个节点，它只有外向箭线（由节点向外指的箭线），一般表示一项任务或一个项目的开始。② 终点节点。即网络图的最后一个节点，它只有内向箭线（指向节点的箭线），一般表示一项任务或一个项目的完成。③ 中间节点。即网络图中既有内向箭线，又有外向箭线的节点。

双代号网络图中，节点应用圆圈表示，并在圆圈内标注编号。一项工作应当只有唯一的一条箭线和相应的一对节点，且要求箭尾节点的编号小于其箭头节点的编号，即 $i < j$。网络图节点的编号顺序应从小到大，可不连续，但不允许重复。

3）线路。

网络图中从起始节点开始，沿箭头方向顺序通过一系列箭线与节点，最后到达终点节点的通路称为线路。在一个网络图中可能有很多条线路，线路中各项工作持续时间之和就是该线路的长度，即线路所需时间。一般网络图有多条线路，可依次用该线路上的节点代号来记述，例如图 5-5 中有三条线路：①—②—③—⑤—⑥、①—②—④—⑤—⑥、①—②—③—④—⑤—⑥。

在各条线路中，有一条或几条线路的总时间最长，称为关键线路，一般用双线或粗线标注。其他线路长度均小于关键线路，称为非关键线路。

4）逻辑关系。

网络图中工作之间相互制约或相互依赖的关系称为逻辑关系，它包括工艺关系和组织关系，在网络图中均应表现为工作之间的先后顺序：① 工艺关系。生产性工作之间由工艺过程决定的，非生产性工作之间由工作程序决定的先后顺序称为工艺关系。② 组织关系。工作之间由于组织安排需要或资源（人力、材料、机械设备和资金等）调配需要而确定的先后顺序关系称为组织关系。

　　网络图必须正确地表达整个工程或任务的工艺流程和各工作开展的先后顺序，以及它们之间相互依赖和相互制约的逻辑关系。因此，绘制网络图时必须遵循一定的基本规则和要求。

　　（2）绘图规则。

　　1）双代号网络图必须正确表达已确定的逻辑关系。网络图中常见的各种工作逻辑关系的表示方法见表5-7所示。

网络图中常见的各种工作逻辑关系的表示方法　　　　　　　表 5-7

序号	工作之间的逻辑关系	网络图中的表示方法
1	A 完成后进行 B 和 C	
2	A、B 均完成后进行 C	
3	A、B 均完成后同时进行 C 和 D	
4	A 完成后进行 C A、B 均完成后进行 D	
5	A、B 均完成后进行 D A、B、C 均完成后进行 E D、E 均完成后进行 F	
6	A、B 均完成后进行 C B、D 均完成后进行 E	
7	A、B、C 均完成后进行 D B、C 均完成后进行 E	
8	A 完成后进行 C A、B 均完成后进行 D B 完成后进行 E	
9	A、B 两项工作分成三个施工段，分段流水施工；A1 完成后进行 A2、B1，A2 完成后进行 A3、B2，A2、B1 均完成后进行 B2，A3、B2 均完成后进行 B3	有两种表示方法

2）双代号网络图中，不允许出现循环回路。所谓循环回路是指从网络图中的某一个节点出发，顺着箭线方向又回到了原来出发点的线路。

3）双代号网络图中，在节点之间不能出现带双向箭头或无箭头的连线。

4）双代号网络图中，不能出现没有箭头节点或没有箭尾节点的箭线。

5）当双代号网络图的某些节点有多条外向箭线或多条内向箭线时，为使图形简洁，可使用母线法绘制（但应满足一项工作用一条箭线和相应的一对节点表示），如图 5-8 所示。

6）绘制网络图时，箭线不宜交叉。当交叉不可避免时，可用过桥法或指向法，如图 5-9 所示。

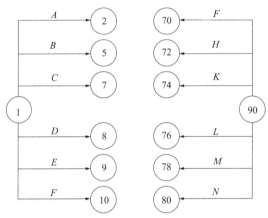

图 5-8　母线法绘图

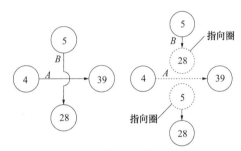

图 5-9　箭线交叉的表示方法

7）双代号网络图中应只有一个起点节点和一个终点节点（多目标网络计划除外），而其他所有节点均应是中间节点。

8）双代号网络图应条理清楚，布局合理。例如，网络图中的工作箭线不宜画成任意方向或曲线形状，尽可能用水平线或斜线；关键线路、关键工作尽可能安排在图面中心位置，其他工作分散在两边；避免倒回箭头等。

2. 双代号时标网络计划

（1）双代号时标网络计划的定义。

双代号时标网络计划是以时间坐标为尺度编制的网络计划，如图 5-10 所示。时标网络计划中应以实箭线表示工作，以虚箭线表示虚工作，以波形线表示工作的自由时差。

（2）双代号时标网络计划的特点。

双代号时标网络计划是以水平时间坐标为尺度编制的双代号网络计划，其主要特点如下：

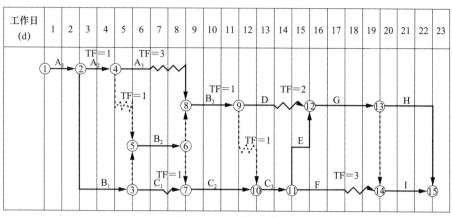

图 5-10 时标网络计划示例

1）时标网络计划兼有网络计划与横道计划的优点，它能够清楚地表明计划的时间进程，使用方便。

2）时标网络计划能在图上直接显示出各项工作的开始与完成时间、工作的自由时差及关键线路。

3）在时标网络计划中可以统计每一个单位时间对资源的需要量，以便进行资源优化和调整。

4）由于箭线受到时间坐标的限制，当情况发生变化时，对网络计划的修改比较麻烦，往往要重新绘图。但在使用计算机以后，这一问题已较容易解决。

（3）双代号时标网络计划的一般规定：

1）双代号时标网络计划必须以水平时间坐标为尺度表示工作时间。时标的时间单位应根据需要在编制网络计划之前确定，可为时、天、周、月或季。

2）时标网络计划中所有符号在时间坐标上的水平投影位置，都必须与其时间参数相对应。节点中心必须对准相应的时标位置。

3）时标网络计划中虚工作必须以垂直方向的虚箭线表示，有自由时差时加波形线表示。

（4）时标网络计划的编制。

时标网络计划宜按各个工作的最早开始时间编制。在编制时标网络计划之前，应先按已确定的时间单位绘制出时标计划表，见表 5-8。

时标计划表　　　　　　　　　　　表 5-8

日历																	
（时间单位）	1	2	3	4	5	6	7	8	9	10	11	12	13	14	15	16	17
网络计划																	
（时间单位）	1	2	3	4	5	6	7	8	9	10	11	12	13	14	15	16	17

双代号时标网络计划的编制方法有以下两种：

1）间接法绘制。

先绘制出时标网络计划，计算各工作的最早时间参数，再根据最早时间参数在时标计划表上确定节点位置，连线完成，某些工作箭线长度不足以到达该工作的完成节点时，用波形线补足。

2）直接法绘制。

根据网络计划中工作之间的逻辑关系及各工作的持续时间，直接在时标计划表上绘制时标网络计划。绘制步骤包括：① 将起点节点定位在时标计划表的起始刻度线上。② 按工作持续时间在时标计划表上绘制起点节点的外向箭线。③ 其他工作的开始节点必须在其所有紧前工作都绘出以后，定位在这些紧前工作最早完成时间最大值的时间刻度上，某些工作的箭线长度不足以到达该节点时，用波形线补足，箭头画在波形线与节点连接处。④ 用上述方法从左至右依次确定其他节点位置，直至网络计划终点节点定位，绘图完成。

【案例 5-1】已知网络计划的资料见表 5-9，试用直接法绘制双代号时标网络计划。

某网络计划工作逻辑关系及持续时间表

表 5-9

工　作	紧前工作	紧后工作	持续时间（d）
A_1	—	A_2、B_1	2
A_2	A_1	A_3、B_2	2
A_3	A_2	B_3	2
B_1	A_1	B_2、C_1	3
B_2	A_2、B_1	B_3、C_2	3
B_3	A_3、B_2	D、C_3	3
C_1	B_1	C_2	2
C_2	B_2、C_1	C_3	4
C_3	B_3、C_2	E、F	2
D	B_3	G	2
E	C_3	G	1
F	C_3	I	2
G	D、E	H、I	4
H	G	—	3
I	F、G	—	3

分析：

（1）将起始节点①定位在时标计划表的起始刻度线上。

（2）按工作的持续时间绘制①节点的外向箭线①→②，即按 A_1 工作的持续时间，画出无紧前工作的 A_1 工作，确定节点②的位置。

（3）自左至右依次确定其余各节点的位置。如②、③、④、⑥、⑨、⑩节点之前只有一条内向箭线，则在其内向箭线绘制完成后即可在其末端将上述节点绘出。⑤、⑦、⑧、⑩、⑫、⑬、⑭、⑮节点则必须待其前面的两条内向箭线都绘制完成后才能定位在这些内向箭线中最晚完成的时刻处。其中，⑤、⑦、⑧、⑩、⑫、⑭各节点均有长度不足以达到该节点的内向实箭线，故用波形线补足。

（4）用上述方法自左至右依次确定其他节点位置，直至画出全部工作，确定终点节点的位置，该时标网络计划即绘制完成（图 5-10）。

3. 单代号网络计划

单代号网络图是以节点及其编号表示工作，以箭线表示工作之间逻辑关系的网络图，并在节点中加注工作代号、名称和持续时间，以形成单代号网络计划，如图 5-11 所示。

（1）单代号网络图的特点。

单代号网络图与双代号网络图相比，具有以下特点：① 工作之间的逻辑关系容易表达，且不用虚箭线，故绘图较简单。② 网络图便于检查和修改。③ 由于工作持续时间表示在节点之中，没有长度，故不够直观。④ 表示工作之间逻辑关系的箭线可能产生较多的纵横交叉现象。

（2）单代号网络图的基本符号。

1）节点。

单代号网络图中的每一个节点表示一项工作，节点宜用圆圈或矩形表示。节点所表示的工作名称、持续时间和工作代号等应标注在节点内，如图 5-12 所示。

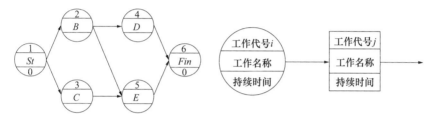

图 5-11　单代号网路计划图　　图 5-12　单代号网络图工作的表示方法

单代号网络图中的节点必须编号，编号标注在节点内，其号码可间断，但严禁重复。箭线的箭尾节点编号应小于箭头节点编号。一项工作必须有唯一的一个节点及相应的一个编号。

2）箭线。

单代号网络图中的箭线表示紧邻工作之间的逻辑关系，既不占用时间，也不消耗资源。箭线应画成水平直线、折线或斜线。箭线水平投影的方向应自左向右，表示工作的行进方向。工作之间的逻辑关系包括工艺关系和组织关系，在网络图中均表现为工作之间的先后顺序。

3）线路。

单代号网络图中，各条线路应用该线路上的节点编号从小到大依次表述。

（3）单代号网络图的绘图规则：

1）单代号网络图必须正确表达已确定的逻辑关系。

2）单代号网络图中，不允许出现循环回路。

3）单代号网络图中，不能出现双向箭头或无箭头的连线。

4）单代号网络图中，不能出现没有箭尾节点的箭线和没有箭头节点的箭线。

5）绘制网络图时，箭线不宜交叉，当交叉不可避免时，可采用过桥法或指向法绘制。

6）单代号网络图中只应有一个起点节点和一个终点节点。当网络图中有多项起点节点或多项终点节点时，应在网络图的两端分别设置一项虚工作，作为该网络图的起点节点（St）和终点节点（Fin）。

单代号网络图的绘图规则大部分与双代号网络图的绘图规则相同，故不再进行解释。

4. 单代号搭接网络计划

在普通双代号和单代号网络计划中，各项工作按依次顺序进行，即任何一项工作都必须在它的紧前工作全部完成后才能开始。

图 5-13（a）以横道图表示相邻的 A、B 两工作，A 工作进行 4d 后 B 工作即可开始，而不必要等 A 工作全部完成。这种情况若按依次顺序用网络图表示就必须把 A 工作分为两部分，即 A_1 和 A_2 工作，以双代号网络图表示如图 5-13（b）所示，以单代号网络图表示如图 5-13（c）所示。

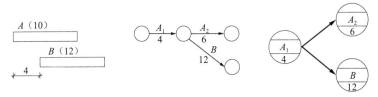

（a）用横道图表示　　（b）用双代号网络图表示　　（c）用单代号网络图表示

图 5-13　A、B 两工作搭接关系的表示方法

但在实际工作中，为了缩短工期，许多工作可采用平行搭接的方式进行。为了简单直接地表达这种搭接关系，使编制网络计划得以简化，于是出现了搭接网络计划方法。单代号搭接网络图，如图 5-14 所示，其中起点节点 St 和终点节点 Fin 为虚拟节点。

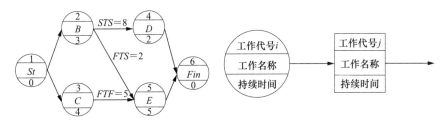

图 5-14　单代号搭接网络计划图　图 5-15　单代号搭接网络图工作的表示方法

（1）单代号搭接网络图中每一个节点表示一项工作，宜用圆圈或矩形表示。节点所表示的工作名称、持续时间和工作代号等应标注在节点内。节点最基本的表示方法应符合图 5-15 的规定。

（2）单代号搭接网络图中，箭线及其上面的时距符号表示相邻工作间的逻辑关系，如图 5-16 所示。箭线应画成水平直线、折线或斜线。箭线水平投影的方向应自左向右，表示工作的进行方向。

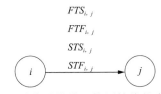

图 5-16　单代号搭接网络图箭线的表示方法

工作的搭接顺序关系是用前项工作的开始或完成时间与其紧后工作的开始或完成时间之间的间距来表示，具体有四类：

$FTS_{i, j}$——工作 i 完成时间与其紧后工作 j 开始时间的时间间距；

$FTF_{i, j}$——工作 i 完成时间与其紧后工作 j 完成时间的时间间距；

$STS_{i, j}$——工作 i 开始时间与其紧后工作 j 开始时间的时间间距；

$STF_{i,j}$——工作 i 开始时间与其紧后工作 j 完成时间的时间间距。

（3）单代号网络图中的节点必须编号，编号标注在节点内，其号码可间断，但不允许重复。箭线的箭尾节点编号应小于箭头节点编号。一项工作必须有唯一的一个节点及相应的一个编号。

（4）工作之间的逻辑关系包括工艺关系和组织关系，在网络图中均表现为工作之间的先后顺序。

（5）单代号搭接网络图中，各条线路应用该线路上的节点编号自小到大依次表述，也可用工作名称依次表述。图 5-14 所示的单代号搭接网络图中的一条线路可表述为①→②→⑤→⑥，也可表述为 $St \rightarrow B \rightarrow E \rightarrow Fin$。

（6）单代号搭接网络计划中的时间参数基本内容和形式应按图 5-17 所示方式标注。工作名称和工作持续时间标注在节点圆圈内，工作的时间参数（如 ES、EF、LS、LF、TF、FF）标注在圆圈的上下。而工作之间的时间参数（如 STS、FTF、STF、FTS 和时间间隔 $LAG_{i,j}$）标注在联系箭线的上下方。

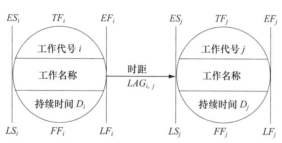

图 5-17 单代号搭接网络计划时间参数标注形式

5.3.5 关键工作、关键线路和时差的确定

1. 关键工作

关键工作（Critical Work）是指网络计划中总时差最小的工作。当计划工期等于计算工期时，总时差为零的工作就是关键工作。

在搭接网络计划中，关键工作是总时差为最小的工作。工作总时差最小的工作，也是其具有的机动时间最小，如果延长其持续时间就会影响计划工期，因此为关键工作。当计划工期等于计算工期时，工作的总时差为零，是最小的总时差。当有要求工期，且要求工期小于计算工期时，总时差最小的为负值，当要求工期大于计算工期时，总时差最小的为正值。

当计算工期不能满足计划工期时，可设法通过压缩关键工作的持续时间，以满足计划工期要求。在选择缩短持续时间的关键工作时，宜考虑下述因素：① 缩短持续时间而不影响质量和安全的工作；② 有充足备用资源的工作；③ 缩短持续时间所需增加的费用相对较少的工作等。

2. 关键线路

在双代号网络计划和单代号网络计划中，关键线路（Critical Path）是总的工作持续时间最长的线路。该线路在网络图上应用粗线、双线或彩色线标注。

在搭接网络计划中，关键线路是自始至终全部由关键工作组成的线路或线路上总的工作持续时间最长的线路；从起点节点开始到终点节点均为关键工作，且所有工作的时间间隔均为零的线路应为关键线路。

一个网络计划可能有一条或几条关键线路，在网络计划执行过程中，关键线路有可能转移。

3. 时差

时差（Time Difference）分为总时差和自由时差。总时差是指在不影响总工期的前提下，本工作可以利用的机动时间。自由时差是指在不影响其紧后工作最早开始时间的前提下，本工作可以利用的机动时间。

5.3.6 进度计划调整的方法

在计划执行过程中，由于组织、管理、经济、技术、资源、环境和自然条件等因素的影响，往往会造成实际进度与计划进度产生偏差，如果偏差不能及时纠正，必将影响进度目标的实现。因此，在计划执行过程中采取相应措施来进行管理，对保证计划目标的顺利实现具有重要意义。

进度计划执行中的管理工作主要包括检查并掌握实际进展情况、分析产生进度偏差的主要原因、确定相应的纠偏措施或调整方法等方面。

5.3.6.1 进度计划的检查

1. 进度计划的检查方法

（1）计划执行中的跟踪检查。

在网络计划的执行过程中，必须建立相应的检查制度，定时定期地对计划的实际执行情况进行跟踪检查，收集反映实际进度的有关数据。

（2）收集数据的加工处理。

收集反映实际进度的原始数据量大面广，必须对其进行整理、统计和分析，形成与计划进度具有可比性的数据，以便在网络图上进行记录。根据记录的结果可以分析判断进度的实际状况，及时发现进度偏差，为网络图的调整提供信息。

（3）实际进度检查记录的方式。

1）当采用时标网络计划时，可采用实际进度前锋线记录计划实际执行状况，进行实际进度与计划进度的比较。

实际进度前锋线是在原时标网络计划上，自上而下从计划检查时刻的时标点出发，用点画线依次将各项工作实际进度达到的前锋点连接而成的折线。通过实际进度前锋线与原进度计划中各工作箭线交点的位置可以判断实际进度与计划进度的偏差。

【案例 5-2】某园林工程时标网络计划如图 5-18 所示。该计划执行到第 6 周末检查实际进度时，发现工作 A 和 B 已经全部完成。工作 D、E 分别完成计划任务量的 20% 和 50%，工作 C 尚需 3 周完成，试用前锋线法进行实际进度和计划进度的比较分析。

分析：

（1）根据第 6 周末实际进度的检查结果绘制前锋线，如图 5-18 中虚线所示。

（2）比较结果分析：① 工作 D 比计划进度拖后 2 周，将使其后续工作 F 的最早开始时间推迟 2 周，并使总工期延长 1 周；② 工作 E 比计划进度拖后 1 周，既不影响总工期，也不影响其后续工作的正常运行；③ 工作 C 比计划进度拖后 2 周，将使其后续工作 G、H、J 的最早开始时间推迟 2 周，由于工作 G、J 开始时间的推迟，从而使总工期延长 2 周。

综上所述，如果不采取措施加快进度，该园林工程的总工期将延长 2 周。

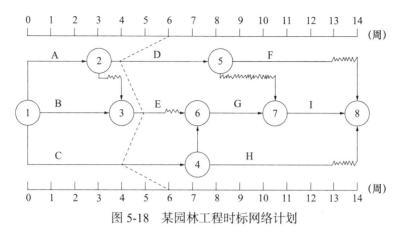

图 5-18 某园林工程时标网络计划

2）当采用无时标网络计划时，可在图上直接用文字、数字、适当符号或列表记录计划的实际执行状况，进行实际进度与计划进度的比较。

2. 网络计划检查的主要内容

（1）关键工作进度。

（2）非关键工作的进度及时差利用情况。

（3）实际进度对各项工作之间逻辑关系的影响。

（4）资源状况。

（5）成本状况。

（6）存在的其他问题。

3. 对检查结果进行分析判断

通过对网络计划执行情况检查的结果进行分析判断，可为计划的调整提供依据。一般应进行如下分析判断：

（1）对时标网络计划宜利用绘制的实际进度前锋线，分析计划的执行情况及其发展趋势，对未来的进度作出预测、判断，找出偏离计划目标的原因及可供挖掘的潜力所在。

（2）对无时标网络计划宜按表 5-10 记录的情况对计划中未完成的工作进行分析判断。

网络计划检查结果分析表   表 5-10

工作编号	工作名称	检查时尚需工作的天数	按计划最迟完成尚有天数	总时差（d）		自由时差（d）		情况分析
				原有	目前尚有	原有	目前尚有	

5.3.6.2 进度计划的调整

1. 网络计划调整的内容

（1）调整关键线路的长度。

（2）调整非关键工作时差。

（3）增、减工作项目。

（4）调整逻辑关系。

（5）重新估计某些工作的持续时间。

（6）对资源的投入作相应调整。

2. 网络计划调整的方法

（1）关键线路的调整方法：

1）当关键线路的实际进度比计划进度拖后时，应在尚未完成的关键工作中，选择资源强度小或费用低的工作缩短其持续时间，并重新计算未完成部分的时间参数，将其作为一个新计划实施。

2）当关键线路的实际进度比计划进度提前时，若不拟提前工期，应选用资源占用量大或者直接费用高的后续关键工作，适当延长其持续时间，以降低其资源强度或费用；当确定要提前完成计划时，应将计划尚未完成的部分作为一个新计划，重新确定关键工作的持续时间，按新计划实施。

（2）非关键工作时差的调整方法。

非关键工作时差的调整应在其时差的范围内进行，以便更充分地利用资源、降低成本或满足施工的需要。每一次调整后都必须重新计算时间参数，观察该调整对计划全局的影响。可采用以下几种调整方法：① 将工作在其最早开始时间与最迟完成时间范围内移动；② 延长工作的持续时间；③ 缩短工作的持续时间。

（3）增、减工作项目时的调整方法。

增、减工作项目时应符合下列规定：① 不打乱原网络计划总的逻辑关系，只对局部逻辑关系进行调整；② 在增减工作后应重新计算时间参数，分析对原网络计划的影响；当对工期有影响时，应采取调整措施，以保证计划工期不变。

（4）调整逻辑关系。

逻辑关系的调整只有当实际情况要求改变施工方法或组织方法时才可进行。调整时应避免影响原定计划工期和其他工作的顺利进行。

（5）调整工作的持续时间。

当发现某些工作的原持续时间估计有误或实现条件不充分时，应重新估算其持续时间，并重新计算时间参数，尽量使原计划工期不受影响。

（6）调整资源的投入。

当资源供应发生异常时，应采用资源优化方法对计划进行调整，或采取应急措施，使其对工期的影响最小。

网络计划的调整，可以定期进行，亦可根据计划检查的结果在必要时进行。

5.3.7　进度控制的措施

施工进度控制方法包括动态控制与事前控制。动态控制即：计划—实施—检查—资料收集—对比分析—纠偏—计划的循环过程。事前控制就是将困难考虑在前，从而事先做好预防措施的方法。施工进度控制的主要措施包括组织措施、管理措施、经济措施、技术措施等几个方面。

1. 进度控制的组织措施

组织是目标能否实现的决定性因素，为实现项目的进度目标，应充分重视健全项目管理的组织体系。在项目组织结构中应有专门的工作部门和符合进度控制岗位资格的专人负责进度控制工作。

进度控制的主要工作环节包括进度目标的分析和论证、编制进度计划、定期跟踪进度计划的执行情况、采取纠偏措施以及调整进度计划。这些工作任务和相应的管理职能应在项目管理组织设计的任务分工表和管理职能分工表中表示并落实。应编制项目进度控制的工作流程：① 定义项目进度计划系统的组成；② 各类进度计划的编制程序、审批程序和计划调整程序等。

进度控制工作包含了大量的组织和协调工作，而会议是组织和协调的重要手段，应进行有关进度控制会议的组织设计：① 会议的类型；② 各类会议的主持人及参加单位和人员；③ 各类会议的召开时间；④ 各类会议文件的整理、分发和确认等。

2. 进度控制的管理措施

建设工程项目进度控制的管理措施涉及管理的思想、管理的方法、管理的手段、承发包模式、合同管理和风险管理等。在理顺组织的前提下，科学和严谨的管理显得十分重要。

建设工程项目进度控制在管理观念方面存在的主要问题是：

（1）缺乏进度计划系统的观念。分别编制各种独立而互不联系的计划，形成不了计划系统。

（2）缺乏动态控制的观念。只重视计划的编制，而不重视及时地进行计划的动态调整。

（3）缺乏进度计划多方案比较和选优的观念。合理的进度计划应体现资源的合理使用和工作面的合理安排，有利于提高建设质量，有利于文明施工和有利于合理地缩短建设周期。

用工程网络计划的方法编制进度计划必须很严谨地分析和考虑工作之间的逻辑关系，通过工程网络的计算可发现关键工作和关键线路，也可知道非关键工作可使用的时差，工程网络计划的方法有利于实现进度控制的科学化。

承发包模式的选择直接关系到工程实施的组织和协调。为了实现进度目标，应选择合理的合同结构，以避免过多的合同交界面而影响工程的进展。工程物资的采购模式对进度也有直接的影响，对此应作比较分析。

为实现进度目标，不但应进行进度控制，还应注意分析影响工程进度的风险，并在分析的基础上采取风险管理措施，以减少进度失控的风险量。常见的影响工程进度的风险有：① 组织风险；② 管理风险；③ 合同风险；④ 资源（人力、物力和财力）风险；⑤ 技术风险等。

重视信息技术（包括相应的软件、局域网、互联网以及数据处理设备）在进度控制中的应用。虽然信息技术对进度控制而言只是一种管理手段，但它的应用有利于提高进度信息处理的效率，有利于提高进度信息的透明度，有利于促进进度信息的交流和项目各参与方的协同工作。

3. 进度控制的经济措施

建设工程项目进度控制的经济措施涉及资金需求计划、资金供应的条件和经济激励措施等。为确保进度目标的实现，应编制与进度计划相适应的资源需求计划（资源进度计划），包括资金需求计划和其他资源（人力和物力资源）需求计划，以反映工程实施的各时段所需的资源。通过资源需求的分析，可发现所编制的进度计划实现的可能性，若资源条件不具备，则应调整进度计划。资金需求计划也是工程融资的重要依据。

资金供应条件包括可能的资金总供应量、资金来源（自有资金和外来资金）以及资金供应的时间。在工程预算中应考虑加快工程进度所需的资金，其中包括为实现进度目标将要采取的经济激励措施所需的费用。

4. 进度控制的技术措施

建设工程项目进度控制的技术措施涉及对实现进度目标有利的设计技术和施工技术的选用。不同的设计理念、设计技术路线、设计方案会对工程进度产生不同的影响，在设计工作的前期，特别是在设计方案评审和选用时，应对设计技术与工程进度的关系作分析比较。在工程进度受阻时，应分析是否存在设计技术的影响因素，为实现进度目标有无设计变更的可能性。

施工方案对工程进度有直接的影响，在决策其是否选用时，不仅应分析技术的先进性和经济合理性，还应考虑其对进度的影响。在工程进度受阻时，应分析是否存在施工技术的影响因素，为实现进度目标有无改变施工技术、施工方法和施工机械的可能性。

5.4　流水施工技术在园林绿化工程中的应用

5.4.1　流水施工方法

流水施工是一种科学、有效的工程项目施工组织方法之一。它可以充分利用工作时间和操作空间，减少非生产性劳动消耗，提高劳动生产力，缩短工期，提高工程质量及降低造价。

5.4.1.1　组织施工的方式

根据施工项目的施工特点、工艺流程、资源利用、平面或空间布置等要求，其施工可以采用依次、平行、流水等组织方式来组织施工。

如某风景名胜区拟建的休息服务区为三幢建筑物，其编号分别为Ⅰ、Ⅱ、Ⅲ，各建筑物的基础工程均可分解为挖土方、浇混凝土基础和回填土三个施工过程，分别由相应的专业队按照施工工艺要求依次完成，每个专业队在每幢建筑物的施工时间均为 5 周，各专业队的人数分别为 10 人、16 人和 8 人。三幢建筑物基础工程施工的不同组织方式如图 5-19 所示。

1. 依次施工

依次施工是将拟建工程项目中的每一个施工对象分解为若干个施工过程，按施工工艺要求依次完成每一个施工过程；当一个施工对象完成后，再按照同样的施工顺序完成下一个施工对象，以此类推，直至完成所有施工对象。如图 5-19 中依次施工栏所示。其特点如下：

（1）没有充分地利用工作面进行施工，工期长；

（2）如果按照专业成立专业工作队，则各专业队不能连续作业，有时间间歇，劳动力及施工机具等资源无法均衡及充分使用；

（3）如果由一个工作队完成全部施工任务，则不能实现专业化施工，不利于提高劳动生产率和施工质量；

（4）单位时间投入的劳动力、施工机具、材料等资源较少，有利于资源供应的组织；

（5）施工现场的组织、管理比较简单。

2. 平行施工

平行施工方式是组织几个劳动组织相同的工作队，在同一时间、不同的空间，按照施工工艺要求完成各施工对象。其施工进度安排、总工期及劳动力需求曲线见图 5-19 中平行施工栏所示。平行施工的特点如下：① 充分利用工作面进行施工，工期短；② 如果每一个施工对象均按照专业成立工作队，则各专业队不能连续作业，劳动力及施工机具等资源无法均衡使用；③ 如由一个工作队完成一个施工对象的全部施工任务，则不能实现专业化施工；④ 单位时间投入的劳动力、施工机具、材料等资源成倍地增加，不利于资源供应的组织；⑤ 施工现场的组织、管理比较复杂。

3. 流水施工

流水施工是将施工中的每一个施工对象分解为若干个施工过程，并按照施工过程成立相应的专业队伍，各专业队按照施工顺序依次完成各个施工对象的施工过程，同时保证施工在时间和空间上连续、均衡和有节奏地进行，使相邻两个专业队能最大限度地搭接作业。其施工进度安排、总工期及劳动力需求曲线如图 5-19 中流水施工栏所示。

流水施工的特点如下：

（1）尽可能地利用了工作面进行施工，工期比较短；

（2）各专业队实现了专业化施工，从而有利于提高过程质量和劳动生产率；

（3）相邻专业队的开工时间能够最大限度地搭接；

（4）单位时间内投入的劳动力、施工机具、材料等资源较均衡，有利于资源供应的组织。

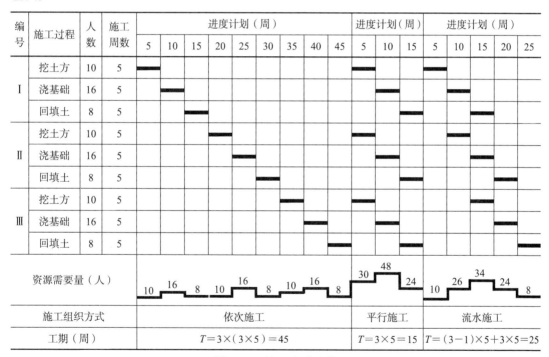

图 5-19 施工方式比较

5.4.1.2 流水施工的表达方式

流水施工进度计划的表达方式除网络图外，还有横道图和垂直图两种。

1. 流水施工进度计划的横道图表示法

某公园艺术展览室基础工程流水施工进度的横道图表示法如图 5-20 所示。图中横坐标表示流水施工的持续时间；纵坐标表示施工过程的名称或编号。n 条带有编号的水平线段表示 n 个施工过程或专业工作队的施工进度安排，其编号①、②……表示不同施工段。

施工过程	施工进度（d）						
	2	4	6	8	10	12	14
挖基础	①	②	③	④			
做垫层		①	②	③	④		
模板及钢筋工程			①	②	③	④	
捣制基础				①	②	③	④

图 5-20　某艺术展览室基础工程流水施工进度横道图表示法

横道图的优点是绘图简单，施工过程及其先后顺序表达清楚，时间和空间状况形象直观，使用方便，因而被广泛用于表达施工进度计划。

2. 流水施工进度的垂直图表示法

流水施工进度的垂直图表示法中，横坐标表示流水施工的持续时间；纵坐标表示流水施工所处的空间位置，即施工段的编号。如图 5-21 所示为某公园艺术展览室基础工程流水施工进度垂直图表示法。

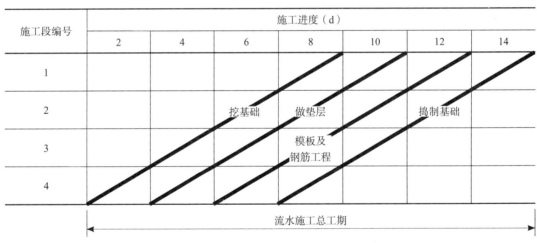

图 5-21　某艺术展览室基础工程流水施工进度垂直图表示法

垂直图表示法的优点是施工过程及其先后顺序表达清楚，时间和空间状况形象直观，斜向进度计划的斜率可以直观地表示出各施工过程的进展速度。缺点是编制实际工程进度计划不如横道图方便。

5.4.1.3　流水施工参数

1. 工艺参数

工艺参数是指组织流水施工时，用以表达流水施工在施工工艺方面进展状态的参数，通常包括施工过程和流水强度两个参数。

（1）施工过程。根据施工组织及计划安排需要划分出的计划任务子项称为施工过程。施工过程可以是单位工程、分部工程，也可以是分项工程，甚至可以是将分项工程按照专业工种不同分解而成的施工工序。施工过程的数目一般用 n 表示。

由于建造类施工过程占有施工对象的空间，直接影响工期的长短，因此，必须列入施工进度计划，并在其中大多作为起主导作用的施工过程或关键工作。运输类与制备类施工过程一般不占有施工对象的工作面，不影响工期，故不需要列入流水施工进度计划之中。只有当其占有施工对象的工作面，影响工期时，才列入施工进度计划之中。

（2）流水强度：流水强度是指流水施工的某施工过程（专业工作队）在单位时间内所完成的工程量，也称为流水能力或生产能力。

2. 空间参数

空间参数指组织流水施工时，表达流水施工在空间布置上划分的个数。可以是施工区（段），也可以是多层的施工层数，数目一般用 m 表示。

划分施工段的原则：由于施工段内的施工任务由专业工作队依次完成，因而在两个施工段之间容易形成一个施工缝。同时，施工段数量的多少，将直接影响流水施工的效果，为使施工段划分得合理，一般应遵循下列原则：

（1）同一专业工作队在各个施工段上的劳动量应大致相等，相差幅度不宜超过 10%～15%。

（2）每个施工段内要有足够的工作面，以保证工人的数量和主导施工机械的生产效率满足合理劳动组织的要求。

（3）施工段的界限应尽可能与结构界限（如沉降缝、伸缩缝等）相吻合，或设在对建筑结构整体性影响小的部位，以保证建筑结构的整体性。

（4）施工段的数目要满足合理组织流水施工的要求。施工段数目过多，会降低施工速度，延长工期；施工段过少，不利于充分利用工作面，可能造成窝工。

（5）对于多层建筑物、构筑物或需要分层施工的工程，应既分施工段，又分施工层，各专业工作队依次完成第一施工层中各施工段任务后，再转入第二施工层的施工段上作业，以此类推，以确保相应专业队在施工段与施工层之间连续、均衡、有节奏地流水施工。

3. 时间参数

时间参数指在组织流水施工时，用以表达流水施工在时间安排上所处状态的参数，主要包括流水节拍、流水步距和流水施工工期等。

（1）流水节拍。流水节拍是指在组织流水施工时，某个专业队在一个施工段上的施工时间，以符号"t"表示。

（2）流水步距。流水步距是指两个相邻的专业队进入流水作业的时间间隔，以符号"K"表示。

（3）工期。工期是指从第一个专业队投入流水作业开始，到最后一个专业队完成最后一个施工过程的最后一段工作、退出流水作业为止的整个持续时间。由于一项工程往往由许多流水组构成，所以，这里所说的是流水组的工期，而不是整个工程的总工期。工期可用符号"T"表示。

5.4.1.4　流水施工的基本组织形式

在流水施工中，根据流水节拍的特征将流水施工进行分类：

1. 无节奏流水施工

无节奏流水施工是指在组织流水施工时，全部或部分施工过程在各个施工段上流水节拍不相等的流水施工。这种施工是流水施工中最常见的一种。

无节奏流水施工的特点：

（1）各施工过程在各施工段的流水节拍不全相等；

（2）相邻施工过程的流水步距不尽相等；

（3）专业工作队数等于施工过程数；

（4）各专业工作队能够在各施工段上连续作业，但有的施工过程之间可能有间隔时间。

2. 等节奏流水施工

等节奏流水施工是指在有节奏流水施工中，各施工过程的流水节拍都相等的流水施工，也称为固定节拍流水施工或全等节拍流水施工。

等节奏流水施工的特点：

（1）所有施工过程在各个施工段上的流水节拍均相等；

（2）相邻施工过程的流水步距相等，且等于流水节拍；

（3）专业工作队数等于施工过程数，即每一个施工过程成立一个专业工作队，由该队完成相应施工过程所有施工任务；

（4）各个专业工作队在各施工段上能够连续作业，各施工过程之间没有空闲时间。

3. 异节奏流水施工

异节奏流水施工是指在有节奏流水施工中，各施工过程的流水节拍各自相等而不同施工过程之间的流水节拍不尽相等的流水施工。在组织异节奏流水施工时，又可以采用等步距和异步距两种方式。

（1）等步距异节奏流水施工的特点：

1）同一施工过程在其各个施工段上的流水节拍均相等，不同施工过程的流水节拍不等，其值为倍数关系；

2）相邻施工过程的流水步距相等，且等于流水节拍的最大公约数；

3）专业工作队数大于施工过程数，部分或全部施工过程按倍数增加相应专业工作队；

4）各个专业工作队在各施工段上能够连续作业，各施工过程之间没有间隔时间。

（2）异步距异节奏流水施工的特点：

1）同一施工过程在其各个施工段上的流水节拍均相等，不同施工过程之间的流水节拍不尽相等；

2）相邻施工过程之间的流水步距不尽相等；

3）专业工作队数等于施工过程数；

4）各个专业工作队在各施工段上能够连续作业，各施工过程之间没有间隔时间。

5. 4. 1. 5　流水施工的表达方式

流水施工的表达方式除网络图外，主要还有横道图和垂直图两种。

1. 流水施工的横道图表示法

横坐标表示流水施工的持续时间；纵坐标表示施工过程的名称或编号。n 条带有编号的水平线段表示 n 个施工过程或专业工作队的施工进度安排，其编号①、②……表示不同的施工段。横道图表示法的优点是：绘图简单；施工过程及其先后顺序表达清楚；时间和空间状况形象直观；使用方便。因而被广泛用来表达施工进度计划。

2. 流水施工的垂直图表示法

横坐标表示流水施工的持续时间；纵坐标表示流水施工所处的空间位置，即施工段的编号。n 条斜向线段表示 n 个施工过程或专业工作队的施工进度。垂直图表示法的优点是：施工过程及其先后顺序表达清楚；时间和空间状况形象直观；斜向进度线的斜率可以直观地表示出各施工过程的进展速度；但编制实际工程进度计划不如横道图方便。

5.4.2 网络计划技术

5.4.2.1 网络计划技术的应用程序

按《网络计划技术第 3 部分：在项目管理中应用的一般程序》GB/T 13400.3—2009 的规定，网络计划的应用程序包括 7 个阶段 18 个步骤，具体程序如下：

（1）准备阶段。步骤包括：① 确定网络计划目标；② 调查研究；③ 项目分解；④ 工作方案设计。

（2）绘制网络图阶段。步骤包括：① 逻辑关系分析；② 网络图构图。

（3）计算参数阶段。步骤包括：① 计算工作持续时间和搭接时间；② 计算其他时间参数；③ 确定关键线路。

（4）编制可行网络计划阶段。步骤包括：① 检查与修正；② 可行网络计划编制。

（5）确定正式网络计划阶段。步骤包括：① 网络计划优化；② 网络计划的确定。

（6）网络计划的实施与控制阶段。步骤包括：① 网络计划的贯彻；② 检查和数据采集；③ 控制与调整。

（7）收尾阶段：① 分析；② 总结。

5.4.2.2 网络计划的分类

按照《工程网络计划技术规程》JGJ/T 121—2015，我国常用的工程网络计划类型包括：双代号网络计划、双代号时标网络计划、单代号网络计划、单代号搭接网络计划。

双代号时标网络计划兼有网络计划与横道计划的优点，它能够清楚地将网络计划的时间参数直观地表达出来，随着计算机应用技术的发展成熟，目前已成为应用最为广泛的一种网络计划。

5.4.2.3 网络计划时差、关键工作与关键线路

网络计划时差可分为工作总时差和工作自由时差两种：工作总时差，是指在不影响总工期的前提下，本工作可以利用的机动时间；工作自由时差，是指在不影响其所有紧后工作最早开始的前提下，本工作可以利用的机动时间。

关键工作：是网络计划中总时差最小的工作。在双代号时标网络图上，没有波形线的工作即为关键工作。

关键线路：全部由关键工作所组成的线路就是关键线路。关键线路的工期即为网络计划的计算工期。

5.4.2.4 网络计划优化

网络计划表示的逻辑关系通常有两种：一是工艺关系，由工艺技术要求的工作先后顺序关系；二是组织关系，施工组织时按需要进行的工作先后顺序安排。通常情况下，网络计划优化时，只能调整工作间的组织关系。

网络计划的优化目标按计划任务的需要和条件可分为三方面：工期目标、费用目标和资源目标。根据优化目标的不同，网络计划的优化相应分为工期优化、费用优化和资源优化三种。

1. 工期优化

工期优化也称时间优化，其目的是当网络计划计算工期不能满足要求工期时，通过不断压缩关键线路上的关键工作的持续时间等措施，达到缩短工期、满足要求的目的。

选择优化对象应考虑下列因素：① 缩短持续时间对质量和安全影响不大的工作；② 有备用资源的工作；③ 缩短持续时间所需增加的资源、费用最少的工作。

2. 资源优化

资源优化是指通过改变工作的开始时间和完成时间，使资源按照时间的分布符合优化目标。通常分两种模式："资源有限、工期最短"的优化，"工期固定、资源均衡"的优化。

资源优化的前提条件是：① 优化过程中，不改变网络计划中各项工作之间的逻辑关系；② 优化过程中，不改变网络计划中各项工作的持续时间；③ 网络计划中各工作单位时间所需资源数量为合理常量；④ 除明确可中断的工作外，优化过程中一般不允许中断工作，应保持其连续性。

3. 费用优化

费用优化也称成本优化，其目的是在一定的限定条件下，寻求工程总成本最低时的工期安排，或满足工期要求前提下寻求最低成本的施工组织过程。

费用优化的目的就是使项目的总费用最低，优化应从以下几个方面进行考虑：① 在既定工期的前提下，确定项目的最低费用；② 在既定的最低费用限额下完成项目计划，确定最佳工期；③ 若需要缩短工期，则考虑如何使增加的费用最少；④ 若新增一定数量的费用，则可给工期缩短到多少。

第6章　园林绿化工程施工质量管理

6.1　工程施工质量管理概述

6.1.1　质量管理的基本概念

6.1.1.1　质量管理

《质量管理和质量保证国家标准》GB/T 6583—1994 对"质量管理"（Quality Management，QM）的定义是："确定质量方针、目标和职责并在质量体系中通过诸如质量策划、质量控制、质量保证和质量改进使其实施全部管理职能的所有活动"。

施工项目的质量管理的首要任务是确定质量方针、目标和职责，核心是建立有效的质量体系，通过质量策划、质量控制、质量保证、质量改进，确保质量方针、目标的实施和实现。

由于建设工程质量的复杂性及重要性，质量管理应由项目经理负责，并要求参加项目施工的全体职工参与并从事质量活动，才能有效地实现预期的方针和目标。

6.1.1.2　全面质量管理

《质量管理和质量保证国家标准》GB/T 6583—1994 对"全面质量管理"（Total Quality Management，TQM）的定义是："一个组织以质量为中心，以全员参与为基础，目的在于通过让顾客满意和本组织所有成员及社会受益而达到长期成功的管理途径"。

1. 全面质量管理的程序

质量管理和其他各项管理工作一样，要做到有计划、有措施、有执行、有检查、有总结，才能使整个管理工作循序渐进，保证工程质量不断提高。为不断解释项目施工过程中在生产、技术、管理诸方面的质量问题，通常采用 PDCA 循环方法。该方法就是先有分析，提出设想，安排计划，按计划执行。执行过程中进行动态检查、控制和调整，执行完成后进行总结处理。PDCA 分为四个阶段，即质量计划（Plan）、执行（Do）、检查（Check）、处理（Action）阶段。

四个阶段又分为八个步骤：

第一阶段为质量计划（Plan）阶段。确定任务、目标、活动计划和拟定措施。

第一步，分析现状，找出存在的质量问题，并用数据加以说明。

第二步，掌握质量规格、特性，分析产生质量问题的各种因素，并逐个进行分析。

第三步，找出影响质量问题的主要因素，通过抓主要因素解决质量问题。

第四步，针对影响质量问题的主要因素，制定计划和活动措施，计划和措施应该具体明确，有目标、有期限、有分工。

第二阶段为质量计划执行（Do）阶段。按照计划要求及制定的质量目标、质量标准、操作规程去组织实施，进行作业标准教育，按作业标准施工。

第五步，即第二阶段。

第三阶段为检查（Check）阶段。通过作业过程、作业结果将实际工作结果与计划内容相对比，通过检查，看是否达到预期效果，找出问题和异常情况。

第六步，即第三阶段。

第四阶段为处理（Action）阶段。总结经验，改正缺点，将遗留问题转入下一轮循环。

第七步，处理检查结果，按检查结果，总结成败两方面的经验教训。成功的，纳入标准、规程，予以巩固；不成功的，出现异常时，应调查原因，消除异常，吸取教训，引以为戒，防止再次发生。

第八步，处理本循环尚未解决的问题，转入下一循环中去，通过再次循环求得解决。

随着管理循环的不停转动，原有的矛盾解决了，又会产生新的矛盾，矛盾不断产生又不断被克服，克服后又产生新的矛盾，如此循环不止。每一次循环都把质量管理活动推向一个新的高度。

2. 全面质量管理的步骤

第一步，制定推进规划。根据全面质量管理的基本要求，结合施工项目的实际情况，提出分析阶段的全面质量管理目标，进行方针目标管理，以及实现目标的措施和方法。

第二步，建立综合性的质量管理机构。选拔热心于全面质量管理、有组织能力、精通业务的人员组建各级质量管理机构，负责推行全面质量管理工作。

第三步，建立工序管理点。在工序作业中的薄弱环节或关键部位设立管理点，保证园林建设项目的质量。

第四步，建立质量体系。以一个施工项目作为一个系数，建立完整的质量体系。项目的质量体系由各部门和各类人员的质量职责和权限、组织机构所必需的资源和人员、质量体系各项活动的工作程序等组成。

第五步，开展全过程的质量管理，即施工准备工作、施工过程、竣工交付和竣工后养护的质量管理。

6.1.1.3　质量控制

《质量管理和质量保证国家标准》GB/T 6583—1994 对"质量控制"（Project Quality Control）的定义是："为达到质量要求所采取的作业技术和活动"。

园林工程建设产品质量有一个产生、形成和实现的过程，在此过程中为使产品具有实用性，需要进行一系列的作业技术和活动，必须使这些作业技术和活动在受控状态下进行，才能生产出满足规定质量要求的产品。质量控制要贯穿项目施工的全过程，包括施工准备阶段、施工阶段、竣工验收阶段和保修（养护）阶段。

6.1.2　工程质量管理概况

6.1.2.1　工程质量管理的定义

工程质量管理是指为保证和提高工程质量，运用一整套质量管理体系、手段和方法所进行的系统管理活动。

广义的工程质量管理，泛指建设全过程的质量管理。其管理的范围贯穿工程建设的决策、勘察、设计、施工全过程。一般意义的质量管理，指的是工程施工阶段的管理。

6.1.2.2　工程质量管理的目标

目标是使工程建设质量达到全优。在中国，称之为全优工程，即质量好、工期短、消耗低、经济效益高、施工文明和符合安全标准。施工过程是控制质量的主要阶段，全优工程的具体检查评定标准包括六个方面：① 达到国家颁发的施工验收规范的规定和质量检验评定标准的质量优良标准。② 必须按期和提前竣工，交工符合国家规定。材料和预制构件、半成品的检验，凡甲乙双方签订合同者，以合同规定的单位工程竣工日期为准；未签订合同的工程，主要包括：图纸的审查，以地区主管部门有关建筑安装工程工期定额为准。③ 工效必须达到全国统一劳动定额，材料和能源要有节约，降低成本要实现计划规定的指标。④ 严格执行安全操作规程，使工程建设全过程都处于受控状态。参加施工人员均不应发生重大伤亡事故。⑤ 坚持文明施工，保持现场整洁，把影响质量的诸因素查找出来，做到工完场清。组织施工要制定科学的施工组织设计，施工现场应达到场容管理规定要求。⑥ 各项经济技术资料齐全，手续完整。

6.1.2.3　工程质量管理的意义

工程质量好与坏，是一个根本性的问题。工程项目建设投资大，建成及使用时期长，只有合乎质量标准，才能投入生产和交付使用，发挥投资效益，结合专业技术、经营管理和数理统计，满足社会需要。世界上许多国家对工程质量的要求，都有一套严密的监督检查办法。工程质量管理的重点，从以事后检查把关为主变为预防、改正为主，组织施工要制定科学的施工组织设计，从管结果变为管因素，把影响质量的诸因素查找出来，发动全员、全过程、多部门参加，依靠科学理论、程序和方法，参加施工人员均不应发生重大伤亡事故，使工程建设全过程都处于受控状态。

6.1.2.4　工程质量管理发展的三个阶段

1. 质量检验阶段

20 世纪前，产品质量主要依靠操作者本人的技艺水平和经验来保证，属于"操作者的质量管理"。20 世纪初，以 F. W. 泰勒为代表的科学管理理论的产生，促使产品的质量检验从加工制造中分离出来，质量管理的职能由操作者转移给工长，是"工长的质量管理"。随着企业生产规模的扩大和产品复杂程度的提高，产品有了技术标准（技术条件），公差制度也日趋完善，各种检验工具和检验技术也随之发展，大多数企业开始设置检验部门，有的直属于厂长领导，这时是"检验员的质量管理"。上述几种做法都属于事后检验的质量管理方式。

2. 统计质量控制阶段

1924 年，美国数理统计学家 W. A. 休哈特提出控制和预防缺陷的概念。他运用数理统计的原理提出在生产过程中控制产品质量的"60"法，绘制出第一张控制图并建立了一套统计卡片。与此同时，美国贝尔研究所提出关于抽样检验的概念及其实施方案，成为运用数理统计理论解决质量问题的先驱，但当时并未被普遍接受。以数理统计理论为基础的统计质量控制的推广应用始于第二次世界大战。由于事后检验无法控制武器弹药的质量，美国国防部决定把数理统计法用于质量管理，并由标准协会制定有关数理统计方法应用于质量管理方面的规划，成立了专门委员会，并于 1941～1942 年先后公布了一批美国战时的质量管理标准。

3. 全面质量管理阶段

20 世纪 50 年代以来，随着生产力的迅速发展和科学技术的日新月异，人们对产品的质量从注重产品的一般性能发展为注重产品的耐用性、可靠性、安全性、维修性和经济性等。在生产技术和企业管理中要求运用系统的观点来研究质量问题。在管理理论上也有新的发展，突出重视人的因素，强调依靠企业全体人员的努力来保证质量，此外，还有"保护消费者利益"运动的兴起，企业之间市场竞争越来越激烈。在这种情况下，美国 E. A. 费根鲍姆于 20 世纪 60 年代初提出全面质量管理的概念。他提出，全面质量管理是"为了能够在最经济的水平上，且考虑到充分满足顾客要求的条件下进行生产和提供服务，并把企业各部门在研制质量、维持质量和提高质量方面的活动构成为一体的一种有效体系"。

6.2　工程施工质量体系与控制程序

6.2.1　工程施工质量管理体系

6.2.1.1　质量保证体系的概念

质量保证体系（Quality Assurance System，QAS）是运用科学的管理模式，以质量为中心所制定的保证质量达到要求的循环系统，质量保证体系的设置可使施工过程中有法可依，但关键在于运转正常，只有正常运转的质量保证体系，才能真正达到控制质量的目的。质量保证体系的正常运转必须以质量控制体系来予以实现。

6.2.1.2　施工质量控制体系的设置

施工质量控制体系是按科学的程序运转，其运转的基本方式是 PDCA 的循环管理活动，它是通过计划、实施、检查、处理四个阶段把经营和生产过程的质量有机地联系起来，形成一个高效的体系来保证施工质量达到工程质量的标准。

首先，以确定的质量目标为依据，编制相应的分项工程质量目标计划，这个分项目标计划应使项目参与管理的全体人员均熟悉了解，做到心中有数。

其次，在目标计划制定后，各施工现场管理人员应编制相应的工作标准给施工班组实施，在实施过程中进行方式、方法的调整，以使工作标准完善。

再次，在实施过程中，无论是施工人员还是质检人员均要加强检查，在检查中发现问题并及早解决，以使所有质量问题解决于施工之中，并同时对这些问题进行汇总，形成书面材料，以保证在今后或下次施工时不出现类似问题。

最后，在实施完成后，对成型的构筑物产品或分部工程分次进行全面的检查，以发现问题、追查原因，对不同的产生原因进行不同的处理方式，从人、物、方法、工艺、工序等方面进行讨论，并产生改进意见，再根据这些意见使施工工序进入下一次循环（图 6-1）。

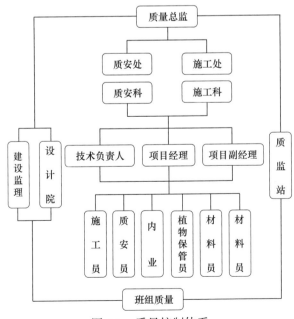

图 6-1　质量控制体系

6.2.1.3　建立质量管理组织机构

1. 组织机构设置原则

（1）目的性原则。

根据工程实际施工需要及项目特点设置的项目组织管理机构，其目的是为了实现施工项目管理的总目标，严格履行施工合同，进行全方位、全过程的施工管理。

（2）精干高效原则。

项目部组织机构的设立，以能实现施工项目所要求的工作任务为原则，尽量简化机构，做到精干高效。

（3）管理跨度和分层统一的原则。

管理跨度亦称管理幅度，是指每一个主管人员直接管理的下层人员数量。管理跨度越大，所接触的人员关系越多，处理人与人、人与事的关系数量相应越多。组织机构建立时，根据各层领导的个人能力和工作内容进行调整，设置适当的管理跨度，以便于更高效的管理。

（4）业务系统化原则。

由于施工项目是一个开放的系统，由众多子系统组成一个大系统，各子系统之间、子系统内部各单位工程之间，不同组织、工种、工序之间，存在着大量结合部，这就要求项目组织也必须是一个完整的组织结构系统。

2. 项目管理机构

项目经理部是施工的决策层和管理层，组建项目经理部时，对每个岗位的设置要科学合理，职责分明，并建立完善的质量岗位责任制。在项目开工之初或阶段工程开始前，制定项目质量岗位责任制度，明确领导班组成员的责任，确定每个人的职责，并签订相应的质量岗位责任状。

（1）项目经理质量职责。

项目经理是项目经理部质量工作的组织者、领导者，对所承担的工程质量负全部责任。

（2）技术负责人质量职责。

认真贯彻执行国家规程、规范和质量标准，确保质量目标的实现。负责编制工程施工组织设计和施工方案、技术措施、工艺流程、操作方法和工程质量目标设计。负责向施工员和班组长进行详细的技术交底，处理日常技术问题，对工程负有质量技术监督责任。

（3）施工员质量职责。

组织班组严格按照安装图纸、规范标准和技术交底进行施工，对违反有关原则的班组或个人给予停工、返工处罚。

组织班组开展自检、互检、交接检活动，组织本专业分项工程的检查、评定，对操作中的质量问题必须及时处理。控制本专业主要材料的使用，对未经验证和试验的材料不得使用，对由于使用不合格材料造成的工程质量事故负直接责任。

（4）质量员质量职责。

严格按照施工图纸、验收规范、工艺标准、质量评定及验收标准的规定进行验收评定和监督检查。

及时收集整理各分项分部、单位工程质量原始检查评定记录，建立有关质量台账，及时填报工程质量报表。

坚持原则，深入生产第一线，对重点部位、重点工序严格把关，随时掌握工程质量动态，对粗制滥造者有权停工、返工或给予经济处罚。

参加隐蔽工程检查和验收，并对交接工作及质量事故和质量问题进行处理。

（5）材料员质量职责。

根据工程项目所用设备、材料的质量要求，会同物资职能部门采购、订货、运输、保管、供应合格的设备和材料。

对进场材料进行验证，及时把有关证明文件转交技术人员，对进场原材料外观质量进行检查，并正确标识。

3. 制定质量检查制度

项目经理部需要建立一整套质量检查制度，项目部设专职质量员，各施工队设兼职质检员，对施工全过程进行质量检查，及时发现问题并解决问题。质量员对质量薄弱环节制定出能保证质量的各项措施，并组织实施，克服质量通病。项目部每周由项目经理带队，会同技术负责人、施工员、质量员、材料员、资料员及各施工队兼职质检员，对工程质量进行全面检查，编写质量检查通报，对出现质量问题的当事人，根据情节轻重，给予处理。对于在检查中成绩突出、质量优良的当事人，进行奖励，以此提高施工人员的责任心和积极性，保证工程质量。

6.2.1.4　施工质量控制体系运转的保证

1. 施工质量控制体系的保障机制

（1）项目领导班子成员应充分重视施工质量控制体系运转的正常，支持有关人员开展的围绕质保体系的各项活动。

（2）配备强有力的质量检查管理人员，作为质保体系中的中坚力量。

（3）提供必要的资金，添置必要的设备，以确保体系运转的物质基础。

（4）制定强有力的措施、制度以保证质保体系的运转。

（5）每周召开一次质量分析会，以便在质保体系运转过程中发现的问题及时进行处理和解决。

（6）开展全面质量管理活动，使本工程的施工质量达到一个新的高度。施工质量控制体系主要是围绕"人、机、物、环、法"五大要素进行的，任何一个环节出差错，势必使施工的质量达不到相应的要求。故在质量保证计划中，对以上施工过程中五大要素的质量保证措施必须予以明确落实。

2. 施工质量控制体系的五大要素

（1）"人"的要素。

施工中人的因素是关键，无论是从管理层到劳力层，其素质责任心等的好坏将直接影响到本工程的施工质量。故对于"人"的因素的质量保证措施要从人员培训、人员管理、人员评定来保证人员的素质。

在进场前，应对所有的施工管理人员及施工劳力人员进行各种必要的培训，关键的岗位必须持有效的上岗证书才能上岗。在管理层，积极推广计算机的广泛应用，加强现代信息化的推广；在劳务层，对一些重要岗位，必须进行再培训，以达到更高的要求。

在施工中，既要加强人员的管理工作，又要加强人员的评定工作，人员的管理及评定工作应是对项目的全体管理层及劳务层，实施层层管理、层层评定的方式进行。进行这两项工作的目的在于使进驻现场的任何人员在任务时候均能保持最佳状态，以确保本工程的顺利完成。

（2）"机"的要素。

进入现代的施工管理，机械化程度的提高为工程更快、更好地完成创造了有利条件。但机械对施工质量的影响也越来越大，故必须确保机械处于最佳状态，在施工机械进场前必须对进场机械进行一次全面的保养，使施工机械在投入使用前就已达到最佳状态，而在施工中，要使施工机械处于最佳状态就必须对其进行良好的养护、检修。在施工过程中我们将制定机械维护计划表，以保证在施工过程中所有的施工机械在任何施工阶段均能处于最佳状态。

（3）"物"的要素。

材料是组成工程的最基本单位，亦是保证外观质量的最基本单位，故材料采用的优劣将直接影响工程的内在及外在质量。"物"的因素是最基本的因素。为确保"物"的质量，我们必须从施工用材、周转材料进行综合落实。

（4）"环"与"法"的因素。

"环"是指施工环境因素，而"法"则是指施工的方法，在工程施工建设中，必须利用合理的施工流程、先进的施工方法，才能更好、更快地完成工程的任务。在施工组织设计中，对施工流程及施工方法进行介绍，但在施工过程中能否按施工组织设计中的有关内容进行全面落实才是确保工程施工质量的关键，只有建立良好的实施体系、监督体系才能按既定设想完成工程的施工任务。

6.2.2 工程质量控制措施

6.2.2.1 施工质量保证措施

1. 质量保证措施

质量保证（Quality Assurance）是指为使人们确信某一产品或服务的质量能满足规定的质量要求。在业主及监理的指导下，严格质量体系文件运行，将质量目标作为项目标准化管理的重要内容，通过全员、全方位、全过程的质量控制，确保质量目标的实现，使用户确信项目实施能符合项目的质量要求。项目的质量保证活动，主要由项目质量经理负责组织实施。

2. 建立完善的质量管理体系和质量保证体系

行政管理是对工程质量和进度保障起到至关重要的作用，设立科学合理的工程管理机构是充分发挥各个部门职能的前提条件。为确保本工程质量，成立以项目经理负责的创优领导小组和以项目总工程师负专责的技术管理体系，建立三级质量管理网络，科学严格地制定各工序、施工工艺的质量预控措施，实施标准工法作业。

3. 严格实行质量终身责任制

认真贯彻《国务院办公厅关于加强基础设施工程质量管理的通知》（国办发〔1999〕16号）精神，严格实施质量负责制和质量终身责任制，实行企业法人代表、项目经理、各级技术人员及工班负责人对工程质量负相应责任，层层签订质量终身责任书，做到责任落实到位、责任落实到人，从而提高全员的质量意识。坚决做到奖优罚劣，规范化施工，实行持证上岗。使各级参建人员在实施组织指挥施工中始终坚持"质量第一"的方针，确保工程质量。

4. 施工控制中的技术保证

（1）建立项目总工程师负责的施工技术体系。项目经理部配足各专业技术、质量、测试人员，定员定岗定责，施工前项目总工程师组织有关技术人员详细审核设计图，了解设计意图，制定科学合理的施工技术方案。严格按照施工合同、设计图、技术规范的要求进行施工。

（2）技术人员深入现场了解实际情况，精心指导施工。质量检查和测试人员准确检测，严把质量关，及时发现和解决问题，做到防患于未然，强化工序、工种、工艺的质量控制，对其中的关键工序施工工艺开展QC活动，组织技术攻关，确保工程质量。

5. 建立和落实各项规章制度

（1）测量资料的复核和换手测量制度。测量工作实行项目部、队二级管理网络控制，项目部测量队负责定位控制测量，队测量班负责施工测量放样。严格控制路基的中线、标高。建立复核测量和换手测量制度，同时加强测量人员的思想教育工作，提高对测量工作重要性的认识，增强其工作责任感。施工中认真做好测量的原始记录工作，保存好测量资料。

（2）技术交底制度。第一道工序施工前，由项目总工程师或有关技术人员对施工中质量标准、技术要求、工艺控制及有关注意事项等进行详细的技术交底，提出具体要求，并以书面形式下发有关施工队，双方签字，将责任落实到人头，增强技术人员与施工人员的责任感。

（3）仪器设备的标定制度。项目部设试验室，本标段工程施工中用于测量试验和检测的仪器、仪表均应按计量法的有关规定进行定期或不定期限的标定。工地设专人负责计量工作，设立账本档案，监督检查仪器设备的使用情况，确保其使用正常。

（4）工序"三检"制度。施工中严格按照自检、互检、交接检的"三检"制度进行施工，上道工序不合格，不准进入下一道工序，树立下一道工序就是用户的意识，确保各道工序的施工质量，从而确保整个工程的质量。

（5）施工过程质量检测制度。在整个工程施工中，始终坚持"跟踪检测""复测"与"抽检"三级进行，及时发现和解决问题，以便为质量验收打下良好基础，确保工程验收顺利进行。

（6）资料管理制度。项目部及施工队分别设专人收集、整理、保存施工原始资料，分类整理归档。资料的整理应确保数据的真实性和准确性。工程结束时按照竣工资料移交归档要求，汇编成册移交业主。

（7）质量奖惩制度。项目部及下属施工单位分别制定质量奖罚制度和措施，质量与经济挂钩，定期或不定期进行质量评比，对于质量好的集体和个人，给予荣誉和经济上的表彰奖励，落实奖罚制度，确实做到奖优罚劣，进而提高全员的质量意识，保证工程质量。

6.2.2.2　施工质量控制措施

施工质量控制措施是施工控制体系的具体落实，其主要是对施工各联合体及施工中的各控制要素进行质量上的控制，从而达到施工质量目标的要求。

1. 施工阶段性的质量控制措施

施工阶段性的质量控制措施主要分为三个阶段，并通过这三个阶段来对本工程各分项工程的施工进行有效的阶段性质量控制。

（1）事前控制阶段。

事前控制是在正式施工活动开始前进行的质量控制，事前控制是先导。

事前控制，主要是建立完善的质量保证体系、质量管理体系，编制《质量保证计划》，制定现场的各种管理制度，完善质量检查技术和手段。对工程项目施工所需的原材料、半成品、构配件进行质量检查和控制,并编制相应的检验计划。

进行技术交底、图纸会审等工作,并根据本工程特点确定施工工艺流程及方法。对本工程将要采用的新技术、新结构、新工艺、新材料均要审核其技术审定书及运用范围。检查现场的测量标桩、构筑物的定位线及高程水准点等。

（2）事中控制阶段。

事中控制是指在施工过程中进行的质量控制,是关键环节。主要包括:完善工序质量控制,把影响工序质量的因素都纳入管理范围;及早检查和审核质量统计分析资料和质量控制图表,抓住影响质量的关键问题进行处理和解决。

严格工序间交换检查,做好各项隐蔽验收工作,加强交检制度的落实,对于达不到质量要求的前道工序决不交下道工序施工,直至质量符合要求为止。

对完成的分部分项工程,按相应的质量评定标准和办法进行检查、验收。

如果施工中出现特殊情况,隐蔽工程未经验收而擅自封闭,或使用无合格证的材料,或擅自变更、替换工程材料等,项目施工技术负责人有权向项目经理建议下达停工令。

（3）事后控制。

事后控制是指对施工完成的产品进行质量控制,是一种弥补措施。按规定的质量评定标准和办法,对完成的单位工程、单项工程进行检查验收。

整理所有的技术资料,并编目建档。

在保修阶段,对工程进行维修。

2. 各施工要素的质量控制措施

（1）施工计划的质量控制。

在编制施工总进度计划、阶段性计划、月施工计划等控制性计划时,充分考虑人、财、物及任务量的平衡,合理安排施工工序和施工计划,合理配备各施工段上的人员。合理调配原材料及周转材料、施工机械,合理安排各工序的轮流作息,在确保工程安全及质量的前提下,充分发挥人的主观能动性,把工期抓上去。

鉴于工程施工条件的具体情况,应树立工程质量为工程的最高宗旨。如果工期和质量两者发生矛盾,则应把质量放在首位,工期必须服从质量,没有质量的保证也就没有工期的保证。

综上所述,无论何时都必须在项目经理部树立起安全质量放在首位的概念,如工期紧迫,应要求项目部内全体管理人员在施工前做好充分的准备工作,熟悉施工工艺,了解施工流程,编制科学、简便、经济的作业指导书,在保证安全与质量的前提下,编制每周、每月,直至整个总进度计划的各大小节点的施工计划,并确保其保质、保量地完成。

（2）施工技术的质量控制措施。

施工技术的先进性、科学性、合理性决定了施工质量的优劣。发放图纸后,内业技术人员会同施工员先对图纸进行深化、熟悉、了解,提出施工图纸中的问题、难点、错误,并在图纸会审及设计交底时予以解决。同时,根据设计图纸的要求,对在施工过程中质量难以控制,或要采取相应的技术措施、新的施工工艺才能达到保证质量目的的内容进行摘录,并组织有关人员进行深入研究,编制相应的作业指导书,从而在技术上对此类问题进行质量上的保证,并在实施中予以改进。

施工员在熟悉图纸、施工方案或作业指导书的前提下,合理地安排施工工序和劳动力,并向操作人员进行相应的技术交底工作,落实质量保证计划、质量目标计划,特别是对一些施工难点、特殊点更应落实至班组每一个人，而且应让他们了解本次交底的施工流程、施工进度、图纸要求、质量控制标准，以使操作人员心里有数，从而保证操作中按要求施工，杜绝质量问题的出现。

（3）施工操作中的质量控制措施。

施工操作人员是工作质量的直接责任者，故对于施工操作人员自身的素质以及对他们的管理均要有严格的要求，在对操作人员加强质量意识的同时，加强管理，以确保操作过程中的质量要求。

1）每个进入项目施工的人员，均要达到一定的技术等级，具有相应的操作技能，特殊工种必须持证上岗。对每个进场的劳动力进行考核，同时，在施工中进行考察，对不合格的施工人员坚决退场，以保证操作者本身具有合格的技术素质。

2）加强对每个施工人员的质量意识教育，提高他们的质量意识，自觉按操作规程进行，在质量控制上加强其自觉性。

3）施工管理人员，特别是施工员及质检人员，应随时对操作人员所施工的内容和过程进行检查，在现场为他们解决施工难点，进行质量标准的测试，随时指出达不到质量要求及标准的工位，要求操作者整改。

4）在施工中各工序要坚持自检、互检、专业检制度，在整个施工过程中，做到"工前有交底，过程有检查，工后有验收"的一条龙操作管理方式，以确保工程质量。

（4）施工材料质量控制措施。

施工材料的质量，尤其是用于关键部位施工的材料质量，将会直接影响到整个工程的安全，故在各种材料进场时，一定要求供应商随货提供产品的合格证或质检报告书，有必要提供使用许可证的必须提供使用许可证；同时对钢材、水泥等及时做复试和分析报告，只有当复试报告、分析报告等全部合格方能允许用于施工、对于甲供材料，同样用以上办法进行严格控制。无论是甲供还是自购材料，如不合格，坚决退货，不得在施工现场出现。

为保证材料质量，要求材料管理部门严格按公司有关文件、规定及相关质量体系文件进行操作及管理。对采购的原材料构（配）件半成品等，均要建立完善的验收及送检制度，杜绝不合格材料进入现场，更不允许不合格材料用于施工。

在材料供应和使用过程中，必须做到"四验""三把关"，即"验规格、验品种、验数量、验质量""材料验收人员把关、技术质量试验人员把关、操作人员把关"，以保证用于本工程上的各材料均是合格优质的材料。

（5）施工中计量管理的保证措施。

计量工作在整个质量控制中是一个重要的措施，在计量工作中，应加强各种计算设备的检测工作，并在权威的计量工具检测机构（经业主监理同意），按公司的计量管理文件进行周检管理。同时，按要求对各操作程序绘制相应的计量网络图，使整个计量工作符合国家计量规定的要求，使整个计量工作完全受控，从而确保工程的施工质量。

3. 原材料保证措施

（1）原材料的入场检验。

工程主要材料包括水泥、钢筋、砂石料、沥青等，工程关键部分须24h连续施工，为保证施工不停工待料，需提前按材料进场计划组织材料进场，并由质检员检查进场材料的各质保材料，及时安排抽样送检。如发现质保手续不齐全或有明显外现缺陷则坚决退场，不得投入现场施工。

（2）钢筋、水泥等的堆放。

设置专门的堆放场地，并在仓库四周做好排水设施，以保证钢筋、水泥等不受雨淋水泡。

（3）有关材料试验的制度。

1）原材料试验均按规范执行，不得违反。

2）原材料到场，由材料科供应部门通知各项目组质检员，由分项目质检员最晚隔天通知实验室，材料科必须及时提供原材料质保单。如工程急需材料，应提早通知到场时间。

3）原材料试件由实验室和各分队配合取样送检，并取回试验报告。

4）原材料的试验必须与工程进度相符，不得拖延工程进度。

5）原材料试验后的试验报告用保单，由实验室统一收集、整理，并及时做好台账和月报表。

6）在本制度实施过程中，由分公司质安科实施检查和管理。

【前沿链接】ISO9001 质量管理体系标准

1. 概念

国际标准化组织（ISO）在 1987 年提出的概念，是指由 ISO/TC176（国际标准化组织质量管理和质量保证技术委员会）制定的国际标准。ISO9001 用于证实组织具有提供满足顾客要求和适用法规要求的产品的能力，目的在于增进顾客满意。随着商品经济的不断扩大和日益国际化，为提高产品的信誉，维护生产者、经销者、用户和消费者各方权益，这个第三认证方不受产销双方经济利益支配，公证、科学，是各国对产品和企业进行质量评价和监督的通行证；作为顾客对供方质量体系审核的依据；企业有满足其订购产品技术要求的能力。

2. 简介

ISO 通过它的 2856 个技术机构开展技术活动。其中技术委员会（TC）共 185 个，分技术委员会（SC）共 611 个，工作组（WG）2022 个，特别工作组 38 个。

ISO 的 2856 个技术机构技术活动的成果（产品）是"国际标准"。ISO 现已制定出国际标准共 10300 多个，主要涉及各行各业各种产品（包括服务产品、知识产品等）的技术规范。

ISO 制定出来的国际标准除了有规范的名称之外，还有编号，编号的格式是：ISO ＋标准号＋［杠＋分标准号］＋冒号＋发布年号（方括号中的内容可有可无），例如：ISO8402：1987、ISO9000-1：1994 等，分别是某一个标准的编号。但是，"ISO9000"不是指一个标准，而是一族标准的统称。根据 ISO9000-1：1994 的定义："'ISO9000 族'是由 ISO/TC176 制定的所有国际标准。"

3. 发展过程

TC176，即 ISO 中第 176 个技术委员会，它成立于 1980 年，全称是"品质保证技术委员会"，1987 年又更名为"品质管理和品质保证技术委员会"。TC176 专门负责制定品质管理和品质保证技术的标准。

TC176 最早制定的一个标准是 ISO8402：1986，名为《品质—术语》，于 1986 年 6 月 15 日正式发布。1987 年 3 月，ISO 又正式发布了 ISO9000：1987、ISO9001：1987、ISO9002：1987、ISO9003：1987、ISO9004：1987 共 5 个国际标准，与 ISO8402：1986 一起统称为"ISO9000 系列标准"。

此后，TC176 又于 1990 年发布了 1 个标准，1991 年发布了 3 个标准，1992 年发布了 1 个标准，1993 年发布了 5 个标准；1994 年没有另外发布标准，但是对前述 "ISO9000 系列标准" 统一作了修改，分别改为 ISO8402：1994、ISO9000-1：1994、ISO9001：1994、ISO9002：1994、ISO9003：1994、ISO9004-1：1994，并把 TC176 制定的标准定义为 "ISO9000 族"。1995 年，TC176 又发布了一个标准，编号是 ISO10013：1995。至今，ISO9000 族一共有 17 个标准。

4. 三个标准

对于上述标准，作为专家应该通晓，作为企业，只需选用如下三个标准之一：

（1）ISO9001：1994《品质体系设计、开发、生产、安装和服务的品质保证模式》，用于自身具有产品开发、设计功能的组织；

（2）ISO9002：1994《品质体系生产、安装和服务的品质保证模式》，用于自身不具有产品开发、设计功能的组织；

（3）ISO9003：1994《品质体系最终检验和试验的品质保证模式》，用于对质量保证能力要求相对较低的组织。

（注：ISO9001：1994 标准将质量体系划分为 20 个要素（即标准的 "质量体系要求"）来进行描述，ISO9002 标准比 ISO9001 标准少一个 "设计控制" 要素。）

随着 2000 年版标准的颁布，世界各国的企业纷纷开始采用新版的 ISO9001：2000 标准申请认证。国际标准化组织鼓励各行各业的组织采用 ISO9001：2000 标准来规范组织的质量管理，并通过外部认证来达到增强客户信心和减少贸易壁垒的作用。

5. ISO9001：2015

众所周知，ISO9001 标准是 ISO 组织颁布的影响面最广的一个管理体系标准，标准的每一次修改，无不在业内引起不同程度的反响，尤其是本次从 2008 版到 2015 版的标准修改，可以说是标准 ISO9001 从第一版 1987 年版以来的 4 次技术修订中影响最大的一次修订。本次修订之所以影响最大，首先是因为 2015 版标准高屋建瓴，为质量管理体系标准的长期发展规划了蓝图，为未来 25 年的质量管理标准做好了准备。其次，ISO9001：2015 版标准取消了质量手册、文件化程序等大量强制性文件的要求，合并了文件和记录，统一称为文件化信息；通篇未出现 "记录" 这一术语，全部用（活动结果的证据的）"文件化信息" 来代替。此外，新版标准还有许多引人注目的变化，如：增加了反映当今质量管理在实践和技术方面的一些先进理念和好的方法；取消了预防措施；更加重视相关方的要求；将采购和外包的控制合并为 "产品和服务的外部提供控制"；首次提出了知识也是一种资源，也是产品实现的支持过程。

总之，于 2015 年 9 月推出的新版标准更加适用于所有类型的组织，特别是在服务行业的应用，更加适合企业建立整合管理体系，更加关注质量管理体系的有效性和效率。

6.3　施工准备阶段的质量管理

施工准备阶段的质量管理是指项目正式施工活动开始前，对各项准备工作及影响质量的各因素和有关方面进行的质量控制。施工准备是为保证施工生产正常进行而必须事先做好的工作。施工准备工作不仅是在工程开工前要做好，而且贯穿于整个施工过程。施工准备的基本任务就是为施工项目建立一切必要的施工条件，确保施工生产顺利进行，确保工程质量符合要求。

6.3.1 施工质量控制的准备工作

6.3.1.1 工程项目划分

一个建设工程从施工准备开始到竣工交付使用，要经过若干工序、工种的配合施工。施工质量的优劣，取决于各个施工工序、工种的管理水平和操作质量。因此，为了便于控制、检查、评定和监督每个工序和工种的工作质量，就要把整个工程逐级划分为单位工程、分部工程、分项工程和检验批，并分级进行编号，据此来进行质量控制和检查验收，这是进行施工质量控制的一项重要基础工作。

从建设工程施工质量验收的角度来说，项目划分的要求如下：

（1）工程项目应逐级划分为单位（子单位）工程、分部（子分部）工程、分项工程和检验批。

（2）单位工程的划分应按下列原则确定：① 具备独立施工条件并能形成独立使用功能的建筑物或构筑物为一个单位工程；② 建筑规模较大的单位工程，可将其能形成独立使用功能的部分划为若干个子单位工程。

（3）分部工程的划分应按下列原则确定：① 分部工程的划分应按专业性质、建筑部位确定；② 当分部工程较大或较复杂时，可按材料种类、施工特点、施工程序、专业系统及类别等划分为若干子部分工程。

（4）分项工程应按主要工种、材料、施工工艺、设备类别等进行划分。

（5）分项工程可由一个或若干个检验批组成，检验批可根据施工及质量控制和专业验收需要按楼层、施工段、变形缝等进行划分。

（6）室外工程可根据专业类别和工程规模划分单位（子单位）工程。一般室外单位工程可划分为室外建筑环境工程和室外安装工程。

6.3.1.2 技术资料、文件准备的质量控制

1. 施工项目所在地的自然条件及技术经济条件调查资料

对施工项目所在地的自然条件和技术经济条件的调查，是为选择施工技术与组织方案收集基础资料，并以此作为施工准备工作的依据。具体收集的资料包括：地形与环境条件、地质条件、地震级别、工程水文地质情况、气象条件以及当地水、电、能源供应条件、交通运输条件、材料供应条件等。

2. 施工组织设计

施工组织设计是指导施工准备和组织施工的全面性技术经济文件。对施工组织设计要进行两方面的控制：一是选定施工方案后，制定施工进度时，必须考虑施工顺序、施工流向，以及主要分部分项工程的施工方法、特殊项目的施工方法和技术措施能否保证工程质量；二是制定施工方案时，必须进行技术经济比较，使工程项目满足合理性、有效性和可靠性要求，取得施工工期短、成本低、安全生产、效益好的经济质量。

3. 国家及政府有关部门颁布的有关质量管理方面的法律、法规、文件及质量验收标准

质量管理方面的法律、法规规定了工程建设参与各方的质量责任和义务，质量管理体系建立的要求、标准，质量问题处理的要求和质量验收标准等，这些是进行质量控制的重要依据。

4. 工程测量控制资料

施工现场的原始基准点、基准线、参考标高及施工控制网等数据资料，是在施工之前进行质量控制的一项基础工作，这些数据资料是进行工程测量控制的重要内容。

6.3.1.3　设计交底和图纸审核的质量控制

设计图纸是进行质量控制的重要依据。为使施工单位熟悉有关的设计图纸，充分了解拟建项目的特点、设计意图以及工艺与质量要求，减少图纸的差错，消灭图纸中的质量隐患，要做好设计交底和图纸审核工作。

1. 设计交底

工程施工前，由设计单位向施工单位有关人员进行设计交底，其主要内容包括：

（1）地形、地貌、水文气象、工程地质及水文地质等自然条件；

（2）施工图设计依据：初步设计文件，规划、环境等要求，设计规范；

（3）设计意图：设计思想、设计方案比较、基础处理方案、结构设计意图、设备安装和调试要求、施工进度安排等；

（4）施工注意事项：对基础处理的要求、对建筑材料的要求、采用新结构、新工艺的要求、施工组织和技术保证措施等。

交底后，由施工单位提出图纸中的问题和疑点，以及要解决的技术难题。经协商研究，拟定出解决办法。

2. 图纸审核

图纸审核是设计单位和施工单位进行质量控制的重要手段，也是使施工单位通过审查熟悉设计图纸，了解设计意图和关键部位的工程质量要求，发现和减少设计差错，保证工程质量的重要方法。

图纸审核的主要内容包括：① 对设计者的资质进行认定；② 设计是否满足抗震、防火、环境卫生等要求；③ 图纸与说明是否齐全；④ 图纸中有无遗漏、差错或相互矛盾之处，图纸表示方法是否清楚并符合标准要求；⑤ 地质及水文地质等资料是否充分、可靠；⑥ 所需材料来源有无保证，能否替代；⑦ 施工工艺、方法是否合理，是否切合实际，是否便于施工，能否保证质量要求；⑧ 施工图及说明书中涉及的各种标准、图册、规范、规程等，施工单位是否具备。

6.3.1.4　质量教育与培训

通过教育培训和其他措施提高员工的能力，增强质量意识和顾客意识，使员工满足所从事的质量工作对能力的要求。

项目领导班子应着重以下几方面的培训：① 质量意识教育；② 充分理解和掌握质量方针和目标；③ 质量管理体系有关方面的内容；④ 质量保持和持续改进意识。

可以通过面试、笔试、实际操作等方式检查培训的有效性。还应保留员工的教育、培训及技能认可的记录。

6.3.2　现场施工准备的质量控制

6.3.2.1　工程定位和标高基准的控制

工程测量放线是建设工程产品由设计转化为实物的第一步。施工测量质量的好坏，直接决定工程的定位和标高是否正确，并且制约施工过程有关工序的质量。因此，施工单位必须对建设单位提供的原始坐标点、基准线和水准点等测量控制点进行复核，并将复测结果上报监理工程师审核，批准后施工单位才能建立施工测量控制网，进行工程定位和标高基准的控制。

6.3.2.2　施工平面布置的控制

建设单位应按照合同约定并考虑施工单位施工的需要，事先划定并提供施工用地和现场临时设施用地的范围。施工单位要合理科学地规划使用好施工场地，保证施工现场的道路畅通、材料的合理堆放、良好的防洪排水能力、充分的给水和供电设施以及正确的机械设备的安装布置。应制定施工场地质量管理制度，并做好施工现场的质量检查记录。

6.3.3 材料的质量控制

建筑工程采用的主要材料、半成品、成品、建筑构配件等（以下统称"材料"）均应进行现场验收。凡涉及工程安全及使用功能的有关材料，应按各专业工程质量验收规范规定进行复验，并应经监理工程师（建设单位技术负责人）检查认可。为了保证工程质量，施工单位应从以下几个方面把好原材料的质量控制关：

6.3.3.1 采购定货关

采购质量控制主要包括对采购产品及其供方的控制，制定采购要求和验证采购产品。建设项目中的工程分包，也应符合规定的采购要求。

1. 物资采购

采购物资应符合设计文件、标准、规范、相关法规及承包合同的要求，如果项目部另有附加的质量要求，也应予以满足。

对于重要物资、大批量物资、新型材料以及对工程最终质量有重要影响的物资，可由企业主管部门对可供选用的供方进行逐个评价，并确定合格供方名单。

2. 分包服务

对各种分包服务选用的控制应根据其规模、对它控制的复杂程度区别对待。一般通过分包合同对分包服务进行动态控制。

评价及选择分包方应考虑的原则有：① 有合法的资质，外地单位经本地主管部门核准；② 与本组织或其他组织合作的业绩、信誉；③ 分包方质量管理体系对按要求如期提供稳定质量的产品的保证能力；④ 对采购物资的样品、说明书或检验、试验结果进行评定。

3. 采购要求

采购要求是采购产品控制的重要内容。采购要求的形式可以是合同、订单、技术协议、询价单及采购计划等。

采购要求包括：① 有关产品的质量要求或外包服务要求；② 有关产品提供的程序性要求，如供方提交产品的程序、供方生产或服务提供的过程要求、供方设备方面的要求；③ 对供方人员资格的要求；④ 对供方质量管理体系的要求。

4. 采购产品验证

（1）对采购产品的验证有多种方式，如在供方现场检验、进货检验，及查验供方提供的合格证据等。组织应根据不同产品或服务的验证要求规定验证的主管部门及验证方式，并严格执行。

施工单位应制定合理的材料采购供应计划，在广泛掌握市场材料信息的基础上，优选材料的生产单位或者销售总代理单位（以下简称"材料供货商"），建立严格的合格供应方资格审查制度，确保采购订货的质量。

1）材料供货商对下列材料必须提供生产许可证：钢筋混凝土用热轧带肋钢筋、冷轧带肋钢筋、预应力混凝土用钢材（钢丝、钢棒和钢绞线）、建筑防水卷材、水泥、建筑外窗、建筑幕墙、建筑钢管脚手架扣件、人造板、铜及铜合金管材、混凝土输水管、电力电缆等材料产品。

2）材料供货商对下列材料必须提供建筑备案证明：水泥、商品混凝土、商品砂浆、混凝土掺合料、混凝土外加剂、烧结砖、砌块、建筑用砂、建筑用石、排水管、给水管、电工套管、防水涂料、建筑门窗、建筑涂料、饰面石材、木制板材、沥青混凝土、三渣混合料等材料产品。

3）材料供货商要对外墙外保温、外墙内保温材料实施建筑节能材料备案登记。

4）材料供货商要对下列产品实施强制性产品认证（简称 CCC，或 3C 认证）：建筑安全玻璃（包括钢化玻璃、夹层玻璃、安全中空玻璃）、瓷质砖、混凝土防冻剂、溶剂型木器涂料、电线电缆、断路器、漏电保护器、低压成套开关设备等产品。

5）除上述材料或产品外，材料供货商对其他材料或产品必须提供出厂合格证或质量证明书。

（2）当组织或其顾客拟在供方现场实施验证时，组织应在采购要求中事先作出规定。

6.3.3.2　进场检验关

施工单位必须进行下列材料的抽样检验或试验，合格后才能使用。

1. 水泥物理力学性能检验

同一生产厂、同一等级、同一品种、同一批号且连续进场的水泥，袋装不超过 200t 为一检验批，散装不超过 500t 为一检验批，每批抽样不少于一次。取样应在同一批水泥的不同部位等量采集，取样点不少于 20 个，并应具有代表性，且总重量不少于 12kg。

2. 钢筋（含焊接与机械连接）力学性能检验

同一牌号、同一炉罐号、同一规格、同一等级、同一交货状态的钢筋，每批不大于 60t。从每批钢筋中抽取 5% 进行外观检查。力学性能试验从每批钢筋中任选两根钢筋，每根取两个试样分别进行拉伸试验（包括屈服点、抗拉强度和伸长率）和冷弯试验。

钢筋闪光对焊、电弧焊、电渣压力焊、钢筋气压焊，在同一台班内，由同一焊工完成的 300 个同级别、同直径钢筋焊接接头应作为一批；封闭环式箍筋闪光对焊接头，以 600 个同牌号、同规格的接头作为一批，只做拉伸试验。

3. 砂、石常规检验

购货单位应按同产地同规格分批验收。用火车、货船或汽车运输的，以 400m³ 或 600t 为一验收批。

4. 混凝土、砂浆强度检验

每拌制 100 盘且不超过 100m³ 的混凝土配合比的混凝土取样不得少于一次。当一次连续浇筑超过 1000m³ 时，混凝土配合比的混凝土每 200m³ 取样不得少于一次。

同条件养护试件的留置组数，应根据实际需要确定。同一强度等级的同条件养护试件，其留置数量应根据混凝土工程量和重要性确定，为 3～10 组。

5. 混凝土外加剂检验

混凝土外加剂是由混凝土生产厂根据产量和生产设备条件，将产品分批编号，掺量大于 1%（含 1%）同产品的外加剂每一编号为 100t，掺量小于 1% 的外加剂每一编号为 50t，同一编号的产品必须是混合均匀的。其检验费由生产厂自行负责。建设单位只负责施工单位自拌的混凝土外加剂的检测费用，但现场不允许自拌大量的混凝土。

6. 沥青、沥青混合料检验

沥青卷材和沥青：同一品种、牌号、规格的卷材，抽验数量为 1000 卷抽取 5 卷；500～1000 卷抽取 4 卷；100～499 卷抽取 3 卷；小于 100 卷抽取 2 卷。同一批出厂，同一规格标号的沥青以 20t 为一个取样单位。

7. 防水涂料检验

同一规格、品种、牌号的防水材料，每 10t 为一批，不足 10t 者按一批进行抽检。

6.3.3.3 存储和使用管理

施工单位必须加强材料进场后的存储和使用管理，避免材料变质（如水泥的受潮结块、钢筋的锈蚀等）和使用规格、性能不符合要求的材料造成工程质量事故。例如，混凝土工程中使用的水泥，因保管不善，放置时间过久，受潮结块就会失效。使用不合格或失效的劣质水泥，导致现浇混凝土楼板拆模后出现了严重的裂缝，随即对混凝土强度检验，结果其结构强度达不到设计要求，造成返工。在混凝土工程中，由于水泥品种的选择不当或外加剂的质量低劣及用量不准同样会引起质量事故。如某学校的教学综合楼工程，在冬期进行基础混凝土施工时，采用火山灰质硅酸盐水泥配制混凝土，因工期要求较紧又使用了未经复试的不合格早强防冻剂，结果导致混凝土结构的强度不能满足设计要求，不得不返工重做。

因此，施工单位既要做好对材料的合理调度，避免现场材料的大量积压，又要做好对材料的合理堆放，并正确使用材料，在使用材料时进行及时的检查和监督。

6.3.4 施工机械设备的质量控制

施工机械设备的质量控制，就是要使施工机械设备的类型、性能、参数等与施工现场的实际条件、施工工艺、技术要求等因素相匹配，符合施工生产的实际要求。其质量控制主要从机械设备的选型、主要性能参数指标的确定和计量器具的管理等方面进行。

6.3.4.1 机械设备的选型

机械设备的选择，应按照技术上先进、生产上适用、经济上合理、使用上安全、操作上方便的原则进行。选配的施工机械应具有工程的适用性，具有保证工程质量的可靠性，以及使用操作的方便性和安全性。

6.3.4.2 主要性能参数指标的确定

主要性能参数是选择机械设备的依据，其参数指标的确定必须满足施工的需要和保证质量的要求。只有正确地确定主要的性能参数，才能保证正常的施工，不致于引起安全质量事故。

6.3.4.3 计量器具的管理

（1）公司质检部负责所有计量器具的标定、使用及管理工作。

（2）现场计量管理器具必须确定专人保管、专人使用，他人不得随意动用，以免造成人为的损坏。

（3）损坏的计量管理器具必须及时申报修理调换，不得带病工作。

（4）计量器具要定期进行校对、标定，严禁使用未经标定过的量具。

6.4 施工阶段的质量管理

6.4.1 施工阶段质量控制概述

6.4.1.1 施工阶段质量控制的原则

1. 质量第一，顾客至上

园林绿化工程产品是种特殊的公共产品，使用年限长，直接关系到人民生命财产的安全，必须把质量放到首要位置。顾客是每个施工企业存在的基础，企业应理解顾客当前和未来的需求，满足顾客要求并争取超越顾客期望。

2. 以人为核心

人是质量的创造者，必须把人作为管理的动力，调动人的积极性、创造性；增强人的责任感，提高人的素质，避免人的失误；以人的工作质量保证工序质量，促进工程质量提升。

3. 以预防为主

要从对工程质量的事后检查把关，转向对工程质量的事前控制、事中控制；从对产品的质量检查，转向对工作质量的检查、对工序质量的检查、对中间产品的质量检查。

4. 坚持质量标准，严格检查，一切用数据说话

质量标准是评价产品质量的尺度，数据是质量控制的基础和依据。产品的质量是否符合质量标准，必须通过严格检查，用数据说话。

5. 贯彻科学、公正、守法的职业规范

在处理问题过程中，应尊重客观事实，尊重科学，正直、公正，不持偏见；遵纪、守法，杜绝不正之风；既要坚持原则、严格要求、秉公办事，又要谦虚谨慎、实事求是。

6.4.1.2 施工阶段质量控制的依据

根据适用的范围及性质，施工阶段质量控制的依据大体上可以分为共同性的依据和专门技术法规性依据两类。

1. 质量管理与控制的共同性依据

共同性依据主要是指那些适用于工程项目施工阶段，与质量控制有关的、通用的、具有普遍指导意义和必须遵守的基本文件。包括以下几方面：① 工程承包合同文件；② 设计文件；③ 国家及政府有关部门颁布的有关质量管理方面的法律、法规性文件。

2. 质量检验与控制的专门技术法规性依据

专门技术法规性依据一般是针对不同行业、不同的质量控制对象而制定的，主要包括以下几类：① 工程项目质量检验评定标准；② 工程原材料、半成品和构配件质量控制方面的专门技术法规性依据；③ 控制施工工序质量等方面的技术法规性依据；④ 凡采用新工艺、新技术、新材料的工程、事先应进行试验，并应有权威性的技术部门出具的技术鉴定书及有关的质量数据、指标，在此基础上制定有关的质量标准和施工工艺规程，以此作为判断与控制质量的依据。

6.4.1.3 施工阶段质量控制的方法

施工阶段质量控制的方法主要是审核有关技术文件、报告或报表和直接进行现场质量检查。

1. 审核有关技术文件、报告或报表

对有关技术文件、报告或报表的审核，是项目负责人全面控制工程质量的重要手段，具体内容包括：① 审核有关技术资质证明文件；② 审核开工报告；③ 审核施工方案、施工组织设计和技术措施；④ 审核有关材料的质量检验报告；⑤ 审核反映工序质量动态的统计资料或控制图表；⑥ 审核设计变更、修改设计图纸；⑦ 审核工序交接检查、隐蔽工程检查、分部分项工程质量检查报告；⑧ 审核有关质量缺陷或质量问题的处理报告；⑨ 审核有关新工艺、新技术、新材料等的技术鉴定书；⑩ 审核并签署现场有关质量技术签证、文件等。

2. 现场质量检查

（1）目测法；

（2）实测法。

6.4.2 影响工程质量因素的控制

在园林绿化建设工程中，影响工程质量的因素主要有人（Man）、材料（Material）、机械（Machine）、方法（Method）和环境（Environment）五大方面，又称为"4M1E质量因素"。因此，事前对这五方面的因素严格予以控制，是保证建设项目工程质量的关键。

6.4.2.1 人的因素

人，是指直接参与工程建设的决策者、组织者、指挥者和操作者。人员的素质，即人的文化水平、技术水平、决策能力、管理能力、组织能力、作业能力、控制能力、身体素质及职业道德等，都将直接和间接地对工程质量产生不同程度的影响，所以人员素质是影响工程质量的一个重要因素。人，作为控制的对象，避免产生失误；作为控制的动力，充分调动人的积极性，发挥人的主导作用。

为了避免人的失误，调动人的主观能动性，增强人的责任感和质量观念，达到以工作质量保工序质量、促工程质量的目的，除了加强思想教育、劳动纪律教育、职业道德教育、专业技术知识培训，以及健全岗位责任制、改善劳动条件、公平合理的激励外，还需根据工程项目的特点，从确保质量出发，本着适才适用、扬长避短的原则来控制人的使用。应从以下几方面来考虑人对质量的影响。

1. 领导者的素质

领导层整体的素质好，必然决策能力强，组织机构健全，管理制度完善，经营作风正派，技术措施得力，社会信誉高，实践经验丰富，善于协作配合；如此，就有利于合同执行，有利于确保质量、投资、进度、安全四大目标的控制。事实证明，领导层的整体素质，是提高工作质量和工程质量的关键。

2. 人的理论、技术水平

人的理论、技术水平直接影响工程质量水平。

3. 人的违纪违章

人的违纪违章，是指人粗心大意、漫不经心、注意力不集中、不懂装懂、无知而又不虚心、不履行安全措施、安全检查不认真、随意乱扔东西、任意使用规定外的机械装置、不按规定使用防护用品、碰运气、图省事、玩忽职守、有意违章等，都必须严加教育，及时制止。

此外，应严格禁止无技术资质的人员上岗操作。总之，人的使用问题，应从思想素质、文化素质、业务素质和身体素质等方面综合考虑，全面控制。

6.4.2.2 材料质量的控制

工程材料泛指构成工程实体的各类原材料、构配件、半成品等，它是工程建设的物质条件，是工程质量的基础。

1. 材料质量控制要点

在工程施工中，工程项目负责人对材料质量的控制应做好以下工作：① 充分掌握材料信息，优选供货商；② 合理组织材料供应，确保施工正常进行；③ 合理组织材料使用，减少材料损失；④ 加强材料检查验收，严把材料质量关。

2. 材料质量控制的内容

材料质量控制的内容主要包括：① 材料的质量标准；② 材料的性能、特点；③ 材料取样、试验方法；④ 材料的适用范围和施工要求。

6.4.2.3　方法的控制

这里所指的方法控制，包含工程项目整个建设周期内所采取的技术方案、工艺流程、组织措施、检测手段、施工组织设计等的控制。

施工方案正确与否，是直接影响工程项目的进度控制、质量控制、投资控制三大目标能否顺利实现的关键。往往由于施工方案考虑不周而拖延进度，影响质量，增加投资。为此，必须结合工程实际，从技术、组织、管理、工艺、操作、经济等方面进行全面分析、综合考虑，力求方案技术可行、经济合理、工艺先进、措施得力、操作方便，有利于提高质量、加快进度、降低成本。

6.4.2.4　施工机械设备选用的质量控制

施工机械设备是实现施工机械化的重要物质基础，是现代化工程建设中必不可少的设施，对工程项目的施工进度和质量均有直接影响。为此，在项目施工阶段，项目负责人必须综合考虑园林绿化工程的特点、施工现场条件、机械设备性能、施工工艺和方法、施工组织与管理等各种因素制定机械设备使用方案。

1. 机械设备的选型

机械设备的选型，应本着因地制宜、因工程制宜、技术上先进、经济上合理、生产上适用、性能上可靠、使用上安全、操作上方便和维修方便等原则，使其具有工程的适用性，具有保证工程质量的可靠性，具有使用操作的方便性和安全性。如从适用性出发，正铲挖土机只适用于挖掘停机面以上的土层；反铲挖土机则适用于挖掘停机面以下的土层；而抓铲挖土机则最适宜于水中挖土。

2. 机械设备的主要性能参数

机械设备的主要性能参数是选择机械设备的依据，要能满足施工需要和保证质量的要求。如起重机械的性能参数，必须满足结构吊装中的起重量、起重高度和起重半径的要求，才能保证正常施工，不致引起安全质量事故。

3. 机械设备的使用、操作要求

合理使用机械设备，正确进行操作，是保证项目施工质量的重要环节，应贯彻"人机固定"原则，实行定机、定人、定岗位责任的"三定"制度。操作人员必须认真执行各项规章制度，严格遵守操作规程，防止出现安全质量事故。例如，起重机械应保证安全装置（行程、高度、变幅、超负荷限位装置、其他保险装置等）齐全可靠；并要经常检查、保养、维修，使其运转灵活；操作时，机械不准带"病"工作，不准超载运行，不准负荷行驶，不准猛旋转、开快车，不准斜牵重物等。如吊装大树，应事先进行吊装验算，合理地选择吊点，正确绑扎，使大树在吊装过程中保持平衡，不致因吊装受力过大而使大树遭到损害。

6.4.2.5　环境因素的控制

影响工程项目质量的环境因素较多，包括：工程技术环境，如工程地质、水文、气象等；工程管理环境，如质量保证体系、质量管理制度等；工程作业环境，如劳动工具、防护设施、作业面等；周边环境，如工程邻近的地下管线、建（构）筑物等。

环境因素对工程质量的影响具有复杂多变的特点，如气象条件变化万千，温度、湿度、大气、暴雨、酷暑、严寒都直接影响工程质量，往往前一工序就是后一工序的环境。因此，根据工程特点和具体条件，应对影响质量的环境因素，采取有效的措施严加控制。

要不断改善施工现场的环境和作业环境；加强对自然环境和文物的保护；尽可能减少

施工对环境的污染；健全施工现场管理制度，合理布置，使施工现场秩序化、标准化、规范化，实现文明施工。

6.4.3 施工阶段质量控制任务和内容

6.4.3.1 施工前准备阶段的质量控制

项目负责人在此阶段的控制重点是做好施工准备工作。施工准备工作的内容包括：

1. 技术准备

包括：熟悉和审查施工图纸；项目建设地点的自然条件、技术经济条件调查分析；编制施工组织设计；拟订有关试验计划；制定工程创优计划等。

2. 物质准备

包括材料准备、构配件、施工机具准备等。

3. 组织准备

包括建立项目组织机构，建立以项目经理为核心，以技术负责人为主，由专职质量检查员、工长、施工队班组长组成的质量管理控制网络，对施工现场的质量职能进行合理分配，健全和落实各项管理制度，形成分工明确、责任清楚的执行机制；集结施工队伍；对施工队伍进行入场教育等。

4. 施工现场准备

包括控制网、水准点、标桩的测量；生产、生活临时施工设施的搭建；组织机具、材料进场；制定施工现场管理制度等。

6.4.3.2 施工过程中的质量控制

1. 建立质量控制自检系统，全面控制施工过程

重点是以工序质量控制为核心，设置质量控制点，进行预控，严格质量检查和加强成品保护。具体措施是工序交接有检查，质量预控有对策，施工项目有方案，技术措施有交底，图纸会审有记录，隐蔽工程有验收，设计变更有手续，质量处理有复查，成品保护有措施，质量文件有档案。

2. 强化质量验收，及时进行质量纠偏

要将影响工程质量的因素自始至终都纳入质量管理范围，强化材料、工序的自检验收，发现质量异常情况要及时采取有效措施进行质量纠偏。

6.4.3.3 施工过程所形成产品的质量控制

对完成施工过程所形成的产品的质量控制，是围绕工程验收和工程质量评定为中心进行的。具体包括检验批验收、分项工程验收、分部工程验收、项目竣工验收等不同层次的验收。

各层次的质量验收根据相关规定由相应的单位和人员执行。工程质量的验收均应在施工单位自行检查评定的基础上进行，参加工程施工质量验收的各方人员应具备规定的资格。隐蔽工程在隐蔽前应由施工单位通知有关单位进行验收，并应形成验收文件。涉及结构安全的试块、试件以及有关材料，应按规定进行见证取样检测。工程的观感质量应由验收人员通过现场检查，并应共同确认。

6.4.4 施工工序质量的控制

工程实体的质量是在施工过程中形成的，而不是最后检验出来的。由于施工过程是由一系列相互联系与制约的工序所构成，工序是人、材料、机械设备、施工方法和环境等因素对工程质量综合起作用的过程。因此，施工过程中的质量控制是施工阶段质量控制的重点，而施工过程中的质量控制必须以工序质量控制为基础和核心。

6.4.4.1 工序质量控制的内容

工序质量控制的内容主要包括对工序条件的控制和对工序活动效果的控制两个方面。

1. 对工序条件的控制

对工序条件的控制就是指对于影响工序生产质量的各因素进行控制，换言之，就是要使工序活动能在良好的条件下进行，以确保工序产品的质量。

工序能力（Process Capability）是指工序的加工质量满足技术标准的能力。它是衡量过程加工内在一致性的标准。工序能力决定于五大质量因素——4M1E。工序能力的度量单位是质量特性值分布的标准差，用 σ 表示。通常，用 6σ 表示工序能力。工序能力指数（Process Capability Index）表示工序能力满足产品技术标准（产品规格、公差）的程度，一般记以 Cp。

2. 对工序活动效果的控制

对工序活动效果的控制主要反映在对工序产品的质量性能的特征指标的控制上，具体步骤如下：① 实测：采取必要的手段进行检验。② 分析：对检测数据进行整理，找出规律。③ 判断：根据对数据分析的结果，对照质量标准，判断该工序是否达到质量标准。④ 纠正或认可：如果质量不符合质量标准，应采取措施纠正；如果质量符合质量标准，则予以确认。

6.4.4.2 工序质量控制的实施要点

（1）确定工序质量控制计划。

（2）进行工序分析，分清主次，重点控制。

（3）对工序活动进行动态控制。

（4）设置工序活动的质量控制点，进行预控。

在施工生产现场中，对需要重点控制的质量特性、工程关键部位或质量薄弱环节，在一定时期内和一定条件下强化管理，使工序处于良好的控制状态，这称为"质量控制点"。

建立质量控制点的作用，在于强化工序质量管理控制，防止和减少质量问题的发生。

6.5 园林绿化工程竣工验收与备案

工程竣工验收是园林绿化工程建设过程中最后一个关键环节，是全面考核工程建设成果，检查设计、施工、监理各方的工作质量和工程实体质量，确认工程能否交付业主投入使用的重要步骤。

目前，我国房屋建筑和市政基础设施工程实行的是竣工验收备案制度。

6.5.1 竣工验收

6.5.1.1 园林绿化工程竣工验收的必备条件

园林绿化工程应具备下列条件和文件方可进行竣工验收：

（1）完成工程设计和合同约定的各项内容；

（2）《工程竣工验收申请表》；

（3）《工程质量评估报告》；

（4）勘察、设计文件质量检查报告；

（5）完整的技术档案和施工管理资料；

（6）建设单位已按合同约定支付工程款；

（7）施工单位签署的《工程质量保修书》；

（8）规划部门出具的规划验收合格证；

（9）公安消防、环保部门分别出具的认可文件或者准许使用文件；

（10）建设行政主管部门、行业行政主管部门及其委托的工程质量监督机构等有关部门责令整改的问题全部整改完毕。

6.5.1.2 竣工验收的组织

（1）工程竣工验收工作由建设单位负责组织实施。

（2）由建设单位组织勘察、设计、施工、监理等有关单位人员和其他有关方面的专家组成验收组，负责验收工作。

（3）列入城建档案馆接收范围的工程，其竣工验收应当有城建档案馆参加。

6.5.1.3 竣工验收前的准备工作

（1）工程竣工后，施工单位应按照国家现行的有关验收规范、评定标准，全面检查所承建工程的质量，自评工程质量等级，填写《工程竣工验收申请表》，经该工程项目负责人、施工单位法定代表人和技术负责人签字并加盖单位公章后，提交监理单位核查，监理单位在5个工作日内审核完毕，经总监理工程师签署意见后，报送建设单位。

（2）监理单位应具备完整的监理资料，并对监理的工程质量进行评估，提出《工程质量评估报告》，经总监理工程师和法人代表审核签名并加盖公章后，提交各建设单位。

（3）勘察、设计单位对勘察、设计文件及施工过程中由设计单位签署的设计变更通知书进行检查，并向建设单位提出质量检查报告。质量检查报告应经该项目勘察、设计单位负责人审核签名并加盖公章，提交各建设单位。

（4）建设单位在组织工程竣工验收前必须按国家有关规定，提请规划、公安消防、环保等部门进行专项验收，取得合格文件或准许使用文件。

（5）工程验收组制定验收方案，并在计划竣工验收15个工作日前将验收组成员名单、验收方案连同工程技术资料和《工程竣工验收条件审核表》提交质监机构检查，质监机构应在7个工作日内审查完毕。对不符合验收条件的，发出整改通知书，待整改完毕后，再行验收；对符合验收条件的，可按原计划如期进行验收。

6.5.1.4 竣工验收的依据

园林绿化工程竣工验收的依据包括以下几个方面：

（1）建设方面的法律、行政法规、地方法规、部门规章；

（2）工程所在地建设行政主管部门、行业行政主管部门发布的规范性文件；

（3）园林绿化工程质量标准、技术规范；

（4）政府有关职能部门对该工程的批准文件；

（5）经审查批准的工程设计（含设计变更）、概（预）算文件；

（6）工程合同。

6.5.1.5 竣工验收的程序

（1）建设、勘察、设计、施工、监理单位分别向验收组汇报工程合同履约情况和在工程建设各个环节执行法律、法规和工程建设强制性标准情况。

（2）验收组审阅建设、勘察、设计、施工、监理单位的工程档案资料。

（3）实地查验工程质量。

（4）对工程勘察、设计、施工、监理质量做出全面评价，形成经验收组成员签署的工程竣工验收意见，由建设单位提出《工程竣工验收报告》。参与工程竣工验收的建设、勘察、设计、施工、监理等各方不能达成一致意见时，应当协商提出解决的办法，待意见一致后，重新组织工程竣工验收。

（5）列入城建档案馆接收范围的工程，建设单位应当在工程竣工验收备案后6个月内，向城建档案馆报送一套符合规定的工程建设档案。

6.5.1.6　竣工验收报告的内容

竣工验收报告的内容主要包括：工程概况，建设单位执行基本建设程序情况，对工程勘察、设计、施工、监理等方面的评价，工程竣工验收时间、程序、内容和组织形式，工程竣工验收意见等内容。

6.5.1.7　竣工验收的监督管理

（1）国务院建设行政主管部门负责全国工程竣工验收的监督管理工作。

（2）县级以上地方人民政府建设行政主管部门负责本行政区域内工程竣工验收的监督管理工作。

（3）县级以上地方人民政府建设行政主管部门应当委托工程质量监督机构对工程竣工验收实施监督。工程质量监督机构对工程竣工验收的有关资料、组织形式、验收程序、执行验收标准等情况实施现场监督。发现工程竣工验收有违反国家法律、法规和强制性技术标准的行为或工程存在影响结构安全和严重影响使用功能的隐患的，责令整改，并将对工程竣工验收的监督情况作为工程质量监督报告的主要内容。工程质量监督机构应当在工程竣工验收之日起5个工作日内，向备案机关提交《工程质量监督报告》。

6.5.2　竣工验收备案

6.5.2.1　竣工验收备案的概念

竣工验收备案是指工程竣工验收后，建设单位向工程所在地的县级以上地方人民政府建设行政主管部门（以下称"备案机关"）报送国家规定的有关文件，接受监督检查并取得备案机关收讫确认。

竣工验收备案是一种程序性的备案检查制度，是对建设工程参与各方质量行为进行规范化、制度化约束的强制性控制手段，竣工验收备案不免除参建各方的质量责任。

建设单位应当自工程竣工验收之日起15个工作日内，向备案机关办理备案手续。

6.5.2.2　竣工验收备案文件

建设单位向备案机关提交的备案文件包括以下内容：

（1）工程竣工验收备案表；

（2）竣工验收报告；

（3）施工许可证；

（4）施工图设计文件审查意见；

（5）工程竣工验收申请表；

（6）工程质量评估报告；

（7）勘察、设计质量检查报告；

（8）规划部门出具的规划验收合格证；

（9）公安消防、环保部门分别出具的认可文件或者准许使用文件；

（10）施工单位签署的工程质量保修书；

（11）验收组成员签署的工程竣工验收意见书；

（12）法规、规章规定的其他有关文件。

6.5.2.3 竣工验收备案程序

（1）建设单位向备案机关领取《工程竣工验收备案表》。

（2）建设单位持有由建设、勘察、设计、施工、监理单位负责人，以及项目负责人签名并加盖单位公章的《工程竣工验收备案表》一式四份及其他备案文件一套向备案机关申报备案。

（3）备案机关在收齐、验证备案文件后，根据《工程质量监督报告》及检查情况，15个工作日内在《工程竣工验收备案表》上签署备案意见。《工程竣工验收备案表》由建设单位、城建档案部门、质量监督机构和备案机关各存一份。

6.5.2.4 竣工验收备案相关处罚规定

根据《房屋建筑工程和市政基础设施工程竣工验收备案管理暂行办法》（建设部第78号令）的规定，对竣工验收备案存在问题，有如下处罚规定：

（1）建设单位在工程竣工验收之日起15个工作日内未办理竣工验收备案的，备案机关责令限期改正，处20万元以上30万元以下罚款。

（2）建设单位将备案机关决定重新组织竣工验收的工程，在重新组织竣工验收前，擅自使用的，备案机关责令停止使用，处工程合同价款2%以上4%以下罚款。

（3）建设单位采用虚假证明文件办理竣工验收备案的，竣工验收无效，备案机关责令停止使用，重新组织竣工验收，处20万元以上30万元以下罚款；构成犯罪的，依法追究刑事责任。

6.6 工程质量问题及质量事故的处理

6.6.1 工程质量事故特点与分类

由于影响工程质量的因素众多且复杂多变，难免会出现某种质量事故或不同程度的质量缺陷。因此，处理好工程的质量事故，认真分析原因，总结经验教训，改进质量管理与质量保证体系，使工程质量事故减少到最低程度，是质量管理工作的一个重要内容与任务。应当重视工程质量不良可能带来的严重后果，切实加强对质量风险的分析，及早制定对策和措施，重视对质量事故的防范和处理，避免已发事故的进一步恶化和扩大。

6.6.1.1 工程质量事故概述

1. 概念

凡工程产品质量没有满足某个规定的要求，称为"质量不合格"；而未满足与预期或规定用途有关的要求，称为"质量缺陷"。在建设工程中通常所称的工程质量缺陷，一般是指工程不符合国家或行业现行有关技术标准、设计文件及合同中对质量的要求。质量缺陷分三种情况：一是致命缺陷，根据判断或经验，对使用、维护产品与此有关的人员可能造成危害或不安全状况的缺陷，或可能损坏产品最终的基本功能的缺陷；二是严重缺陷，是指尚未达到致命缺陷程度，但显著降低工程预期性能的缺陷；三是轻微缺陷，是指不会显著降低工程产品预期性能的缺陷，或偏离标准但轻微影响产品的有效使用或操作的缺陷。

工程质量事故，是指由于建设管理、监理、勘测、设计、咨询、施工、材料、设备等原因造成工程质量不符合规程、规范和合同规定的质量标准，而引发或造成一定的经济损失、工期延误、影响使用寿命，或影响工程安全运行、危及人的生命安全和社会正常秩序的事件。

2. 工程质量事故的定性

（1）质量不合格。根据我国《质量管理体系　基础和术语》GB/T 19000—2000 的规定，凡工程产品没有满足某个规定的要求，就称之为质量不合格；而没有满足某个预期使用要求或合理期望的要求，称为质量缺陷。

（2）质量问题。凡是工程质量不合格，必须进行返修、加固或报废处理，由此造成直接经济损失低于 5000 元的称为质量问题。

（3）质量事故。凡是工程质量不合格，必须进行返修、加固或报废处理，由此造成直接经济损失在 5000 以上的称为质量事故。

3. 工程质量事故的特点

工程质量事故具有复杂性、严重性、可变性和多发性的特点：

（1）复杂性。园林绿化工程具有产品固定，生产过程中人和生产随着产品流动；露天作业多，环境、气候等自然条件复杂多变；所使用的材料品种、规格多，材料性能也不相同；多工种、多专业交叉施工，相互干扰大，手工操作多；工艺要求也不尽相同，施工方法各异，技术标准不一致等特点。因此，影响工程质量的因素繁多，造成质量事故的原因错综复杂，即使是同一类的质量事故，原因却可能多种多样、截然不同。这就增加了质量事故的原因和危害的分析难度，也增加了工程质量事故的判断和处理难度。

（2）严重性。园林绿化工程是一项特殊的产品，不像一般生活用品可以报废、降低使用等级或使用档次，工程项目如果出现质量事故，其影响较大。

（3）可变性。许多园林绿化工程的质量问题出现后，其质量状态并非稳定于发现的初始状态，而是有可能随着时间而不断地发展、变化。因此，在初始阶段并不严重的质量问题，如不能及时处理和纠正，有可能发展成严重的质量事故。

（4）多发性。园林绿化工程产品中，受手工操作和原材料多变等影响，有些质量事故在各项工程中经常发生。

6.6.1.2　工程质量事故的分类

工程质量事故的分类方法有多种，既可按造成损失严重程度划分，又可按其产生的原因划分，也可按其造成的后果或事故责任区分。国家现行对工程质量通常采用按造成损失严重程度进行分类，其基本分类如下：

1. 按事故的性质及严重程度划分

按照住房和城乡建设部《关于做好房屋建筑和市政基础设施工程质量事故报告和调查处理工作的通知》（建质〔2010〕111 号），根据工程质量事故造成的人员伤亡或者直接经济损失，工程质量事故分为 4 个等级：

（1）特别重大事故，是指造成 30 人以上死亡，或者 100 人以上重伤，或者 1 亿元以上直接经济损失的事故；

（2）重大事故，是指造成 10 人以上 30 人以下死亡，或者 50 人以上 100 人以下重伤，或者 5000 万元以上 1 亿元以下直接经济损失的事故；

（3）较大事故，是指造成 3 人以上 10 人以下死亡，或者 10 人以上 50 人以下重伤，或者 1000 万元以上 5000 万元以下直接经济损失的事故；

（4）一般事故，是指造成 3 人以下死亡，或者 10 人以下重伤，或者 100 万元以上 1000 万元以下直接经济损失的事故。

2. 按事故造成的后果区分

（1）未遂事故。发现了质量问题，经及时采取措施，未造成直接经济损失、延误工期或其他不良后果者，均属未遂事故。

（2）已遂事故。凡出现了不符合质量标准或设计要求，造成直接经济损失、工期延误或其他不良后果者，均构成已遂事故。

3. 按事故责任划分

（1）指导责任事故。由于在工程实施指导或领导失误而造成的质量事故。

（2）操作责任事故。在施工过程中，由于实施操作者不按规程或工艺实际操作，偷工减序、粗制滥造而造成的质量事故。

（3）自然灾害事故。由于突发的严重自然灾害等不可抗力造成的质量事故。

4. 按质量事故产生的原因划分

（1）技术原因引发的质量事故。在工程项目实施中由于设计、施工在技术上的失误而造成的质量事故。

（2）管理原因引发的质量事故。由于管理上的不完善或失误，违反标准、违章指挥、不按设计图施工、玩忽职守、渎职而引发的质量事故。

（3）社会、经济原因引发的质量事故。由于社会、经济因素存在的弊端和不正之风引起建设中的错误行为，而导致出现的质量事故。

5. 按工程状态分类

（1）在建工程施工质量事故。

在建工程施工质量事故是指在施工期间，因某种或几种主观责任过失、客观不可抗力等因素的分别或共同作用，而发生的致使工程质量特性不能符合规定标准并造成规定数额以上经济损失，甚至发生在建工程的整体或局部坍塌事件。其原因可能是主观的，也可能是客观的，或两者兼而有之；可能是施工本身的原因，也可能是工程勘察、设计等施工以外的其他原因；主观及客观因素可能是一种，也可能有多种。总而言之，由于是在施工过程中发生的工程建设质量事故，称之为施工质量事故。

（2）竣工工程施工质量事故。

竣工工程施工质量事故是指已经竣工的工程在使用过程中出现建筑物、构筑物明显倾斜、偏移、结构开裂、安全和使用功能存在重大隐患；或由于质量低劣需要加固补强，致使改变建筑物外形尺寸，造成永久性缺陷；严重的如工程使用过程中出现建筑物整体或局部倒塌、桥梁断裂、隧道渗水、豆腐渣道路等。这类工程质量事故，若经查明属于建设过程施工原因所造成的，也称为施工质量事故。

6.6.2 工程质量事故的报告与调查

6.6.2.1 工程质量事故的报告

（1）工程质量事故发生后，事故现场有关人员应当立即向工程建设单位负责人报告；

工程建设单位负责人接到报告后，应于1h内向事故发生地县级以上人民政府住房和城乡建设主管部门及有关部门报告。

情况紧急时，事故现场有关人员可直接向事故发生地县级以上人民政府住房和城乡建设主管部门报告。

（2）住房和城乡建设主管部门接到事故报告后，应当依照下列规定上报事故情况，并同时通知公安、监察机关等有关部门：

1）较大、重大及特别重大事故逐级上报至国务院住房和城乡建设主管部门，一般事故逐级上报至省级人民政府住房和城乡建设主管部门，必要时可以越级上报事故情况。

2）住房和城乡建设主管部门上报事故情况，应当同时报告本级人民政府；住房和城乡建设主管部门接到重大和特别重大事故的报告后，应当立即报告国务院。

3）住房和城乡建设主管部门逐级上报事故情况时，每级上报时间不得超过2h。

4）事故报告应包括下列内容：① 事故发生的时间、地点、工程项目名称、工程各参建单位名称；② 事故发生的简要经过、伤亡人数（包括下落不明的人数）和初步估计的直接经济损失；③ 事故的初步原因；④ 事故发生后采取的措施及事故控制情况；⑤ 事故报告单位、联系人及联系方式；⑥ 其他应当报告的情况。

5）事故报告后出现新情况，以及事故发生之日起30d内伤亡人数发生变化的，应当及时补报。

（3）事故现场保护。

事故发生后，事故发生单位和事故发生地的建设行政主管部门，应当严格保护事故现场，采取有效措施抢救人员和财产，防止事故扩大。

因抢救人员、疏导交通等缘由，需要移动现场物件时，应当做出标志，绘制现场简图并做出书面记录，妥善保存现场重要痕迹、物证，有条件的应当拍照或录像。

6.6.2.2　工程质量事故的调查

（1）住房和城乡建设主管部门应当按照有关人民政府的授权或委托，组织或参与事故调查组对事故进行调查，并履行下列职责：

1）核实事故基本情况，包括事故发生的经过、人员伤亡情况及直接经济损失；

2）核查事故项目基本情况，包括项目履行法定建设程序情况、工程各参建单位履行职责的情况；

3）依据国家有关法律法规和工程建设标准分析事故的直接原因和间接原因，必要时组织对事故项目进行检测鉴定和专家技术论证；

4）认定事故的性质和事故责任；

5）依照国家有关法律法规提出对事故责任单位和责任人员的处理建议；

6）总结事故教训，提出防范和整改措施；

7）提交事故调查报告。

（2）事故调查报告应当包括下列内容：

1）事故项目及各参建单位概况；

2）事故发生经过和事故救援情况；

3）事故造成的人员伤亡和直接经济损失；

4）事故项目有关质量检测报告和技术分析报告；

5）事故发生的原因和事故性质；

6）事故责任的认定和事故责任者的处理建议；

7）事故防范和整改措施。

事故调查报告应当附具有关证据材料，事故调查组成员应当在事故调查报告上签字。

（3）处理依据：

1）质量事故的实况资料；

2）有关合同及合同文件；

3）有关技术文件和档案；

4）相关的法规。

（4）处理程序：

1）事故调查；

2）事故原因分析；

3）制定事故处理方案；

4）事故处理；

5）事故处理的鉴定验收。

（5）处理方法：

1）修补方法；

2）加固处理；

3）返工处理；

4）限制使用；

5）不作处理：① 不影响结构安全、生产工艺和使用要求的；② 后道工序可以弥补的质量缺陷；③ 法定检测机构鉴定合格的；④ 出现质量缺陷，经检测鉴定达不到设计要求，但经原设计单位核算，仍能满足结构安全和使用功能的；

6）报废处理。

（6）常见质量事故的原因：

1）管理不善；

2）地质勘察失误；

3）设计失误；

4）违反基本建设程序；

5）建筑材料、制品质量低劣；

6）施工质量差、不达标；

7）使用、改建不当；

8）灾害性事故。

6.6.2.3　工程质量事故处理的依据和程序

1. 建筑工程质量事故处理的依据

处理工程质量事故，必须分析原因，作出正确的处理决策，这就要以充分的、准确的有关资料作为决策基础和依据，进行工程质量事故处理的主要依据有以下几个方面：

（1）事故调查分析报告，一般包括以下内容：① 质量事故的情况；② 事故性质；③ 事故原因；④ 事故评估；⑤ 设计、施工以及使用单位对事故的意见和要求；⑥ 事故涉及人员与主要责任者的情况等。

（2）具有法律效力的，得到有关当事各方认可的工程承包合同、设计委托合同、材料或设备购销合同以及监理合同或分包合同等合同文件。

（3）有关的技术文件和档案。

（4）相关的法律法规。

（5）类似工程质量事故处理的资料和经验。

2. 工程质量事故处理的程序

事故调查—事故原因分析—事故调查报告—结构可靠性鉴定—确定处理方案—事故处理设计—事故处理施工—工程验收和处理效果检验。

（1）事故调查。

1）初步调查：工程情况、事故情况、图纸资料、施工资料等。

2）详细调查：设计情况、地基及基础情况、结构实际情况、荷载情况、建筑物变形观测；裂缝观测等。

3）补充调查：对有怀疑的地基进行补充勘测、测定所用材料的实际性能、建筑物内部缺陷的检查、较长时期的观测等。

（2）事故原因分析。在事故调查的基础上，分清事故的性质、类别及其危害程度，为事故处理提供必要的依据。

1）确定事故原点：事故原点的状况往往反映出事故的直接原因；

2）正确区别同类型事故的不同原因：根据调查的情况，对事故进行认真、全面的分析，找出事故的根本原因；

3）注意事故原因的综合性：要全面估计各种因素对事故的影响，以便采取综合治理措施。

（3）事故调查报告。主要包括：工程概况、事故概况、事故是否已作过处理、事故调查中的实测数据和各种试验数据、事故原因分析、结构可靠性鉴定结论、事故处理的建议等。

（4）结构可靠性鉴定。根据事故调查取得的资料，对结构的安全性、适用性和耐久性进行科学评定，为事故的处理决策确定方向。可靠性鉴定一般由专门从事建筑物鉴定的机构作出。

（5）确定处理方案。根据事故调查报告、实地勘察结果和事故性质，以及用户的要求确定优化方案。

（6）事故处理设计。注意事项：① 按照有关设计规范的规定进行；② 考虑施工的可行性；③ 重视结构环境的不良影响，防止事故再次发生。

（7）事故处理施工。施工应严格按照设计要求和有关的标准、规范的规定进行，并应注意以下事项：把好材料质量关；复查事故实际状况；做好施工组织设计；加强施工检查；确保施工安全。

（8）工程验收和处理效果检验。事故处理工作完成后，应根据规范规定和设计要求进行检查验收。

6.6.2.4　工程事故处理的任务与特点

1. 事故处理的主要任务

（1）创造正常施工条件；

（2）确保建筑物安全；

（3）满足使用要求；

（4）保证建筑物具有一定的耐久性；

（5）防止事故恶化，减小损失；

（6）有利于工程交工验收。

2. 质量事故处理的特点

（1）复杂性：相同形态的事故，产生的原因、性质及危害程度会截然不同；

（2）危险性：随时可能诱发倒塌；

（3）连锁性：结构构件之间的相互牵连；

（4）选择性：处理方法和处理时间可有多种选择；

（5）技术难度大；

（6）高度的责任性：涉及单位之间关系和人员处理。

6.6.2.5　事故处理的原则与要求

1. 事故处理必须具备的条件

（1）事故情况清楚；

（2）事故性质明确：结构性的还是一般性的问题；表面性的还是实质性的问题；事故处理的迫切程度；

（3）事故原因分析准确、全面；

（4）事故评价基本一致：各单位的评价应基本达成一致的认识；

（5）处理目的和要求明确：恢复外观、防渗堵漏、封闭保护、复位纠偏、减少荷载、结构补强、拆除重建等；

（6）事故处理所需资料齐全。

2. 事故处理的注意事项

（1）综合治理：注意处理方法的综合应用，以便取得最佳效果；

（2）消除事故根源；

（3）注意事故处理期的安全：随时可能发生倒塌，要有可靠支护；对需要拆除结构，应制定安全措施；在不卸载进行结构加固时，要注意加固方法的影响；

（4）加强事故处理的检查验收：从准备阶段开始，对各施工环节进行严格的质量检查验收。

6.6.3　园林绿化工程质量监督与管理

6.6.3.1　概念

工程质量监督与管理是指为保证和提高工程质量，运用一整套质量管理体系、手段和方法所进行的系统管理活动。

根据国务院《建设工程质量管理条例》和住房和城乡建设部《关于建设工程质量监督机构深化改革的指导意见》（建建〔2000〕151号），各地区建筑工程质量监督站园林绿化工程分站应建立和遵循严格的工程质量监督程序，以加大园林建设工程质量监督力度，保证建设工程质量。

6.6.3.2　质量监督准备工作

1. 确定工程质量监督工程师

工程项目质量监督实行质量监督工程师负责制。站长根据工程情况，确定以质量监督工程师为工程项目监督负责人的质量监督小组，具体承担工程监督任务。质量监督工程师对监督的工程质量承担监督工作责任。

2. 制定质量监督计划书

项目质监工程师对负责监督的工程项目，依据建设项目各方责任主体、设计图纸及有关文件、工程特点、规模和技术复杂程度等，自收到资料 7 个工作日内，编制完成工程质量监督计划书，并送达建设各方责任主体。

监督计划书根据有关法律、法规和工程建设强制性标准，针对工程特点，明确监督的具体内容、监督方式等。对重点分部分项及重要部位、关键工序制订监督计划，将必须监督的重要部位和环节，及时通知建设项目各方责任主体。

3. 现场质量监督技术交底

工程开工前，建设单位应协调各责任主体，会同质量监督站项目质监工程师组织首次现场质量监督交底会。项目质监工程师对工程概况、质量监督程序、质量监督方式及内容、质量监督要求、质量监督措施、重要工序的监督计划及质监人员配备等方面的质监工作进行介绍和通知。

6.6.3.3　各方主体质量行为监督

为规范园林建设工程质量责任主体和有关机构从事工程建设活动的行为，强化政府对其履行质量责任的监督管理，做以下规定：

1. 对建设单位质量行为的监督

（1）工程项目报建审批手续齐全。

（2）基本建设程序及有关要求：① 按规定进行施工图审查；② 按规定委托监理单位；③ 建设单位自行管理工程的，应建立工程项目管理机构，配备相应的专业技术人员。

（3）无明示或者暗示勘察、设计单位，及监理单位、施工单位违反强制性标准，降低工程质量和迫使承包方任意压缩合理工期等行为。

（4）按合同规定由建设单位采购的种植土、植物材料及建材产品等必须符合质量要求。

2. 对勘察、设计单位质量行为的监督

（1）依法承揽的工程勘察、设计任务与本单位资质相符；

（2）主要项目负责人执业资格证书与承担任务相符；

（3）图纸及设计变更，勘察、设计人员签字图章手续齐全；

（4）设计单位无指定植物材料及建材产品生产单位或供应商的行为。

3. 对监理单位质量行为的监督

（1）监理的工程项目有监理委托手续及合同，监理人员资格证书与承担任务相符；

（2）工程项目的监理机构专业人员配套，责任制落实；

（3）现场监理采取旁站、巡视和平行检验等形式；

（4）制定监理规划，并按照监理规划进行监理；

（5）按照国家强制性标准或操作工艺，对分项工程或工序及时进行验收签证；

（6）对现场发现使用不合格种植土、植物材料及建材产品等现象和发生的质量事故，及时督促、配合责任单位调查处理。

4. 对施工单位质量行为的监督

（1）所承担的任务与其资质相符，项目经理与中标书中相一致，有施工承包手续及合同。

（2）项目经理、技术负责人、质监员等专业技术管理人员配套，并具有相应资格及上岗证书。

（3）有经过批准的施工组织设计或施工方案，并能贯彻执行：① 组织施工技术交底及参加图纸变更洽商；② 建立施工单位内部自检、互检、交接检制度；③ 种植土、植物材料及建材产品等按规定进行现场检验，未经检验或检验不合格时，不得进入下一道工序；④ 做好分项工程、隐蔽工程项目检查评定记录，记录要及时、真实；⑤ 整理工程质量保证资料要及时、真实、完整。

（4）按有关规定进行各种检测，对工程施工中出现的质量事故按有关文件要求及时、如实上报并认真处理。

（5）无违法分包、转包工程项目的行为。

6.6.3.4　工程实体质量监督

实体质量监督以不定期抽查与定期核验相结合的方式，辅以科学的检测手段。

1. 绿化种植工程质量监督

（1）栽植土分项工程。

废土清运、种植穴（槽）开挖、种植土回填三道工序完毕，根据"栽植土分项工程质量检验评定标准"的规定，施工单位自验，监理单位复验后，进行此分项工程质量检验。此分项工程验收不合格，不得进入下道施工工序。

（2）植物材料分项工程。

植物材料进场栽植前，根据"植物材料分项工程质量检验评定标准"的规定，施工单位自验，建设单位（监理单位）复验后，进行此分项工程质量检验。此分项工程验收不合格，不得进入下道施工工序。

（3）树木栽植分项工程。

树木栽植完毕，根据"树木栽植分项工程质量检验评定标准"的规定，施工单位自验，建设单位（监理单位）复验后，进行此分项工程质量检验。

（4）草坪、花卉、地被栽植分项工程。

草坪、花坛、地被栽植完毕且郁闭成坪，根据"草坪、花卉、地被栽植分项工程质量检验评定标准"的规定，施工单位自验，建设单位（监理单位）复验后，进行此分项工程质量检验。

2. 园林建筑、小品、假山、水景、园路等工程质量监督

地基与基础、主体结构、地面与楼面、门窗、装饰、屋面、水电等各个分部工程按砌砖、钢筋、混凝土等不同分项施工完毕，根据"建筑安装工程标准"的规定，施工单位自验、建设单位（监理单位）复验后，进行工程质量检验。

3. 工程竣工验收管理

（1）工程竣工验收条件。

完成工程设计和合同约定的各项内容；施工单位在工程完成后检查并确认工程质量符合有关工程建设强制性标准，符合设计文件及合同要求，并提出经项目经理和施工单位有关负责人审核签字的工程竣工报告；对于委托监理的工程项目，监理单位提供包括工程质量评价的完整监理资料，并提出经总监理工程师和监理单位有关负责人审核签字的工程质量评价报告；有完整的技术档案和施工管理资料；有工程使用的主要植物材料（建材产品）的出圃证明（检测证明）及必要的进场试验报告；有施工单位出具的工程质量养护管理措施及保修书；建筑工程质量监督站园林绿化工程分站已完成工程竣工前检查并确认工程具备竣工验收条件，同意竣工验收。

（2）工程竣工资料审查。

审查工程竣工资料是否合法、齐全、真实、规范。工程竣工资料提报不符合规定者，不予进行工程现场竣工验收。

工程竣工验收应提报的资料包括：工程竣工验收申请报告、工程竣工报告、养护管理措施（保修书）、材料合格证（出圃证明）、进场试验报告、工程检验自评表、工程质量评定表、工程质量整改报告、建设（监理）签证及工程质量评估报告、苗木补栽计划、工程设计变更、竣工图纸等。

（3）工程现场质量验收。

按照园林工程竣工验收程序及规定，实行竣工图纸提前随机抽点，工程现场核查、实测的办法。在施工单位自验，建设单位、监理单位复验的前提下，对工程现状质量进行检验、现场观感质量评定、现场拍照等。

4. 工程质量等级评定

（1）质监科成立工程质量验收评定小组，提出工程质量评定等级意见。验收评定依据包括：工程质量保证资料及见证取样检测报告，检验批、分项、分部工程质量检验评定资料和隐蔽工程验收记录，单位工程观感质量评定结论，竣工验收抽点现场实测检验结论，单位工程安全文明施工情况记录等。

（2）质监工程师填写工程质量监督报告，质监站总工审核签字，验评小组向站长进行工程质量等级评定汇报。站长对工程质量等级予以认可、签字后，质监科制作工程质量等级证书。

5. 质量等级证书管理及备案

（1）工程通过竣工验收，工程质量达到合格或优良等级，在工程竣工验收后 7 个工作日内向工程质量监督申报登记单位颁发"园林工程质量等级验收证书"。工程质量等级证书由质监科统一编号和发放。

（2）质监工程师整理汇总质量监督技术档案资料，填写备案表，移交档案室备案。

6.6.3.5　园林绿化工程质量监督档案管理

1. 园林工程质量监督档案管理的原则

（1）园林工程质量监督档案（以下简称"质量监督档案"）是指在园林工程质量监督实施过程中形成的文字、图表和声像资料。

（2）质量监督档案管理，由站长领导，由总工程师分管，由监督人员编制建档，工程竣工验收后，移交档案室，专人管理。

（3）质量监督档案必须真实地反映监督过程中的实际情况，严禁弄虚作假，不得任意涂改、撕扯和销毁。

（4）档案员应认真做好归档检查、保管、编号、登账、借用及统计工作。

（5）归档的监督档案应建立台账及其检索目录，借阅必须有站长或总工程师签字同意，只限在档案室内查阅，并及时收回。

（6）监督档案保存期限，参照城建档案有关管理规定执行。

2. 园林工程质量监督档案的建档程序

（1）园林工程项目登记注册时，由质监受理工作人员建立该工程的初步档案，填写档案移交记录单。档案材料主要包括：登记表、中标通知书、施工合同、监理合同、施工组织设计、图纸等。

（2）质监受理室将档案及时移交质监工程师。质监工程师负责该工程开工至竣工验收全过程的档案资料整理汇总，工程竣工验收备案后，填写档案移交记录单，由总工程师审核签字，交档案室管理。

（3）档案室工作人员认真做好归档检查、编号、登记和保管工作，编制检索工具，做好借用记录。

【前沿链接】

《建设工程质量管理条例》中的罚则

第五十四条

违反本条例规定，建设单位将建设工程发包给不具有相应资质等级的勘察、设计、施工单位或者委托给不具有相应资质等级的工程监理单位的，责令改正，处50万元以上100万元以下的罚款。

第五十五条

违反本条例规定，建设单位将建设工程肢解发包的，责令改正，处工程合同价款0.5%以上1%以下的罚款；对全部或者部分使用国有资金的项目，并可以暂停项目执行或者暂停资金拨付。

第五十六条

违反本条例规定，建设单位有下列行为之一的，责令改正，处20万元以上50万元以下的罚款：

（一）迫使承包方以低于成本的价格竞标的；

（二）任意压缩合理工期的；

（三）明示或者暗示设计单位或者施工单位违反工程建设强制性标准，降低工程质量的；

（四）施工图设计文件未经审查或者审查不合格，擅自施工的；

（五）建设项目必须实行工程监理而未实行工程监理的；

（六）未按照国家规定办理工程质量监督手续的；

（七）明示或者暗示施工单位使用不合格的建筑材料、建筑构配件和设备的；

（八）未按照国家规定将竣工验收报告、有关认可文件或者准许使用文件报送备案的。

第五十七条

违反本条例规定，建设单位未取得施工许可证或者开工报告未经批准，擅自施工的，责令停止施工，限期改正，处工程合同价款1%以上2%以下的罚款。

第五十八条

违反本条例规定，建设单位有下列行为之一的，责令改正，处工程合同价款2%以上4%以下的罚款；造成损失的，依法承担赔偿责任：

（一）未组织竣工验收，擅自交付使用的；

（二）验收不合格，擅自交付使用的；

（三）对不合格的建设工程按照合格工程验收的。

第五十九条

违反本条例规定，建设工程竣工验收后，建设单位未向建设行政主管部门或者其他有关部门移交建设项目档案的，责令改正，处1万元以上10万元以下的罚款。

第六十条

违反本条例规定，勘察、设计、施工、工程监理单位超越本单位资质等级承揽工程的，责令停止违法行为，对勘察、设计单位或者工程监理单位处合同约定的勘察费、设计费或者监理酬金 1 倍以上 2 倍以下的罚款；对施工单位处工程合同价款 2% 以上 4% 以下的罚款，可以责令停业整顿，降低资质等级；情节严重的，吊销资质证书；有违法所得的，予以没收。

未取得资质证书承揽工程的，予以取缔，依照前款规定处以罚款；有违法所得的，予以没收。

以欺骗手段取得资质证书承揽工程的，吊销资质证书，依照本条第一款规定处以罚款；有违法所得的，予以没收。

第六十一条

违反本条例规定，勘察、设计、施工、工程监理单位允许其他单位或者个人以本单位名义承揽工程的，责令改正，没收违法所得，对勘察、设计单位和工程监理单位处合同约定的勘察费、设计费和监理酬金 1 倍以上 2 倍以下的罚款；对施工单位处工程合同价款 2% 以上 4% 以下的罚款；可以责令停业整顿，降低资质等级；情节严重的，吊销资质证书。

第六十二条

违反本条例规定，承包单位将承包的工程转包或者违法分包的，责令改正，没收违法所得，对勘察、设计单位处合同约定的勘察费、设计费 25% 以上 50% 以下的罚款；对施工单位处工程合同价款 0.5% 以上 1% 以下的罚款；可以责令停业整顿，降低资质等级；情节严重的，吊销资质证书。

工程监理单位转让工程监理业务的，责令改正，没收违法所得，处合同约定的监理酬金 25% 以上 50% 以下的罚款；可以责令停业整顿，降低资质等级；情节严重的，吊销资质证书。

第六十三条

违反本条例规定，有下列行为之一的，责令改正，处 10 万元以上 30 万元以下的罚款：

（一）勘察单位未按照工程建设强制性标准进行勘察的；

（二）设计单位未根据勘察成果文件进行工程设计的；

（三）设计单位指定建筑材料、建筑构配件的生产厂、供应商的；

（四）设计单位未按照工程建设强制性标准进行设计的。

有前款所列行为，造成工程质量事故的，责令停业整顿，降低资质等级；情节严重的，吊销资质证书；造成损失的，依法承担赔偿责任。

第六十四条

违反本条例规定，施工单位在施工中偷工减料的，使用不合格的建筑材料、建筑构配件和设备的，或者有不按照工程设计图纸或者施工技术标准施工的其他行为的，责令改正，处工程合同价款 2% 以上 4% 以下的罚款；造成建设工程质量不符合规定的质量标准的，负责返工、修理，并赔偿因此造成的损失；情节严重的，责令停业整顿，降低资质等级或者吊销资质证书。

第六十五条

违反本条例规定，施工单位未对建筑材料、建筑构配件、设备和商品混凝土进行检验，或者未对涉及结构安全的试块、试件以及有关材料取样检测的，责令改正，处 10 万元以上

20万元以下的罚款；情节严重的，责令停业整顿，降低资质等级或者吊销资质证书；造成损失的，依法承担赔偿责任。

第六十六条

违反本条例规定，施工单位不履行保修义务或者拖延履行保修义务的，责令改正，处10万元以上20万元以下的罚款，并对在保修期内因质量缺陷造成的损失承担赔偿责任。

第六十七条

工程监理单位有下列行为之一的，责令改正，处50万元以上100万元以下的罚款，降低资质等级或者吊销资质证书；有违法所得的，予以没收；造成损失的，承担连带赔偿责任：

（一）与建设单位或者施工单位串通，弄虚作假、降低工程质量的；

（二）将不合格的建设工程、建筑材料、建筑构配件和设备按照合格签字的。

第六十八条

违反本条例规定，工程监理单位与被监理工程的施工承包单位以及建筑材料、建筑构配件和设备供应单位有隶属关系或者其他利害关系承担该项建设工程的监理业务的，责令改正，处5万元以上10万元以下的罚款，降低资质等级或者吊销资质证书；有违法所得的，予以没收。

第六十九条

违反本条例规定，涉及建筑主体或者承重结构变动的装修工程，没有设计方案擅自施工的，责令改正，处50万元以上100万元以下的罚款；房屋建筑使用者在装修过程中擅自变动房屋建筑主体和承重结构的，责令改正，处5万元以上10万元以下的罚款。

有前款所列行为，造成损失的，依法承担赔偿责任。

第七十条

发生重大工程质量事故隐瞒不报、谎报或者拖延报告期限的，对直接负责的主管人员和其他责任人员依法给予行政处分。

第七十一条

违反本条例规定，供水、供电、供气、公安消防等部门或者单位明示或者暗示建设单位或者施工单位购买其指定的生产供应单位的建筑材料、建筑构配件和设备的，责令改正。

第七十二条

违反本条例规定，注册建筑师、注册结构工程师、监理工程师等注册执业人员因过错造成质量事故的，责令停止执业1年；造成重大质量事故的，吊销执业资格证书，5年以内不予注册；情节特别恶劣的，终身不予注册。

第七十三条

依照本条例规定，给予单位罚款处罚的，对单位直接负责的主管人员和其他直接责任人员处单位罚款数额5%以上10%以下的罚款。

第七十四条

建设单位、设计单位、施工单位、工程监理单位违反国家规定，降低工程质量标准，造成重大安全事故，构成犯罪的，对直接责任人员依法追究刑事责任。

第七十五条

本条例规定的责令停业整顿、降低资质等级和吊销资质证书的行政处罚，由颁发资质证书的机关决定；其他行政处罚，由建设行政主管部门或者其他有关部门依照法定职权决定。

依照本条例规定被吊销资质证书的，由工商行政管理部门吊销其营业执照。

第七十六条

国家机关工作人员在建设工程质量监督管理工作中玩忽职守、滥用职权、徇私舞弊，构成犯罪的，依法追究刑事责任；尚不构成犯罪的，依法给予行政处分。

第七十七条

建设、勘察、设计、施工、工程监理单位的工作人员因调动工作、退休等原因离开该单位后，被发现在该单位工作期间违反国家有关建设工程质量管理规定，造成重大工程质量事故的，仍应当依法追究法律责任。

第7章 园林绿化工程安全生产管理

7.1 施工安全生产基础知识

7.1.1 园林绿化工程施工安全管理基础知识

7.1.1.1 安全管理体系内容

1. 基本概念

（1）安全策划（Security Planning）。确定安全以及采用安全管理体系条款的目标和要求的活动。

（2）安全体系（Security System）。为实施安全管理所需的组织结构、程序、过程和资源。安全体系的内容应以满足安全目标的需要为准。

（3）安全审核（Safety Audit）。确定安全活动和有关结果是否符合计划安排，以及这些安排是否有效地实施并适合于达到预定目标的、系统的、独立的检查。

（4）事故隐患（Accident Hazard）。可能导致伤害事故发生的人的不安全行为、物的不安全状态或管理制度上的缺陷。

（5）业主（Owner）。以协议或合同形式，将其拥有的建设工程交与园林企业承建的组织，业主的含义包括其授权人，业主也是标准定义中的采购方。本体系中将"建设单位"也称为业主。

（6）项目经理部（Project Management Department）。受园林企业委托，负责实施管理合同项目的一次性组织机构。

（7）分包单位（Subcontractor）。以合同形式承担总包单位分部分项工程或劳务的单位。

（8）供应商（Supplier）。以合同或协议形式向园林企业提供安全防护用品、设施或工程材料设备的单位。

（9）标识（Sign）。采用文字、印鉴、颜色、标签及计算机处理等形式表明某种特征的记号。

2. 安全管理体系原则

（1）安全生产管理体系应符合园林企业施工生产管理现状及特点，使之符合安全生产法规的要求。

（2）安全管理体系应形成文件。体系文件包括：安全计划，企业制定的各类安全管理标准，相关的国家、行业、地方法律和法规文件，各类记录、报表和台账。

3. 安全生产策划

施工过程中，应针对工程项目的规模、结构、环境、技术含量、施工风险和资源配置等因素进行安全生产策划，策划内容包括以下几点：

（1）配置必要的设施、装备和专业人员，确定控制和检查的手段、措施。

（2）确定整个施工过程中应执行的文件、规范。如脚手架工作、高处作业、机械作业、临时用电、动用明火、沉井、深挖基础施工和爆破工程等作业规定。

（3）冬期、雨期、雪天和夜间施工时的安全技术措施及夏季的防暑降温工作。

（4）确定危险部位和过程，对风险大和专业性较强的工程项目进行安全论证。同时采取相适应的安全技术措施，并得到有关部门的批准。

（5）因本工程项目的特殊需求所补充的安全操作规定。

（6）制定施工各阶段具有针对性的安全技术交底文本。

（7）制定安全记录表格，确定搜集、整理和记录各种安全活动的人员和职责。

（8）安全生产策划完成后，根据结果编制安全保证计划。安全保证计划实施前，须按要求报项目业主或企业确认审批。确认应符合如下要求：① 项目业主或企业有关负责人主持安全计划的审核；② 执行安全计划的项目经理部负责人及相关部门参与确认；③ 确认安全计划的完整性和可行性；④ 各级安全生产岗位责任制得到确认；⑤ 任何与安全计划不一致的事宜都应得到解决；⑥ 项目经理部有满足安全保证的能力并得到确认；⑦ 记录并保存确认过程；⑧ 经确认的项目安全计划，应送上级主管部门备案。

4. 管理职责

（1）安全管理目标。工程项目实行施工总承包的，由总承包单位负责制定施工项目的安全管理目标并确保以下几点：① 项目经理为施工项目安全生产第一责任人，对安全生产应负全面的领导责任；② 重大伤亡事故为零的目标；③ 有适合于工程项目规模、特点的应用安全技术；④ 应符合国家安全生产法律、行政法规和园林行业安全规章、规程，以及对业主和社会要求的承诺；⑤ 形成全体员工所理解的文件，并实施保持。

（2）安全管理组织。安全管理组织包括与安全有关的管理、操作和检查人员，其职责、权限和相互关系应在施工项目中确定，并形成文件。职责和权限包括：① 编制安全计划，决定资源配备；② 安全生产管理体系实施的监督、检查和评价；③ 纠正和预防措施的验证。

对于安全管理，项目经理部应确定并提供充分的资源，以确保安全生产管理体系的有效运行和安全管理目标的实现，具体包括以下内容：① 配备与施工安全相适应并经培训考核持证的管理、操作和检查人员；② 施工安全技术及防护设施；③ 用电和消防设施；④ 施工机械安全装置；⑤ 必要的安全检测工具；⑥ 安全技术措施的经费。

7.1.1.2 建立安全管理体系

1. 建立安全管理体系的必要性

（1）提高项目安全管理水平的需要。改善安全生产规章制度不健全、管理方法不适应、安全生产状况不佳的现状。

（2）适应市场经济管理体制的需要。随着我国经济体制的改革，安全生产管理体制确立了企业负责的主导地位，企业要生存发展，就必须推行"职业安全卫生管理体系"。

（3）顺应全球经济一体化趋势的需要。建立职业安全卫生管理体系，有利于抵制非关税贸易壁垒。因为发达国家要求把人权、环境保护和劳动条件纳入国际贸易范畴，将劳动者权益和安全卫生状况与经济问题挂钩，否则，将受到关税的制约。

（4）加入世贸组织参与国际竞争的需要。我国加入了世贸组织，国际竞争日趋激烈，而我国企业安全卫生工作，与发达国家相比明显落后，如不尽快改变这一状况，就很难参与竞争。而职业安全卫生管理体系的建立，就是从根本上改善管理机制和改善劳工状况。所以职业安全卫生管理体系的认证是我国加入世贸组织、企业进入世界经济和贸易领域的一张国际通行证。

2. 建立安全管理体系的作用

（1）职业安全卫生状况是经济发展和社会文明程度的反映，使所有劳动者获得安全与健康，是社会公正、安全、文明、健康发展的基本标志，也是保持社会安定团结和经济可持续发展的重要条件。

（2）安全管理体系是对企业环境的安全卫生状态规定了具体的要求和限定，通过科学管理使工作环境符合安全卫生标准的要求。

（3）安全管理体系的运行主要依赖于逐步提高、持续改进，是一个动态的、自我调整和完善的管理系统，同时，也是职业安全卫生管理体系的基本思想。

（4）安全管理体系是项目管理体系中的一个子系统，其循环也是整个管理系统循环的一个子系统。

3. 建立安全管理体系的原则

为贯彻"安全第一、预防为主"的方针，建立健全安全生产责任制和群防群治制度，确保工程项目施工过程的人身和财产安全，减少一般事故的发生，结合工程的特点，建立施工项目安全管理体系，编制原则如下：

（1）要适用于建设工程施工项目全过程的安全管理和控制。

（2）依据《中华人民共和国建筑法》《职业安全卫生管理体系标准》《施工安全与卫生公约》（第167号国际劳工公约），以及国家有关安全生产的法律、行政法规和规程进行编制。

（3）建立安全管理体系必须包含的基本要求和内容，项目经理部应结合各自实际加以充实，建立安全生产管理体系，确保项目的施工安全。

（4）园林施工企业应加强对施工项目的安全管理，指导、帮助项目经理部建立、实施并保持安全管理体系。施工项目安全管理体系必须由总承包单位负责策划建立，分包单位应结合分包工程的特点，制定相适宜的安全保证计划，并接受总承包单位安全管理体系的管理。

4. 建立安全管理体系的目标

（1）实现以人为本的安全管理。人力资源的质量是提高生产力水平和促进经济增长的重要因素，而人力资源的质量是与工作环境的安全卫生状况密不可分的。职业安全卫生管理体系的建立，将是保护和发展生产力的有效方法。

（2）使员工面临的安全风险减少到最低限度。最终实现预防和控制工伤事故、职业病及其他损失的目标。帮助企业在市场竞争中树立起一种负责的形象，从而提高企业的竞争力。

（3）直接或间接获得经济效益。通过实施"职业安全卫生管理体系"，可以明显提高项目安全生产管理水平和经济效益。通过改善劳动者的作业条件，提高劳动者身心健康和劳动效率。对项目的效益具有长时期的积极效应，对社会也能产生激励作用。

（4）提升企业的品牌和形象。在市场中的竞争已不再仅是资本和技术的竞争，企业综合素质的高低将是开发市场的最重要的条件，是企业品牌的竞争。而项目职业安全卫生则是反映企业品牌的重要指标，也是企业素质的重要标志。

（5）增强对国家经济发展的能力。加大对安全生产的投入，有利于扩大社会内部需求，增加社会需求总量；同时，做好安全生产工作可以减少社会总损失。而且，保护劳动者的安全与健康也是国家经济可持续发展的长远之计。

（6）促进项目管理现代化。管理是园林工程项目运行的基础。随着全球经济一体化的到来，对现代化管理提出了更高的要求，必须建立系统、开放、高效的管理体系，以促进项目大系统的完善和整体管理水平的提高。

7.1.2 园林绿化工程安全生产的保证体系

7.1.2.1 安全生产资源保证体系

园林施工项目的安全生产必须有充足的资源做保障。安全资源投入包括人力资源、物资资源和资金的投入。安全人力资源投入包括专职安全管理人员的设置和高素质技术人员、操作工人的配置，以及安全教育培训投入；安全物资资源投入包括进入现场材料的把关和料具的现场管理以及机电、起重设备、锅炉、压力容器及自制机械等资源的投入。各安全资源的注意事项如下：

（1）物资资源系统人员对机电和起重设备、锅炉、压力容器及自制机械的安全运行负责，按照安全技术规范进行经常性检查，并监督各种设备、设施的维修和保养；对大型设备设施、中小型机械操作人员定期进行培训、考核，持证上岗。负责起重设备、提升机具、成套设施的安全验收。

（2）安全所需材料应加强供应过程中的质量管理，防止假冒伪劣产品进入施工现场，最大限度地减少工程建设伤亡事故的发生。首先是正确选择进货渠道和材料的质量把关。一般大型建筑公司都有相对稳定的定点采购单位，对生产厂家及供货单位要进行资格审查，内容如下：要有营业执照、生产许可证、生产产品允许等级标准、产品监察证书、产品获奖情况；应有完善的检测手段、手续和实验机构，可提供产品合格证和材质证明；应对其产品质量和生产历史情况进行调查和评估，了解其他用户使用情况与意见，生产厂方（或供货单位）的经济实力、担保能力、包装储运能力等。质量把关应由材料采购人员做好市场调查和预测工作，通过"比质量、比价格、比运距"的优化原则，验证产品合格证及有关检测实验等资料，批量采购并应签订合同。

（3）安全材料质量的验收管理。在组织送料前由安全人员和材料员先行看货验收；进库时由保管员和安全人员一起组织验收方可入库。必须是验收质量合格、技术资料齐全的才能登入进料台账，发料使用。

（4）安全材料、设备的维修保养工作。维修保养工作是园林施工项目资源保证的重要环节，保管人员应经常对所管物资进行检查，了解和掌握物资保管过程中的变化情况，以便及时采取措施，进行防护，从而保证设备出场的完好。如用电设备，包括手动工具、照明设施必须在出库前由电工全面检测并做好记录，只有保证设备合格才能出库，避免工人盲目检修而形成的事故隐患。

（5）安全投资包括主动投资和被动投资、预防投资与事后投资、安全措施费用、个人防护品费用、职业病诊治费用等。安全投资的政策应遵循"谁受益谁整改，谁危害谁负担；谁需要谁投资"的原则。现阶段我国一般企业的安全投资应该达到项目造价的0.8%～2.5%。所以每一个施工的工程项目在资金投入方面必须认真贯彻执行国家、地方政府有关劳动保护用品的规定和防暑降温经费的规定，做到职工个人防护用品费用和现场安全措施费用的及时提供。特别是部分工程具有自身的特点，如园林建筑物周边有高压线路或变压器需要采取防护，邻近高层建筑的园林建筑物需要采取措施临边进行加固等。

7.1.2.2 安全生产责任保证体系

园林施工项目是安全生产工作的载体，具体组织和实施项目安全生产工作的是企业安全生产的基层组织，负全面责任。

1. 园林施工项目安全生产责任保证体系的三个层次

（1）项目经理作为本施工项目安全生产第一负责人，由其组织和聘用施工项目安全负责人、技术负责人、生产调度负责人、机械管理负责人、消防管理负责人、劳动管理负责人及其他相关部门负责人组成安全决策机构。

（2）分包队伍负责人作为本队伍安全生产第一责任人，组织本队伍执行总包单位安全管理规定和各项安全决策，组织安全生产。

（3）作业班组负责人（或作业工人）作为本班组或作业区域安全生产第一责任人，贯彻执行上级指令，保证本区域、本岗位的安全生产。

2. 施工项目应履行的安全生产责任

（1）贯彻落实各项安全生产的法律、法规、规章、制度，组织实施各项安全管理工作，完成上级下达的各项考核指标。

（2）建立并完善项目经理部安全生产责任制和各项安全管理规章制度，组织开展安全教育、安全检查，积极开展日常安全活动，监督、控制分包队伍执行安全规定，履行安全职责。

（3）建立安全生产组织机构，设置安全专职人员，保证安全技术措施经费的落实和投入。

（4）制定并落实项目施工安全技术方案和安全防护技术措施，为作业人员提供安全的生产作业环境。

（5）发生伤亡事故及时上报，并保护好事故现场，积极抢救伤员，认真配合事故调查组开展伤亡事故的调查和分析，按照"四不放过"的原则，落实整改防范措施，对责任人员进行处理。

3. 安全生产组织保证体系

（1）根据园林工程施工特点和规模，设置项目安全生产最高权力机构——安全生产委员会或安全生产领导小组。

施工面积在 5 万 m^2（含 5 万 m^2）以上或造价在 3000 万元人民币（含 3000 万元）以上的工程项目，应设置安全生产委员会。安全生产委员会由工程项目经理、主管生产和技术的副经理、安全部负责人、分包单位负责人以及人事、财务、机械、工会等有关部门负责人组成，人数以 5～7 人为宜。

施工面积在 5 万 m^2 以下或造价在 3000 万元人民币以下的工程项目，应设置安全领导小组。安全生产领导小组由工程项目经理、主管生产和技术的副经理、专职安全管理人员、分包单位负责人以及人事、财务、机械、工会等负责人组成，人数以 3～5 人为宜。

安全生产委员会（或安全生产领导小组）主任（或组长）均由工程项目经理担任。

安全生产委员会（或安全生产领导小组）是园林工程项目安全生产的最高权力机构，其职责如下：

1）负责对工程项目安全生产的重大事项及时作出决策；

2）认真贯彻执行国家有关安全生产和劳动保护的方针、政策、法令以及上级有关规章制度、指示、决议，并组织检查执行情况；

3）负责制定工程项目安全生产规划和各项管理制度，及时解决实施过程中的难点和问题；

4）每月对工程项目进行至少一次全面的安全生产大检查，并召开专门会议，分析安全生产形势，制定预防因工伤亡事故发生的措施和对策；

5）协助上级有关部门进行因工伤亡事故的调查、分析和处理；

6）大型工程项目可在安全生产委员会下按栋号或片区设置安全生产领导小组。

（2）设置安全生产专职管理机构——安全部，并配备一定素质和数量的专职安全管理人员。

1）安全部是园林工程项目安全生产专职管理机构，安全生产委员会或领导小组的常设办事机构设在安全部。其职责包括以下几点：① 协助工程项目经理开展各项安全生产业务工作；② 定时准确地向工程项目经理和安全生产委员会或领导小组汇报安全生产情况；③ 组织和指导下属安全部门和分包单位的专职安全员（安全生产管理机构）开展各项 有效的安全生产管理工作；④ 行使安全生产监督检查职权。

2）设置安全生产总监（工程师）职位，其职责如下：① 协助工程项目经理开展安全生产工作，为工程项目经理进行安全生产决策提供依据；② 每月向项目安全生产委员会（或安全生产领导小组）汇报本月工程项目安全生产状况；③ 定期向公司（厂、院）安全生产管理部门汇报安全生产情况；④ 对工程项目安全生产工作开展情况进行监督；⑤ 有权要求有关部门和分部分项工程负责人报告各自业务范围内的安全生产情况；⑥ 有权建议处理不重视安全生产工作的部门负责人、栋号长、工长及其他有关人员；⑦ 组织并参加各类安全生产检查活动；⑧ 监督工程项目正、副经理的安全生产行为；⑨ 对安全生产委员会或领导小组作出的各项决议的实施情况进行监督；⑩ 行使工程项目副经理的相关职权。

3）安全管理人员的配置。施工项目1万 m^2（建筑面积）及以下设置1人；施工项目在1万～3万 m^2 设置2人；施工项目在3万～5万 m^2 设置3人；施工项目在5万 m^2 以上按专业设置安全员，成立安全组。

（3）分包队伍按规定建立安全组织保证体系，其管理机构以及人员纳入工程项目安全生产保证体系，接受工程项目安全部的业务领导，参加工程项目统一组织的各项安全生产活动，并按周向项目安全部传递有关安全生产的信息。

分包单位人数在100人以下设兼职安全员；100～300人必须有专职安全员1名；300～500人必须有专职安全员2名，纳入总包安全部统一进行业务指导和管理。班组长、分包专业队长是兼职安全员，负责本班组工人的健康和安全，负责消除本作业区的安全隐患，对施工现场实行目标管理。

4. 全生产管理制度

（1）安全生产责任制度；

（2）安全生产检查制度；

（3）安全生产验收制度；

（4）安全生产教育培训制度；

（5）安全生产技术管理制度；

（6）安全生产奖罚制度；

（7）安全生产值班制度；

（8）工人因工伤亡事故报告、统计制度；

（9）重要劳动防护用品定点使用管理制度；

（10）消防保卫管理制度。

7.1.3 园林绿化工程安全管理策划

7.1.3.1 安全管理策划的内容

1. 设计策划依据

（1）国家、地方政府和主管部门的有关规定。

（2）主要技术规范、规程、标准和其他依据。

2. 工程概述

（1）本项目设计所承担的任务及范围。

（2）工程性质、地理位置及特殊要求。

（3）改建、扩建前的职业安全与卫生状况。

（4）主要工艺、原料、半成品、成品、设备及主要危害概述。

3. 建筑及场地布置

（1）根据场地自然条件预测的主要危险因素及防范措施。

（2）临时用电变压器周边环境。

（3）工程总体布置中如锅炉房、氧气、乙炔等易燃易爆、有毒物品造成的影响及防范措施。

（4）对周边居民出行是否有影响。

4. 生产过程中危险因素的分析

（1）安全防护工作，如脚手架作业防护、洞口防护、临边防护、高空作业防护和模板工程、起重及施工机具机械设备防护。

（2）关键特殊工序，如洞内作业、潮湿作业、深基开挖、易燃易爆品、防尘、防触电。

（3）特殊工种，如电工、电焊工、架子工、爆破工、机械工、起重工、机械司机等，除一般教育外，还要经过专业安全技能培训。

（4）临时用电的安全系统管理，如总体布置和各个施工阶段的临电（电闸箱、电路、施工机具等）的布设。

（5）保卫消防工作的安全系统管理如临时消防用水、临时消防管道、消防灭火器材的布设等。

5. 主要安全防范措施

（1）根据全面分析各种危害因素确定的工艺路线、选用的可靠装置设备，以生产、火灾危险性分类设置的安全设施和必要的检测、检验设备。

（2）按照爆炸和火灾危险场所的类别、等级、范围选择电气设备的安全距离及防雷、防静电及防止误操作等设施。

（3）危险场所和部位如高空作业、外墙临边作业等，危险期间如冬期、雨期、高温天气等所采用的防护设备、设施及其效果等。

（4）对可能发生的事故做出的预案、方案及抢救、疏散和应急措施。

6. 预期效果评价

园林施工项目的安全检查包括安全生产责任制、安全保证计划、安全组织机构、安全保证措施、安全技术交底、安全教育、安全持证上岗、安全设施、安全标识、操作行为、违规管理、安全记录。

7. 安全措施经费

（1）主要生产环节专项防范设施费用；

（2）检测设备及设施费用；

（3）安全教育设备及设施费用；

（4）事故应急措施费用。

7.1.3.2 安全管理策划的原则

1. 预防性

园林施工项目安全管理策划必须坚持"安全第一、预防为主"的原则，体现安全管理的预防和预控作用，针对施工项目的全过程制定预警措施。

2. 科学性

园林施工项目的安全策划应能代表最先进的生产力和最先进的管理方法，承诺并遵守国家的法律法规，遵照地方政府的安全管理规定，执行安全技术标准和安全技术规范，科学指导安全生产。

3. 全过程性

园林工程项目的安全策划应包括从可行性研究到设计、施工，直至竣工验收的全过程策划，项目安全管理策划要覆盖施工生产的全过程和全部内容，使安全技术措施贯穿施工生产的全过程，以实现系统的安全。

4. 可操作性

园林施工项目安全策划的目标和方案应尊重实际情况，坚持实事求是的原则，其方案具有可操作性，安全技术措施具有针对性。

5. 实效的最优化

园林施工项目安全策划应遵循实效最优化的原则，既不能盲目地扩大项目投入，又不能以取消和减少安全技术措施经费来降低园林项目成本，而是在确保安全目标的前提下，在经济投入、人力投入和物资投入上坚持最优化的原则。

7.2   施工现场安全生产教育培训

7.2.1   园林绿化工程安全教育对象

施工项目安全教育培训的对象包括以下 5 类人员。

1. 工程项目经理、项目执行经理、项目技术负责人

工程项目主要管理人员必须经过当地政府或上级主管部门组织的安全生产专项培训，培训时间不得少于 24h，经考核合格后，持《安全生产资质证书》上岗。

2. 工程项目基层管理人员

工程项目基层管理人员每年必须接受公司安全生产年审，经考试合格后，持证上岗。

3. 分包负责人、分包队伍管理人员

必须接受政府主管部门或总包单位的安全培训，经考试合格后持证上岗。

4. 特种作业人员

必须经过专门的安全理论培训和安全技术实际训练，经过理论和实际操作的双项考核，合格者，持《特种作业操作证》上岗。

5. 操作工人

新入场工人必须经过三级安全教育，考试合格后持"上岗证"上岗。

7.2.2　园林绿化工程安全生产教育内容

安全教育是安全管理工作的重要环节，是提高全员安全素质、安全管理水平和防止事故，从而实现安全生产的重要手段，主要包括安全知识教育、安全技能教育、安全生产思想教育和法制教育四个方面的内容。

7.2.2.1　安全知识教育

企业所有职工必须具备安全基本知识。因此，全体职工都必须接受安全知识教育和每年按规定学时进行安全培训。安全基本知识教育的主要内容包括：企业的基本生产概况；施工（生产）流程、方法；企业施工（生产）危险区域及其安全防护的基本知识和注意事项；机械设备、厂（场）内运输的有关安全知识；有关电气设备（动力照明）的基本安全知识；高处作业安全知识；生产（施工）中使用的有毒、有害物质的安全防护基本知识；消防制度及灭火器材应用的基本知识；个人防护用品的正确使用知识等。

7.2.2.2　安全技能教育

安全技能教育就是结合本工种专业特点，实现安全操作、安全防护所必须具备的基本技术知识要求。每个职工都要熟悉本工种、本岗位专业安全技术知识。安全技能知识是比较专门、细致和深入的知识。它包括安全技术、劳动卫生和安全操作规程。国家规定建筑登高架设、起重、焊接、电气、爆破、压力容器、锅炉等特种作业人员必须进行专门的安全技术培训。

7.2.2.3　安全生产思想教育

安全生产思想教育的目的是为安全生产奠定思想基础。通常从加强思想认识、方针政策和劳动纪律教育等方面进行。

1. 思想认识和方针政策的教育

一是提高各级管理人员和广大职工群众对安全生产重要意义的认识，从思想上、理论上认识社会主义制度下搞好安全生产的重要意义，以增强关心人、保护人的责任感，树立牢固的群众观点；二是通过安全生产方针、政策教育，提高各级技术、管理人员和广大职工的政策水平，使他们正确全面地理解党和国家的安全生产方针、政策，严肃认真地执行安全生产方针、政策和法规。

2. 劳动纪律教育

其目的是使广大职工认识到严格执行劳动纪律对实现安全生产的重要性，企业的劳动纪律是劳动者进行共同劳动时必须遵守的法则和秩序。反对违章指挥、违章作业，严格执行安全操作规程，遵守劳动纪律是贯彻安全生产方针、减少伤害事故、实现安全生产的重要保证。

7.2.2.4　法制教育

法制教育就是要采取各种有效形式，对全体职工进行安全生产法规和法制教育，从而提高职工遵法、守法的自觉性，以达到安全生产的目的。

7.2.3　园林绿化工程安全教育的形式

7.2.3.1　新工人的"三级安全教育"

三级安全教育是企业必须坚持的安全生产基本教育制度。对新工人（包括新招收的合同工、临时工、学徒工、农民工及实习和代培人员）必须进行公司、项目、作业班组三级安全教育，时间不得少于40h。

三级安全教育由安全、教育和劳资等部门配合组织进行。经教育考试合格者才准许进入生产岗位；不合格者必须补课、补考。对新工人的三级安全教育情况，要建立档案（印制职工安全生产教育卡）。新工人工作一个阶段后还应进行重复性的安全再教育，加深有关安全的感性、理性知识的意识。

（1）公司进行安全基本知识、法规、法制教育，主要内容如下：

1）党和国家的安全生产方针、政策；

2）安全生产法规、标准和法制观念；

3）本单位施工（生产）过程及安全生产规章制度、安全纪律；

4）本单位安全生产形势、历史上发生的重大事故及应吸取的教训；

5）发生事故后如何抢救伤员、排险、保护现场和及时进行报告。

（2）项目进行现场规章制度和遵章守纪教育，主要内容如下：

1）本单位（工区、工程处、车间、项目）施工（生产）特点及施工（生产）安全基本知识；

2）本单位（包括施工、生产场地）安全生产制度、规定及安全注意事项；

3）本工种的安全技术操作规程；

4）机械设备、电气安全及高处作业等安全基本知识；

5）防火、防雷、防尘、防爆知识及紧急情况安全处置和安全疏散知识；

6）防护用品发放标准及防护用具、用品使用的基本知识。

（3）班组安全生产教育由班组长主持，或由班组安全员及技术熟练、重视安全生产的老工人讲授，对本工种岗位安全操作及班组安全制度、纪律进行教育，主要内容如下：

1）本班组作业特点及安全操作规程；

2）班组安全活动制度及纪律；

3）爱护和正确使用安全防护装置（设施）及个人劳动防护用品；

4）本岗位易发生事故的不安全因素及其防范对策；

5）本岗位的作业环境及使用的机械设备、工具的安全要求。

7.2.3.2　班前安全活动交底

班前安全讲话应作为施工队伍经常性安全教育活动之一，各作业班组长于每班工作开始前（包括夜间工作前）必须对本班组全体人员进行不少于15min的班前安全活动交底。班组长应将安全活动交底内容记录在专用的记录本上，各成员在记录本上签名。

班前安全活动交底的内容应包括：

（1）本班组安全生产须知；

（2）本班工作中的危险点和应采取的对策；

（3）上一班工作中存在的安全问题和应采取的对策。

在特殊性、季节性和危险性较大的作业前，责任工长要参加班前安全讲话并对工作中应注意的安全事项进行重点交底。

7.2.3.3　特种作业安全教育

从事特种作业的人员必须经过专门的安全技术培训，经考试合格取得操作证后方准独立作业。

1. 特种作业的类别及操作项目

（1）电工作业。包括用电安全技术、低压运行维修、高压运行维修、低压安装、电缆安装、高压值班、超高压值班、高压电气试验、高压安装、继电保护及二次仪表整定。

（2）金属焊接作业。包括手工电弧焊、气焊、气割、CO_2气体保护焊、手工钨极氩弧焊、埋弧自动焊、电阻焊、钢材对焊（电渣焊）、锅炉压力容器焊接。

（3）起重机械作业。包括塔式起重机操作、汽车式起重机驾驶、桥式起重机驾驶、挂钩作业、信号指挥、履带式起重机驾驶、轨道式起重机驾驶、垂直卷扬机操作、客运电梯驾驶、货运电梯驾驶、施工外用电梯驾驶。

（4）登高架设作业。包括脚手架拆装、起重设备拆装、超高处作业。

（5）厂内机动车辆驾驶。包括叉车和铲车驾驶、电瓶车驾驶、翻斗车驾驶、汽车驾驶、摩托车驾驶、拖拉机驾驶、机械施工用车（推土机、挖掘机、装载机、压路机、平地机、铲运机）驾驶、矿山机车驾驶、地铁机车驾驶。

2. 不得从事特种作业的情况：

有下列疾病或生理缺陷者，不得从事特种作业：

（1）器质性心脏血管病。包括风湿性心脏病、先天性心脏病（治愈者除外）、心肌病、心电图异常者；

（2）血压超过160/90mmHg，低于86/56mmHg；

（3）精神病、癫痫病；

（4）重症神经官能症及脑外伤后遗症；

（5）晕厥（近一年有晕厥发作者）；

（6）血红蛋白男性低于90%，女性低于80%；

（7）肢体残废，功能受限者；

（8）慢性骨髓炎；

（9）厂内机动驾驶类：大型车身高不足155cm，小型车身高不足150cm；

（10）耳全聋及发音不清者；厂内机动车驾驶听力不足5m者；

（11）色盲；

（12）双眼裸视力低于0.4，矫正视力不足0.7者；

（13）活动性结核（包括肺外结核）；

（14）支气管哮喘（反复发作者）；

（15）支气管扩张（反复感染、咯血）。

3. 特种作业人员安全教育

对特种作业人员的培训、取证及复审等工作严格执行国家、地方政府的有关规定。对从事特种作业的人员要进行经常性的安全教育，时间为每月一次，每次4h；教育内容包括以下几点：

（1）特种作业人员所在岗位的工作特点，可能存在的危险、隐患和安全注意事项；

（2）特种作业岗位的安全技术要领及个人防护用品的正确使用方法；

（3）本岗位曾发生的事故案例及经验教训。

7.2.3.4　变换工种安全教育

凡改变工种或调换工作岗位的工人必须进行变换工种安全教育，变换工种安全教育时间不得少于 4h，教育考核合格后方准上岗。教育内容包括以下几点：

（1）新工作岗位或生产班组安全生产概况、工作性质和职责；

（2）新工作岗位必要的安全知识，各种机具设备及安全防护设施的性能和作用；

（3）新工作岗位、新工种的安全技术操作规程；

（4）新工作岗位容易发生事故及有毒有害的地方；

（5）新工作岗位个人防护用品的使用和保管；

（6）一般工种不得从事特种作业。

7.2.3.5　特殊情况安全教育

施工项目出现以下几种情况时，园林工程项目经理应及时安排有关部门和人员对施工工人进行安全生产教育，时间不少于 2h。教育内容包括以下几点：

（1）因故改变安全操作规程。

（2）实施重大和季节性安全技术措施。

（3）更新仪器、设备和工具，推广新工艺、新技术。

（4）发生因工伤亡事故、机械损坏事故及重大未遂事故。

（5）出现其他不安全因素，安全生产环境发生了变化。

7.2.3.6　季节性施工安全教育

进入雨期及冬期施工前，在现场经理的部署下，由各区域责任工程师负责组织本区域内施工的分包队伍管理人员及操作工人进行专门的季节性施工安全技术教育，时间不少于 2h。

7.2.3.7　节假日安全教育

节假日前后应特别注意各级管理人员及操作者的思想动态，有意识、有目的地进行教育，稳定他们的思想情绪，预防事故的发生。

7.3　园林绿化工程安全管理的内容

7.3.1　园林绿化工程安全合约管理

7.3.1.1　安全合约化管理形式

与业主签订的工程建设合同。园林绿化工程项目总承包单位与建设单位签订的工程建设合同中，应包含安全、文明的创优目标。施工总承包单位在与分承包单位签订分包合同时，必须有安全生产的具体指标和要求。

施工项目分承包方较多时，总分包单位在签订分包合同的同时要签订安全生产合同或协议书。

7.3.1.2　实施合约化管理的重要性

在不同承包模式的前提下，制定相互监督执行的合约管理可以使双方严格执行劳动保护和安全生产的法令、法规，强化安全生产管理，逐步落实安全生产责任制，依法从严治理施工现场，确保项目施工人员的安全与健康，促使施工生产顺利进行。

在规范化的合约管理下，总、分包将按照约定的管理目标、用工制度、安全生产要求、现场文明施工及人员行为的管理、争议的处理、合约生效与终止等方面的具体条款约束下认真履行双方的责任和义务，为项目安全管理的具体实施提供可靠的合约保障。

7.3.1.3　安全合约管理内容

1. 安全生产要求

（1）分包方应按有关规定，采取严格的安全防护措施，否则由于自身安全措施不力而造成事故的责任或因此而发生的费用由分包方承担。非分包方责任造成的伤亡事故，由责任方承担责任和有关费用。

（2）分包方应熟悉并能自觉遵守、执行住房和城乡建设部《建筑施工安全检查标准》以及相关的各项规范。自觉遵守、执行地方政府有关文明安全施工的各项规定，并且积极参加有关促进安全生产的各项活动，切实保障施工作业人员的安全与健康。

（3）分包方必须尊重并且服从总包方现行的有关安全生产各项规章制度和管理方式，并按经济合同有关条款加强自身管理，履行己方责任。

2. 管理目标

（1）施工现场杜绝重伤、死亡事故的发生，负轻伤频率控制在6%以内。

（2）施工现场安全隐患整改率必须保证在规定时限内达到100%杜绝现场重大隐患的出现。

（3）施工现场发生火灾事故，火险隐患整改率必须保证在规定时限内达到100%。

（4）保证施工现场创建为当地省（市）级文明安全工地。

3. 用工制度

（1）分包方须严格遵守当地政府关于现场施工管理的相关法律、法规及条例。任何因为分包方违反上述条例造成的案件、事故、事件等的经济责任及法律责任均由分包方承担，因此造成总包方的经济损失由分包方承担。

（2）分包方的所有工人必须同时具备上岗许可证、人员就业证以及暂住证（或必须遵守当地政府关于企业施工管理的相关法律、法规及条例）。任何因为分包方违反上述条例造成的案件、事故、事件等，其经济责任及法律责任均由分包方承担，因此造成总包方的经济损失由分包方承担。

（3）分包方应遵守总包方上级制定的有关协力队伍的管理规定以及总包方其他关于分包管理的所有制度及规定。

（4）分包方须为具有独立承担民事责任能力的法人，或能够出具其上级主管单位（法人单位）的委托书，并且只能承担与自己资质相符的工程。

4. 分包方安全管理制度

（1）安全技术方案报批制度。分包方必须执行总包方总体工程施工组织设计和安全技术方案。分包方自行编制的单项作业安全防护措施，须报总包方审批后方可执行，若改变原方案必须重新报批。

（2）分包方必须执行安全技术交底制度、周一安全例会制度与班前安全讲话制度，并做好跟踪检查管理工作。

（3）分包方必须执行各级安全教育培训以及持证上岗制度：

1）分包方项目经理、主管生产的经理、技术负责人须接受安全培训，考试合格后办理分包单位安全资格审查认可证后，方可组织施工。

2）分包方的工长、技术员、机械、物资等部门负责人以及各专业安全管理人员等部门负责人须接受安全技术培训、参加总包方组织的安全年审考核，合格者办理"安全生产资格证书"，持证上岗。

3）分包方工人入场一律接受三级安全教育，考试合格并取得"安全生产考核证"后方准进入现场施工，如果分包方的人员需要变动，必须提出计划报告总包方，按规定进行教育、考核合格后方可上岗。

4）分包方的特种作业人员的配置必须满足施工需要，并持有有效证件（原籍地、市级劳动部门颁发），经考试合格者，持证上岗（或遵守当地政府或行业主管部门的要求办理）。

5）分包方工人变换施工现场或工种时，要进行转场和转换工种教育。

6）分包方必须执行"周一安全活动 1h 制度"。

7）进入施工现场的任何人员必须佩戴安全帽和其他安全防护用品。任何人不得住在施工的建筑物内。进出工地人员必须佩戴标志牌上岗，无证人员由总包单位负责清除出场。

（4）分包方必须执行总包方的安全检查制度：

1）分包方必须接受总包方及其上级主管部门和各级政府、各行业主管部门的安全生产检查，否则造成的罚款等损失均由分包方承担。

2）分包方必须按照总包方的要求建立自身的定期和不定期的安全生产检查制度，并且严格贯彻实施。

3）分包方必须设立专职安全人员，实施日常安全生产检查制度及工长、班长跟班检查制度和班组自检制度。

（5）分包方必须严格执行检查整改消项制度。分包方对总包单位下发的安全隐患整改通知单，必须在限期内整改完毕，逾期未改或整改标准不符合要求的，总包方有权予以处罚。

（6）分包方必须执行安全防护措施、设备验收制度和施工作业转换后的交接检验制度：

1）分包方自带的各类施工机械设备，必须是国家正规厂家的产品，且机械性能良好，各种安全防护装置齐全、灵敏、可靠。

2）分包方的中小型机械设备和一般防护设施执行自检后报总包方有关部门验收，合格后方可使用。

3）分包方的大型防护设施和大型机械设备，在自检的基础上申报总包方，接受专职部门（公司级）的专业验收；分包方必须按规定提供设备技术数据、防护装置技术性能、设备履历档案以及防护设施支搭（安装）方案，其方案必须满足总包方施工所在地地方政府的有关规定。

（7）分包方须执行安全防护验收和施工变化后交接检验制度。

（8）分包方必须执行总包方重要劳动防护用品的定点采购制度（外地施工时，还要满足当地政府行业主管部门的规定）。

（9）分包方必须执行个人劳动防护用品定期、定量供应制度。

（10）分包方必须预防和治理职业伤害与中毒事故。

（11）分包方必须严格执行企业职工因工伤亡报告制度。

1）分包方职工在施工现场从事施工过程中所发生的伤害事故为工伤事故。

2）如果发生因工伤亡事故，分包方应在 1h 内，以最快捷的方式通知总包方的项目主管领导，向其报告事故的详情。由总包方通过正常渠道及时逐级上报上级有关部门，同时积极组织抢救工作，采取相应的措施，保护好现场，如因抢救伤员必须移动现场设备、设施者要做好记录或拍照，总包方为抢救提供必要的条件。

3）分包方要积极配合总包方主管单位、政府部门对事故的调查和现场勘查。凡因分包方隐瞒不报、作伪证或擅自损毁事故现场，所造成的一切后果均由分包方承担。

4）分包方须承担因为自己的原因造成的安全事故的经济责任和法律责任。

5）如果发生因工伤亡事故，分包方应积极配合总包方做好事故的善后处理工作，伤亡人员为分包方人员的，分包方应直接负责伤亡者及其家属的接待善后工作。因此发生的资金费用由分包方先行支付，因不能积极配合总包方对事故进行善后处理而产生的一切后果由分包方自负。

（12）分包方必须执行安全工作奖罚制度。分包方要教育和约束自己的职工严格遵守施工现场安全管理规定，对遵章守纪者给予表扬和奖励，对违章作业、违章指挥、违反劳动纪律和规章制度者给予处罚。

（13）分包方必须执行安全防范制度：

1）分包方要对分包工程范围内工作人员的安全负责。

2）分包方必须采取一切严密的、符合安全标准的预防措施，确保所有工作场所的安全，不得存在危及工人安全和健康的危险情况，并保证建筑工地所有人员或附近人员免遭工地可能发生的一切危险。

3）分包方的专业分包商和他在现场雇用的所有人员都应全面遵守各种适用于工程或任何临建的相关法律或规定的安全施工条款。

4）施工现场内，分包方必须按总包方的要求，在工人可能经过的每一个工作场所和其他地方均应提供充足和适用的照明，必要时要提供手提式照明设备。

5）总包方有权要求立刻撤走现场内的任何分包队伍中没有适当理由而不遵守、执行地方政府相关部门及行业主管部门发布的安全条例和指令的人员，无论在任何情况下，此人不得再被雇用于现场，除非事先有总包方的书面同意。

6）施工现场和工人操作面，必须严格按国家、政府规定的安全生产、文明施工标准搞好防护工作，保证工人有安全可靠、卫生的工作环境，严禁违章作业、违章指挥。

7）对不符合安全规定的，总包方安全管理人员有权要求停工和强行整改，使之达到安全标准，所需费用从工程款中加倍扣除。

8）凡重要劳动防护用品，必须从总包方指定的厂家购买。如安全帽、安全带、安全网、漏电保护器、电焊机二次线保护器、配电箱、五芯电缆、脚手架扣件等。

9）分包方应给所属职工提供必须配备的有效的安全用品，如安全帽、安全带等，必要时还须佩戴面罩、眼罩、护耳、绝缘手套等其他的个人人身防护设备。

10）分包方应在合同签约后15日内，呈送安全管理防范方案，详述将要采取的安全措施和对紧急事件处理的方案以及自身的安全管理条例，报总包方批准。但此批准并不减轻因分包方原因引起的安全责任。

11）已获批准的安全管理方案及条例的副本，由分包方编制并且分发至所有由分包方施工的工作场所，业主指示或法律要求的其他文件、标语、警示牌等物品，具体由总包方决定。

12）分包方应指定至少一名合格且有经验的安全员负责安全方案和措施得到实施。

5. 现场文明施工管理

（1）分包方必须遵守现场安全文明施工的各项管理规定，在设施投入、现场布置、人员管理等方面要符合总包方文明安全的要求，按总包方的规定执行。在施工过程中，对其全体员工的服饰、安全帽等进行统一管理。

（2）分包方应采取一切合理的措施，防止其劳务人员发生任何违法或妨碍治安的行为，保持安定局面，并且保护工程周围人员和财产不受上述行为的危害，否则由此造成的一切损失和费用均由分包方自己负责。

（3）分包方应按照总包方要求建立健全工地有关文明施工、消防保卫、环保卫生、料具管理和环境保护等方面的各项管理规章制度，同时必须按照要求，采取有效的防扰民、防噪声、防空气污染、防道路遗撒和垃圾清运等措施。

（4）分包方必须严格执行保安制度、门卫管理制度，工人和管理人员要举止文明、行为规范、遵章守纪、对人有礼貌，切忌上班喝酒、寻衅闹事。

（5）分包方在施工现场应按照国家、地方政府及行业管理部门的有关规定，配置相应数量的专职安全管理人员，专门负责施工现场安全生产的监督、检查以及因工伤亡事故的处理工作，分包方应赋予安全管理人员相应的权力，坚决贯彻"安全第一、预防为主"的方针。

（6）分包方应严格执行国家的法律、法规，对于具有职业危害的作业，提前对工人进行告之，在作业场所采取适当的预防措施，以保证其劳务人员的安全、卫生、健康，在整个合同期间，自始至终在工人所在的施工现场和住所配有医务人员、紧急抢救人员和设备，并且采取适当的措施预防传染病，并提供应有的福利以及卫生条件。

6. 消防保卫工作要求

（1）分包方必须认真遵守国家的有关法律、法规及住建部、当地政府和住建委颁发的有关治安、消防、交通安全管理规定及条例。分包方应严格按总包方消防保卫制度以及总包方施工现场消防保卫的特殊要求组织施工，并接受总包方的安全检查，对总包方签发的隐患整改通知，分包方应在总包方指定的期限内整改完毕，逾期不改或整改不符合总包方的要求，总包方有权按规定对分包方进行经济处罚。

（2）分包方须配备至少一名专（兼）职消防保卫管理人员，负责本单位的消防保卫工作。

（3）凡由于分包方管理以及自身防范措施不力或分包方工人责任造成的案件、火灾、交通事故（含施工现场内）等灾害事故。事故经济责任、事故法律责任以及事故的善后处理均由分包方独立承担，因此给总包方造成的经济损失由分包方负责赔偿，总包方可对其进行处罚。

7. 争议的处理

当合约双方发生争议时，可以通过协商解决或申请施工合同管理机构有关部门调解，不愿调解或调解不成的可以向工地所在地或公司所在地人民法院起诉，或向仲裁机关提出仲裁解决。

7.3.2　园林绿化工程安全技术管理

7.3.2.1　安全技术措施的编制

1. 编制依据

园林绿化工程项目施工组织设计或施工方案中必须包括有针对性的安全技术措施，特殊和危险性大的工程必须单独编制安全施工方案或安全技术措施。安全技术措施或安全施工方案的编制依据如下：

（1）国家和政府有关安全生产的法律、法规和有关规定；

（2）园林建筑安装工程安全技术操作规程、技术规范、标准、规章制度；

（3）企业的安全管理规章制度。

2. 编制要求

（1）及时性。

1）安全性措施在施工前必须编制好，并且经过审核批准后正式下达施工单位以指导施工；

2）在施工过程中，设计发生变更时，安全技术措施必须及时变更或作补充，否则不能施工；

3）施工条件发生变化时，必须变更安全技术措施内容，并及时经原编制、审批人员办理变更手续，不得擅自变更。

（2）针对性。

1）要根据园林工程施工的结构特点，凡在施工生产中可能出现的危险因素，必须从技术上采取措施，消除危险，保证施工安全。

2）要针对不同的施工方法和施工工艺制定相应的安全技术措施：① 不同的施工方法要有不同的安全技术措施，技术措施要有设计、有详图、有文字要求、有计算；② 根据不同分部分项工程的施工工艺可能给施工带来的不安全因素，从技术上采取措施保证其安全实施，土方工程、地基与基础工程、砌筑工程、钢窗工程、吊装工程及脚手架工程等必须编制单项工程的安全技术措施；③ 编制施工组织设计或施工方案在使用新技术、新工艺、新设备、新材料的同时，必须研究应用相应的安全技术措施。

3）针对使用的各种机械设备、用电设备可能给施工人员带来的危险因素，从安全保险装置、限位装置等方面采取安全技术措施。

4）针对园林施工中有毒、有害、易燃、易爆等作业可能给施工人员造成的危害，制定相应的防范措施。

5）针对园林施工现场及周围环境中可能给施工人员及周围居民带来危险的因素，以及材料、设备运输的困难和不安全因素，制定相应的安全技术措施：① 夏季气候炎热，高温时间持续较长，要制定防暑降温措施和方案；② 雨期施工要制定防触电、防雷击、防坍塌措施和方案；③ 冬期施工要制定防风、防火、防滑、防煤气中毒、防亚硝酸钠中毒措施和方案。

（3）具体性。

1）安全技术措施必须明确具体，能指导施工，绝不能搞口号式、一般化；

2）安全技术措施中必须有施工总平面图，在图中必须对危险的油库、易燃材料库、变电设备以及材料、构件的堆放位置，及塔式起重机、井字架或龙门架、搅拌台的位置等按照施工需要和安全堆积的要求明确定位，并提出具体要求；

3）安全技术措施及方案必须由园林工程项目责任工程师或园林工程项目技术负责人指定的技术人员进行编制；

4）安全技术措施及方案的编制人员必须掌握园林工程项目概况、施工方法、场地环境等第一手资料，并熟悉有关安全生产法规和标准，具有一定的专业水平和施工经验。

3. 编制原则

安全技术措施和方案的编制，必须考虑现场的实际情况、施工特点及周围作业环境，措施要有针对性。凡施工过程中可能发生的危险因素及建筑物周围外部环境中的不利因素等，都必须从技术上采取有效措施予以预防。同时，安全技术措施和方案必须包括设计、计算、详图和文字说明。

7.3.2.2　安全技术方案的管理

1. 安全技术方案审批管理

（1）一般工程安全技术方案（措施）由项目经理部工程技术部门负责人审核，项目经理部总（主任）工程师审批，报公司项目管理部、安全监督部备案。

（2）重要工程（含较大专业施工）方案由项目（或专业公司）总（主任）工程师审核，公司项目管理部、安全监督部复核，由公司技术发展部或公司总工程师委托技术人员审批并在公司项目管理部、安全监督部备案。

（3）大型、特大工程安全技术方案（措施）由项目经理部总（主任）工程师组织编制，报技术发展部、项目管理部、安全监督部审核，由公司总（副总）工程师审批并在上述三个部门备案。

（4）深坑（超过 5m）、桩基施工方案、整体爬升（或提升）脚手架方案经公司总工程师审批后还须报当地建委施工管理处备案。

（5）业主指定分包单位所编制的安全技术措施方案在完成报批手续后报项目经理部技术部门（或总工程师、主任工程师处）备案。

2. 安全技术方案变更

（1）施工过程中如发生设计变更，原定的安全技术措施也必须随之变更，否则不准施工。

（2）施工过程中确实需要修改拟定的安全技术措施时，必须经原编制人同意，并办理修改审批手续。

3. 安全技术交底

安全技术交底是指导工人安全施工的技术措施，是项目安全技术方案的具体落实。安全技术交底一般由技术管理人员根据分部分项工程的具体要求、特点和危险因素编写，是操作者的指令性文件，因而要具体、明确、针对性强，不得用园林施工现场的安全纪律、安全检查等制度代替，在进行工程技术交底的同时进行安全技术交底。

安全技术交底与工程技术交底一样，实行分级交底制度。

（1）大型或特大型园林工程由公司总工程师组织有关部门向项目经理部和分包商（含公司内部专业公司）进行交底。交底内容包括：工程概况、特征、施工难度、施工组织、采用的新工艺、新材料、新技术、施工程序与方法、关键部位应采取的安全技术方案或措施等。

（2）一般园林工程由项目部总（主任）工程师会同现场经理向项目有关施工人员（项目工程管理部、工程协调部、物资部、合约部、安全总监及区域责任工程师、专业责任工程师等）和分包商（含公司内部专业公司）行政和技术负责人进行交底，交底内容同前款。

（3）分包商（含公司内部专业公司）技术负责人要对其管辖的施工人员进行详尽的交底。

（4）项目专业责任工程师要对所管辖的分包商的工长进行分部工程施工安全措施交底，对分包工长向操作班组所进行的安全技术交底进行监督与检查。

（5）专业责任工程师要对劳务分、承包方的班组进行分部分项工程安全技术交底并监督指导其安全操作。

（6）各级安全技术交底都应按规定程序实施书面交底签字制度，并存档以备查用。

4. 安全验收制度

（1）验收范围：

1）脚手杆、扣件、脚手板、安全帽、安全带、漏电保护器、临时供电电缆、临时供电配电箱以及其他个人防护用品；

2）普通脚手架、满堂红架子、井字架、龙门架等和支搭的各类安全网；

3）高大脚手架，以及吊篮、插口、挑挂架等特殊架子；

4）临时用电工程；

5）各种起重机械、施工用电梯和其他机械设备。

（2）验收要求：

1）脚手杆、扣件、脚手板、安全网、安全帽、安全带、漏电保护器以及其他个人防护，必须有合格的试验单及出厂合格证明。当发现有疑问时，请有关部门进行鉴定、认可后才能使用。

2）井字架、龙门架的验收，由园林工程项目经理组织，工长、安全部、机械管理等部门的有关人员参加，经验收合格后，方能使用。

3）普通脚手架、满堂红架子、堆料架或支搭的安全网的验收，由工长或工程项目技术负责人组织，安全部的人员参加，经验收合格后方可使用。

4）高大脚手架以及特殊架子的验收，由批准方案的技术负责人组织，方案制定人、安全部及其他有关人员参加，经验收合格后方可使用。

5）起重机械、施工用电梯的验收，由公司（厂、院）机械管理部门组织，有关部门参加，经验收合格后方可使用。

6）临时用电工程的验收，由公司（厂、院）安全管理部门组织，电气工程师、方案制定人、工长参加，经验收合格后方可使用。

7）所有验收都必须办理书面签字手续，否则验收无效。

7.3.3 园林绿化工程安全生产目标管理

7.3.3.1 安全目标管理概念

安全目标管理是园林施工项目重要的安全管理举措之一。它通过确定安全目标，明确责任，落实措施，实行严格的考核与奖惩，激励企业员工积极参与全员、全方位、全过程的安全生产管理，严格按照安全生产的奋斗目标和安全生产责任制的要求，落实安全措施，消除人的不安全行为和物的不安全状态，实现施工生产安全。施工项目推行安全生产目标管理能进一步优化企业安全生产责任制，强化安全生产管理，体现"安全生产，人人有责"的原则，使安全生产工作实现全员管理，有利于提高企业全体员工的安全素质。

7.3.3.2 安全生产目标管理内容

安全生产目标管理的基本内容包括目标体系的确立、目标的实施及目标成果的检查与考核。

（1）确定切实可行的目标值。采用科学的目标预测法，根据需要和可能，采取系统分析的方法，确定合适的目标值，并研究围绕达到目标应采取的措施和手段。

（2）根据安全目标的要求，制定实施办法。做到有具体的保证措施，并力求量化，以便于实施和考核，包括组织技术措施，明确完成程序和时间、承担具体责任的负责人，并签订承诺书。

（3）规定具体的考核标准和奖惩办法。考核标准不仅应规定目标值，而且要把目标值分解为若干具体要求来考核。

（4）项目制定安全生产目标管理计划时，要经项目分管领导审查同意，由主管部门与实行安全生产目标管理的单位签订责任书，将安全生产目标管理纳入各单位的生产经营或资产经营目标管理计划，主要领导人应对安全生产目标管理计划的制定与实施负第一责任。

（5）安全生产目标管理还要与安全生产责任制挂钩。层层分解，逐级负责，充分调动各级组织和全体员工的积极性，保证安全生产管理目标的实现。

7.3.4 园林绿化工程安全技术资料管理

7.3.4.1 总体要求

（1）施工现场安全内业资料必须按标准整理，做到真实、准确、齐全；

（2）文明施工资料由施工总承包方负责组织收集、整理资料；

（3）文明施工资料应按照"文明安全工地"八个方面的要求分别进行汇总、归档；

（4）文明施工资料作为工程文明施工考核的重要依据必须真实可靠；

（5）文明施工检查按照"文明安全工地"八个方面的打分表进行打分，工程项目经理部每 10d 进行一次检查，公司每月进行一次检查，并有检查记录，记录包括：检查时间、参加人员、发现问题和隐患、整改负责人及期限、复查情况。

7.3.4.2 安全技术资料管理内容

1. 现场管理资料

（1）施工组织设计。要求：审批表、编制人、审批人须签字，审批部门要盖章。

（2）施工组织设计变更手续。要求：要经审批人审批。

（3）季节施工方案（冬雨期施工）审批手续。

（4）现场文明安全施工管理组织机构及责任划分。要求：要有相应的现场责任区划分图和标识。

（5）施工日志。

（6）现场管理自检记录、月检记录。

（7）重大问题整改记录。

（8）职工应知应会考核情况和样卷。要求：有批改和分数。

2. 料具管理资料

（1）贵重物品、易燃、易爆材料管理制度。要求：制度要挂在仓库的明显位置。

（2）现场外堆料审批手续。

（3）材料进出场检查验收制度及手续。

（4）现场存放材料责任区划分及责任人。要求：要有相应的布置图和责任区划分及责任人的标识。

（5）材料管理的月检记录。

（6）职工应知应会考核情况和样卷。

3. 保卫消防管理资料

（1）保卫消防设施平面图。要求：消防管线、器材用红线标出。

（2）现场保卫消防制度、方案及负责人、组织机构。

（3）明火作业记录。

（4）消防设施、器材维修验收记录。

（5）保温材料验收资料。

（6）电气焊人员持证上岗记录及证件复印件，警卫人员工作记录。

（7）防火安全技术交底。

（8）消防保卫自检、月检记录。

（9）职工应知应会考核情况和样卷。

4. 安全防护资料

（1）总包与分包的合同书、安全和现场管理的协议书及责任划分。要求：要有安全生产的条款，双方要盖章和签字。

（2）项目部安全生产责任制（项目经理到一线生产工人的安全生产责任制度）。要求：要有部门和个人的岗位安全生产责任制。

（3）安全措施方案（基础、结构、装修有针对性的安全措施）。要求：要有审批手续。

（4）高大、异形脚手架施工方案（编制、审批）。要求：要有编制人、审批人、审批表、审批部门签字盖章。

（5）脚手架的组装，升、降验收手续。要求：验收项目需要量化的必须量化。

（6）各类安全防护设施的验收检查记录（安全网、临边防护、孔洞、防护棚等）。

（7）安全技术交底，安全检查记录，月检、日检，隐患通知整改记录，违章登记及奖罚记录。要求：要分部分项进行交底，有目录。

（8）特殊工种名册及复印件。

（9）入场安全教育记录。

（10）防护用品合格证及检测资料。

（11）职工应知应会考核情况和样卷。

5. 机械安全资料

（1）机械租赁合同及安全管理协议书。要求：要有双方的签字盖章。

（2）机械拆装合同书。

（3）设备出租单位、起重设备安拆单位等的资质资料及复印件。

（4）机械设备平面布置图。

（5）总包单位与机械出租单位共同对塔机组和吊装人员的安全技术交底。

（6）塔式起重机安装、顶升、拆除、验收记录。

（7）外用电梯安装验收记录。

（8）机械操作人员及起重吊装人员持证上岗记录及证件复印件。

（9）自检及月检记录和设备运转履历书。

6. 临时用电安全资料

（1）临时用电施工组织设计及变更资料。要求：要有编制人、审批表、审批人及审批部门的签字盖章。

（2）安全技术交底。

（3）临时用电验收记录。

（4）电气设备测试、调试记录。

（5）接地电阻遥测记录，电工值班、维修记录。

（6）月检及自检记录。

（7）临电器材合格证。

7. 工地卫生管理资料

（1）工地卫生管理制度。

（2）卫生责任区划分。要求：要有卫生责任区划分和责任人的标识。

（3）伙房及炊事人员的三证复印件（即食品卫生许可证、炊事员身体健康证、卫生知识培训证）。

（4）冬季取暖设施合格验收证。

（5）现场急救组织。

（6）月卫生检查记录。

8. 环境保护管理资料

（1）现场控制扬尘、噪声、水污染的治理措施。要求：要有噪声测试记录。

（2）环保自保体系、负责人。

（3）治理现场各类技术措施检查记录及整改记录（道路硬化、强噪声设备的封闭使用等）。

（4）自检和月检记录。

第8章 园林绿化工程生产要素管理

8.1 人力资源管理

8.1.1 人力资源概述

8.1.1.1 人力资源概念与特征

1. 人力资源概念

世界上存在物力资源、财力资源、信息资源和人力资源四种资源，其中最重要的是人力资源，它是一种兼具社会属性和经济属性的具有关键性作用的特殊资源。

狭义地讲，所谓人力资源（Human Resources）是指能够推动整个经济和社会发展的具有智力劳动和体力劳动能力的人的总和，它包括数量和质量两个方面。

从广义方面来说，智力正常的、有工作能力或将会有工作能力的人都可视为人力资源。

2. 人力资源特征

人力资源作为国民经济资源中一个特殊的部分，既有质、量、时、空的属性，也有自然的生理特征（表8-1）。

人力资源特征　　　　　　　　　　　　　　　　　　　　　　　　表8-1

特征	说　明
生物性	人力资源存在于人体之中，是有生命的"活"的资源，与人的自然生理特征相联系，具有生物性
可再生性	人力资源是一种可再生的生物性资源。它以人身为自然载体，是一种"活"的资源，可以通过人力总体和劳动力总体内各个个体的不断替换更新和恢复过程得以实现，具有再生性，是用之不尽、可以充分开发的资源。第一天劳动后精疲力竭，第二天又能生龙活虎地劳动
能动性	人力资源具有目的性、主观能动性和社会意识。一方面，人可以通过自己的知识智力创造工具，使自己的器官功能得到延伸和扩大，从而增强自身的能力；另一方面，随着人知识的不断发展，人认识世界、改造世界的能力也将增强
时代性与时效性	人力资源的形成过程受到时代的制约。在社会上同时发挥作用的几代人，当时的社会发展水平从整体上决定了他们的素质，他们只能在特定的时代条件下，努力发挥自己的作用。人力资源的形成、开发和利用都会受到时间方面的限制。从个体角度看，因为一个人的生命周期是有限的，人力使用的有效期大约是16～60岁，最佳时期为30～50岁，在这段时间内，如果人力资源得不到及时与适当的利用，个人所拥有的人力资源就会随着时间的流逝而降低，甚至丧失其作用。从社会角度看，人才的培养和使用也有培训期、成长期、成熟期和老化期
高增值性	在国民经济中，人力资源收益的份额正在迅速超过自然资源和资本资源。在现代市场经济国家，劳动力的市场价格不断上升，人力资源投资收益率不断上升，劳动者的可支配收入也在不断上升。与此同时，高质量人力资源与低质量人力资源之间的收入差距也在扩大
可控性	人力资源的生成是可控的。环境决定论的代表人物华生指出："给我12个健全的体形良好的婴儿和一个由我自己指定的抚育他们的环境，我从这些婴儿中随机抽取任何一个，保证能把他训练成我所选定的任何一类专家——医生、律师、商人和领袖人物，甚至训练成乞丐和小偷，无论他的天资、爱好倾向、能力、禀性如何，以及他的祖先属于什么种族。"由此可见，人力的生成不是自然而然的过程，它需要人们有组织、有计划地去培养与利用

特征	说　明
变化性与不稳定性	人力资源会因个人及其所处环境的变化而变化。在甲单位是人才，到乙单位可能就不是人才了。这种变化性表现在不同的时间上。20 世纪 50~60 年代的生产能手，到 90 年代就不一定是生产能手了
开发的连续性	人力资源由于他的可再生性，则具有无限开发的潜力与价值，人力资源的使用过程也是开发过程，具有持续性。人还可以不断学习，持续开发，提高自己的素质和能力，可以连续不断地开发与发展
个体的独立性	人力资源以个体为单位，独立存在于每个生活着的个体身上，而且受各自的生理状况、思想与价值观念的影响。这种存在的个体独立性和散性性，使人力资源的管理工作显得复杂而艰难，管理得好则能够形成系统优势，否则会产生内耗
消耗性与内耗性	人力资源若不使用，闲置时也必须消耗一定数量的其他自然资源，如食物、水、能源等，才能维持自身的存在。企业人力资源却不一定是越多越能产生效益，关键在于管理者怎样组织、利用与开发人力资源。人力资源对经济增长和企业竞争力的增强具有重要意义

8.1.1.2　人力资源规划

1. 人力资源规划的含义

人力资源规划（Human Resources Planning），又称人力资源计划，是指企业根据内外环境的发展制定出有关的计划或方案，以保证企业在适当的时候获得数量、质量和种类的人员补充，满足企业和个人的需求；同时也是系统评价人力资源需求、确保必要时可以获得所需数量且具备相应技能的员工的过程。

人力资源规划主要有三个层次的含义。

（1）一个企业所处的环境是不断变化的。在这样的情况下，如果企业不对自己的发展做长远规划，只会导致失败的结果。俗话说：人无远虑，必有近忧。现代社会的发展速度之快前所未有。在风云变幻的市场竞争中，没有规划的企业必定难以生存。

（2）一个企业应制定必要的人力资源政策和措施，以确保企业对人力资源需求的如期实现。例如，内部人员的调动、晋升或降职，人员招聘和培训以及奖惩都要切实可行，否则，就无法保证人力资源计划的实现。

（3）在实现企业目标的同时，要满足员工个人的利益。这是指企业的人力资源计划还要创造良好的条件，充分发挥企业中每个人的主动性、积极性和创造性，使每个人都能提高自己的工作效率，提升企业的效率，使企业的目标得以实现。与此同时，也要切实关心企业中每个人在物质、精神和业务发展等方面的需求，并帮助他们在为企业做出贡献的同时实现个人目标。这两者都必须兼顾。否则，就无法吸引和招聘到企业所需要的人才，难以留住企业已有的人才。

2. 人力资源规划的作用

（1）有利于企业制定长远的战略目标和发展规划。一个企业的高层管理者在制定战略目标和发展规划以及选择方案时，总要考虑企业自身的各种资源，尤其是人力资源的状况。

（2）有助于管理人员预测员工短缺或过剩情况。人力资源规划，一方面，对目前人力现状予以分析，以了解人事动态；另一方面，对未来人力需求做出预测，以便对企业人力的增减进行通盘考虑，再据以制定人员增补与培训计划。人力资源规划是将企业发展目标和策略转化为人力的需求，通过人力资源管理体系和工作，达到数量与质量、长期与短期的人力供需平衡。

（3）有助于人力资源管理活动的有序化。人力资源规划是企业人力资源管理的基础，它由总体规划和各分类执行规划构成，为管理活动，如确定人员需求量、供给量、调整职务和任务、培训等提供可靠的信息和依据，以保证管理活动有序化。

（4）有助于降低用人成本。企业效益就是有效的配备和使用企业的各种资源，以最小的成本投入达到最大的产出。人力资源成本是组织的最大成本，因此，人力的浪费是最大的浪费。人力资源规划有助于检查和预算出人力资源计划方案的实施成本及其带来的效益。人力资源规划可以对现有人力结构做一些分析，并找出影响人力资源有效运用的"瓶颈"，充分发挥人力资源效能，降低人力资源成本在总成本中所占的比重。

（5）有助于员工提高生产力，达到企业目标。人力资源规划可以帮助员工改进个人的工作技巧，把员工的能力和潜能尽显发挥，满足个人的成就感。人力资源规划还可以准确地评估每个员工可能达到的工作能力程度，而且能避免冗员，因而每个员工都能发挥潜能，对工作有要求的员工也可获得较大的满足感。

3. 人力资源规划的原则

充分考虑内部、外部环境的变化。人力资源规划只有充分考虑了园林企业内外环境的变化，才能适应形势的发展，真正做到为企业发展目标服务。无论何时，规划都是面向未来的，而未来总是含有多种不确定的因素，包括内部和外部的不确定因素。内部变化包括发展战略的变化、员工流动的变化等；外部变化包括政府人力资源政策的变化、人力供需矛盾的变化，以及竞争对手的变化。为了能够更好地适应这些变化，在人力资源规划中，应该对可能出现的情况做出预测和风险分析，最好要有面对风险的应急策略。所以，规避风险就成为园林企业需要格外小心的事情。

（1）开放性原则。开放性原则实际上是强调园林企业在制定发展战略时，要消除一种不好的倾向，即狭窄性——考虑问题的思路比较狭窄，在各个方面考虑得不是那么开放。

（2）动态性原则。动态性原则是指在园林企业发展战略设计中要明确预期。这里所说的预期，就是对企业未来的发展环境以及企业内部本身的一些变革，要有科学的预期性。因为，企业在发展战略上的频繁调整是不可行的，一般来说，企业发展战略的作用期一般为5年，如果刚刚制定出来，马上就修改，这就说明企业在制定发展战略时没有考虑到动态性的问题。当然，动态性原则既强调预期，也强调企业的动态发展。企业在大体判断正确的条件下，做一点战略调整是应该的，这个调整是小部分的调整，而不是整个战略的调整。

（3）使企业和员工共同发展。人力资源管理，不仅为园林企业服务，而且要促进员工发展。企业的发展和员工的发展是互相依托、互相促进的关系。在知识经济时代，随着人力资源素质的提高，企业员工越来越重视自身的职业前途。人的劳动被赋予神圣的意义，劳动不再只是谋生的手段，而是生活本身，是一种学习和创造的过程。优秀的人力资源规划，一定是能够使企业和员工得到长期利益的计划，一定是能够使企业和员工共同发展的计划。

（4）人力资源规划要注重对企业文化的整合。园林企业文化的核心就是培育企业的价值观，培育一种创新向上、符合实际的企业文化。

4. 人力资源规划的分类

目前，许多西方国家的企业都把人力资源规划作为企业整体战略计划的一部分，或者单独地制定明确的人力资源规划，以作为对企业整体战略计划的补充。单独的人力资源规划即类似于生产、市场、研究开发等职能部门的职能性战略计划，都是对企业整体战略计划的补充和完善。无论采用哪种形式，人力资源规划都要与企业整体战略计划的编制联系起来。

按照规划时间的长短不同，人力资源规划可以分为短期规划、中期规划和长期规划三种。一般来说，一年以内的计划为短期计划。这种计划要求任务明确、具体，措施落实到位。中期规划一般是1～5年的时间跨度，其目标、任务的明确与清晰程度介于长期与短期两种规划之间，主要是根据战略来制定战术。长期规划是指跨度为5年或5年以上的具有战略意义的规划，它为企业的人力资源的发展和使用指明了方向、目标和基本政策。长期规划的制定需要对企业内外环境的变化做出有效的预测，才能对企业的发展具有指导性作用。

人力资源规划要真正有效，还应该考虑企业规划，并受企业规划的制约。

按照性质不同，人力资源规划可以分为战略规划和策略规划两类。总体规划属于战略规划，它是指计划期内人力资源总目标、总政策、总步骤和总预算的安排；短期计划和具体计划是战略规划的分解，包括职务计划、人员配备计划、人员需求计划、人员供给计划、教育培训计划、职务发展计划、工作激励计划等。这些计划都由目标、任务、政策、步骤及预算构成，从不同角度保证人力资源总体规划的实现。

5. 人力资源规划的制定

（1）人力资源规划的内容。企业人力资源规划包括如下内容：

1）人力资源总体规划。是指在计划期内人力资源开发利用的总目标、总政策、实施步骤及总预算的安排。

2）人力资源业务计划。它包括人员补充计划、人员使用计划、人员接替与提升计划、教育培训计划、工资激励计划、劳动关系计划以及退休解聘计划等（表8-2）。

人力资源业务计划　　　　　　　　　　　　　　　　表8-2

序号	计划类别	目标	政策	预算
1	总体规划	总目标：绩效、人力资源总量、素质、员工满勤度	基本政策扩大、收缩、改革、稳定等	总预算：××万元
2	人员补充计划	类型、数量对人力资源结构及绩效的改善等	人员标准、人员来源、起点待遇等	招聘、选拔费用
3	人员使用计划	部门编制、人力资源结构优化、绩效改善、人力资源职位匹配、职务轮换	任职条件、人员轮换范围及时间	按使用规模、类别、人员状况决定工资福利
4	人员接替与提升计划	后备人员数量保持、改善人员结构、提高绩效目标	选拔标准、资格、试用期、提升比例、未提升人员安置	职务变化引起的工资福利
5	教育培训计划	素质与绩效改善、培训类型与数量、提供新人员、转变员工劳动态度	培训时间的保证、培训效果的保证	教育培训总投入、脱产损失
6	工资激励计划	降低离职率、提高士气、改善绩效	工资政策、激励政策、反馈、激励重点	增加工资、预算
7	劳动关系计划	减少非期望离职率、减少员工投诉与不满	参与管理、加强沟通	法律诉讼费
8	退休解聘计划	降低劳务成本，提高生产率	退休政策、解聘程序等	安置费

（2）人力资源成本分析。进行人力资源规划的目的之一，就是为了降低人力资源成本。人力资源成本，是指通过计算的方法来反映人力资源管理和员工的行为所引起的经济价值。人力资源成本是企业组织为了实现自己的组织目标，创造最佳经济和社会效益，而获得开发、使用、保障必要的人力资源及人力资源离职所支出的各项费用的总和。

（3）人力资源成本分为获得成本（Acquisition Cost）、开发成本（Development Cost）、

使用成本（Operationg Cost）、保障成本（Guarantee Cost）和离职成本（Separation Cost）五类：

1）人力资源获得成本，是指企业在招募和录用员工过程中发生的成本，主要包括招募、选择、录用和安置员工所发生的费用。

2）人力资源开发成本，是指企业为提高员工的生产能力，为增加企业人力资产的价值而发生的成本，主要包括上岗前教育成本、岗位培训成本、脱产培训成本。

3）人力资源使用成本，是指企业在使用员工劳动力的过程中发生的成本，包括维持成本、奖励成本、调剂成本等。

4）人力资源保障成本，是指保障人力资源在暂时或长期丧失使用价值时的生存权而必须支付的费用，包括劳动事故保障、健康保障、退休养老保障等费用。

5）人力资源离职成本，是指由于员工离开企业而产生的成本，包括离职补偿成本、离职低效成本、空职成本。

当然，定量分析内容不仅包括以上指标，它只是提供了一个思路。数据的细化分析是没有止境的，例如，在离职上有不同部门的离职率（部门、总部、分部）、不同人群组的离职率（年龄、种族、性别、教育、业绩、岗位）和不同理由的离职率；在到岗时间分析上，可以分为用人部门提出报告，人力资源部门做出反应，刊登招聘广告、面试、复试、到岗等各种时间段，然后分析影响到岗的关键点。当然，度量不能随意地创造数据，最终度量的是功效，即如何以最小的投入得到最大的产出。

对企业来说，它需要人力资源部门根据实际工作收集数据和对数据进行分析。以便及早发现问题和提出警告，进行事前控制，指出进一步提高效率的机会。如果没有度量，就无法确切地知道工作是进步了还是退步了，人力资源管理部门通过提高招聘、劳动报酬和激励、规划、培训等一切活动的效率，来降低企业的成本。提高企业的效率、质量和整体竞争力。

对人力资源管理工作者来说，他必须适应企业管理的发展水平。有了度量，可以让规划、招聘、培训、咨询、薪资管理等工作都有具体的依据；让员工明白组织期望他们做什么，将以什么样的标准评价，使员工能够把精力集中在一些比较重要的任务和目标上，为人力资源管理工作的业绩测度和评价提供相对客观的指标。

（4）制定人力资源规划的程序。人力资源规划，作为企业人力资源管理的一项基础工作，其核心部分包括人力资源需求预测、人力资源供应预测和人力资源供需综合平衡三项工作。

人力资源规划的过程大致分为以下几个步骤：

1）调查、收集和整理相关信息。影响企业经营管理的因素很多，例如产品结构、市场占有率、生产和销售方式、技术装备的先进程度以及企业经营环境，包括社会的政治、经济、法律环境等因素是企业制定规划的硬约束，任何企业的人力资源规划都必须加以考虑。

2）核查组织现有人力资源。核查组织现有人力资源就是通过明确现有人员的数量、质量、结构以及分布情况，为将来制定人力资源规划做准备。它要求组织建立完善的人力资源管理信息系统，即借助现代管理手段和设备，详细记录企业员工各方面的资料，包括员工的自然情况、录用资料、工资、工作执行情况、职务和离职记录、工作态度和绩效表现。只有这样，才能对企业人员情况全面了解，才能准确地进行企业人力资源规划。

3）预测组织人力资源需求。预测组织人力资源需求可以与人力资源核查同时进行，它主要是根据组织战略规划和组织的内外条件，选择预测技术，然后对人力需求结构和数量进行预测。了解企业对各类人力资源的需求情况，以及可以满足上述需求的内部和外部的人力资源的供给情况，并对其中的缺点进行分析，这是一项技术性较强的工作，其准确程度直接决定了规划的效果和成败，它是整个人力资源规划中最困难，同时也是最关键的工作。

4）制定人员供求平衡规划政策。根据供求关系以及人员净需求量，制定出相应的规划和政策，以确保组织发展在各时间点上人力资源供给和需求的平衡。也就是制定各种具体的规划，保证各时间点上人员供求的一致，主要包括晋升规划、补充规划、培训发展规划、员工职业生涯规划等。人力资源供求达到协调平衡是人力资源规划活动的落脚点和归宿，人力资源供需预测是为这一活动服务的。

5）对人力资源规划工作进行控制和评价。人力资源规划的基础是人力资源预测。但预测与现实毕竟有差异，因此，制定出来的人力资源规划在执行过程中必须加以调整和控制，使之与实际情况相适应。因此，执行反馈是人力资源规划工作的重要环节，也是对整个规划工作的执行控制过程。

6）评估人力资源规划。评估人力资源规划是人力资源规划过程中的最后一步。人力资源规划不是一成不变的，它是一个动态的开放系统，对其过程及结果必须进行监督、评估，并重视信息反馈，不断调整，使其更加切合实际，更好地促进企业目标的实现。

7）人力资源规划的审核和评估工作。应在明确审核必要性的基础上，制定相应的标准。同时，在对人力资源规划进行审核与评估的过程中，还要注意组织的保证和选用正确的方法。

（5）制定人力资源规划的典型步骤。由于各企业的具体情况不同，所以，制定人力资源规划的步骤也不尽相同。制定人力资源规划的典型步骤如表 8-3 所示。

制定人力资源规划的典型步骤　　　　　　　　　　　　　　表 8-3

序号	步骤	说　明
1	制定职务编制计划	根据组织发展规划和组织工作方案，结合工作分析的内容，确定职务编制计划。职务编制计划阐述了组织结构、职务设置、职务描述和职务资格要求等内容。制定职务编制计划的目的是为了设想未来的组织职能规模和模式
2	制定人员配置计划	根据组织发展规划，结合人力资源盘点报告，制定人员配置计划。人员配置计划阐述了单位每个职位的人员数量、人员的职务变动、职务空缺数量的补充办法等
3	预测人员需求	根据职务编制计划和人员配置计划，采用预测方法，进行人员需求预测。在预测人员需求中，应阐明需求的职务名称、人员数量、希望到岗时间等。同时，还要形成一个标明员工数量、招聘成本、技能要求、工作类别及未完成组织目标所需的管理人员数量和层次的分列表
4	确定人员供给计划	人员供给计划是人员需求的对策性计划。人员供给计划的编制，要在对本单位现有人力资源进行盘存的情况下，结合员工变动的规律，阐述人员供给的方式，包括人员的内部流动方法、外部流动政策、人员的获取途径和具体方法等
5	制定培训计划	为了使员工适应形势发展的需要，有必要对员工进行培训，包括新员工的上岗培训和老员工的继续教育，以及各种专业培训等。培训计划涉及培训政策、培训需求、培训内容、培训形式、培训考核等内容
6	制定人力资源管理政策调整计划	人力资源政策调整计划，是对组织发展和组织人力资源管理之间关系的主动协调，目的是确保人力资源管理工作主动地适应形势发展的需要。计划中应明确计划期内的人力资源政策的调整原因、调整步骤和调整范围等。其中包括招聘政策、绩效考核政策、薪酬与福利政策、激励政策、职业生涯规划政策、员工管理政策等
7	编制人力资源费用预算	编制人力资源费用主要包括招聘费用、培训费用、福利费用、调配费用、奖励费用、其他非员工的直接待遇，以及与人力资源开发利用有关的费用
8	关键任务的风险分析及对策	任何单位在人力资源管理中都可能遇到风险，如招聘失败、新政策引起员工不满，这些都可能影响公司的正常运行。风险分析就是通过风险识别、风险评估、风险驾驭、风险监控等一系列活动来防范风险的发生

　　人力资源规划编制完毕后，应先与各部门负责人沟通，根据沟通的结果进行反馈。最后再提交给公司决策层审议通过。

8.1.2　人力资源管理概述

8.1.2.1　人力资源管理的含义

　　人力资源管理（Human Resources Management）是指运用现代化的科学方法，对与一定物力相结合的人力进行合理的培训、组织与调配，使人力、物力经常保持最佳比例；同时对人的思想、心理和行为动机进行恰当的诱导、控制和协调，充分发挥人的主观能动性，使人尽其才，事得其人，人事相宜，以实现组织目标。

　　从两个方面了解人力资源管理：

　　一方面，对人力资源外在要素——量的管理。就是根据人力和物力及其变化，对人力进行恰当的培训、组织和协调，使两者经常保持最佳比例和有机结合，使人和物都充分发挥出最佳效应。

　　另一方面，对人力资源内存要素——质的管理。其包括对个体和群体的思想、心理和行为的协调、控制和管理，充分发挥人的主观能动性，以达到组织目标。

8.1.2.2　人力资源管理的具体内容

　　人力资源管理的具体内容如表8-4所示。

人力资源管理的具体内容　　　　　表8-4

序号	内容	释　义
1	工作分析	即对具体工作岗位的研究
2	人力资源规划	即确定人力资源需求
3	招聘	即吸收潜在员工
4	选拔	即测试和挑选新员工
5	培训和开发	即教导员工如何完成他们的工作以及为将来做好准备
6	报酬方案	即如何向员工提供报酬
7	绩效管理	即对员工的工作绩效进行评价
8	员工关系	即创造一种和谐和积极的工作环境

8.1.2.3　现代人力资源管理的主要特点

　　现代人力资源管理以"人"为核心，强调一种动态的、心理的、意识的调节和开发，管理的根本出发点是"着眼于人"，其管理归结于人与事的系统优化，以使企业取得最佳的社会效益和经济效益。

　　现代人力资源管理把人作为一种"资源"，注重产出和开发。

8.1.2.4　人力资源管理的目的和意义

　　人力资源管理的目的：一是为满足企业任务需要和发展要求；二是吸引潜在的合格的应聘者；三是留住符合需要的员工；四是激励员工更好地工作；五是保证员工安全和健康；六是提高员工素质、知识和技能；七是发掘员工的潜能；八是使员工得到个人成长空间。

　　人力资源管理对企业具有四点重大意义：一是提高生产率，即以一定的投入获得更多的产出；二是提高工作生活质量，是指员工在工作中产生良好的心理和生理健康感觉，如安全感、归属感、参与感、满意感、成就与发展感等；三是提高经济效益，即获得更多的盈利；四是符合法律规定，即遵守各项有关法律、法规。

人力资源管理的目标：取得最大的使用价值；发挥人最大的主观能动性，激发人才活力；培养全面发展的人。

人力资源管理的最终结果（或称底线），必然与企业生存、竞争力、发展、盈利及适应力有关。

8.1.2.5　人力资源管理的职能与措施

1. 获取

获取职能包括工作分析、人力资源规划、招聘、选拔与使用等活动。工作分析是人力资源管理的基础性工作。在这个过程中，要对每一职务的任务、职责、环境及任职资格做出描述，编写出岗位说明书。

人力资源规划是将企业对人员数量和质量的需求与人力资源的有效供给相协调。需求源于组织工作的现状与对未来的预测，供给则涉及内部与外部的有效人力资源。

招聘应根据对应聘人员的吸引程度选择最合适的招聘方式，如利用报纸广告、网上招聘、职业介绍所等。

选拔与使用。选拔有多种方法，如利用求职申请表、面试、测试和评价中心等。使用是指对经过上岗培训，考试后合格的人员安排工作。

2. 保持

保持职能包括两个方面的活动：一是保持员工的工作积极性，如公平的报酬、有效的沟通与参与、融洽的劳资关系等；二是保持健康安全的工作环境。

（1）报酬是指制定公平合理的工资制度。

（2）沟通与参与指的是公平对待员工，疏通关系，沟通感情，参与管理等。

（3）融洽的劳资关系指的是处理劳资关系方面的纠纷和事务，促进劳资关系的改善。

3. 发展

发展职能包括员工培训、职业发展管理等。

（1）员工培训是指根据个人、工作、企业的需要制定培训计划，选择培训的方式和方法，对培训效果进行评估。

（2）职业发展管理是指帮助员工制定个人发展计划，使个人的发展与企业的发展相协调，满足个人成长的需要。

4. 评价

评价职能包括工作评价、绩效考核、满意度调查等。其中绩效考核是核心，它是奖惩、晋升等人力资源管理及其决策的依据。

5. 调整

调整职能包括人员调配系统、晋升系统等。人力资源管理的各项具体活动，是按一定程序展开的，各环节之间是关联的。没有工作分析，也就不可能有人力资源规划；没有人力资源规划，也就难以进行有针对性的招聘；在没有进行人员配置之前，不可能进行培训；不经过培训，难以保证上岗后胜任工作；不胜任工作，绩效评估或考核就没有意义。对于正在运行中的企业，人力资源管理可以从任何一个环节开始。但是，无论从哪个环节开始，都必须形成一个闭环系统，就是说要保证各环节的连贯性。否则，人力资源管理就不可能有效地发挥作用。

8.1.2.6 绩效考评

1. 绩效考评的内容

（1）"德"是指人的政治思想素质、道德素质和心理素质。

（2）"能"是指人的能力素质，即认识世界和改造世界的本领。

（3）"勤"是指勤奋敬业精神，主要指人员的工作积极性、创造性、主动性、纪律性和出勤率。

（4）"绩"是指人员的工作绩效，包括完成工作的数量、质量、经济效益和社会效益。

2. 绩效考评的方法

（1）民意测验法。此法的优点是群众性和民主性较好，缺点是主要是从下而上考察干部，群众缺乏足够全面的信息，会在掌握考核标准上带来偏差或非科学因素。一般将此法用作辅助的、参考的手段。

（2）共同确定法。此法目前被广泛用于职称的评定，即由考核小组成员按考核内容，逐人逐项打分，去掉若干最高分和若干最低分，余下的取平均分，用以确定最终考核得分。

（3）配对比较法。此法优点是准确性较高，缺点是操作烦琐，因此每次考核人数宜少，通常 10 人左右。

（4）要素评定法，也称功能测评法。根据不同类型人员确定不同的考核要素，然后制定考核（测评）表，由主考人员逐项打分。一般将每个要素按优劣程序划分 3～5 个等级，每个等级相应地根据因素的重要性取得不同的记分。一般由被考核人员本人、下级、同级、上级各填一考核表，再综合计算得分，会更准确些。

（5）情景模拟法。其优点是身临其境，真实性和准确性高，其缺点是耗费许多人力、物力、财力。目前在发达国家实际采用的情景模拟法只是一种"想象模拟"，即"假如您在某个岗位"，或用计算机模拟系统进行仿真。

8.1.3 园林绿化工程项目人力资源管理

8.1.3.1 园林绿化工程项目人力资源管理的内容

园林绿化工程项目人力资源管理是项目经理的职责。在园林项目运转过程中，项目内部汇集了一批技术、财务、工程等方面的精英。项目经理必须将项目中的这些成员分别组建到一个个有效的团队中去，使组织发挥整体远大于局部之和的效果。为此，开展协调工作就显得非常重要，项目经理必须解决冲突，弱化矛盾，必须高屋建瓴地策划全局。

园林绿化工程项目人力资源管理属于微观人力资源管理的范畴。园林绿化工程项目人力资源管理可以理解为针对园林人力资源的取得、培训、保持和利用等方面所进行的计划、组织、指挥和控制活动。

具体而言，园林绿化工程项目人力资源管理包括以下内容：园林绿化工程项目人力资源规划；园林绿化工程项目岗位群分析；园林绿化工程项目员工招聘；园林绿化工程项目员工培训和开发；建立公平合理的薪酬系统和福利制度；绩效评估。

8.1.3.2 园林绿化工程项目人力资源的优化配置

1. 施工劳动力现状

随着国家用工制度的改革，园林企业逐步形成了多种形式的用工制度，包括固定工、合同工和临时工等形式。形成劳动力弹性供求结构，适应园林绿化工程项目施工中用工弹性和流动性的要求。

2. 园林绿化工程项目劳动力计划的编制

劳动力综合需要计划是确定暂设园林工程规模和组织劳动力市场的依据。编制时首先应根据工种工程量汇总表中列出的各专业工种的工程量，查相应定额得到各主要工种的劳动量，再根据总进度计划表中各单位工程工种的持续时间。求得某单位工程在某段时间里的平均劳动力数。然后用同样方法计算出各主要工种在各个时期的平均工人数。

3. 园林绿化工程项目劳动力的优化配置

园林绿化工程项目所需劳动力以及种类、数量、时间、来源等问题，应就项目的具体状况做出具体安排，安排得合理与否将直接影响项目的实现。劳动力的合理安排需要通过对劳动力的优化配置才能实现。

园林绿化工程项目中，劳动力管理的正确思路是：劳动力的关键在于使用，使用的关键在于提高效率，提高效率的关键在于调动员工的积极性，调动积极性的最好办法是加强思想政治工作和运用科学的观点进行恰当的激励。

园林绿化工程项目劳动力优化配置的依据主要涉及项目性质、项目进度计划、项目劳动力资源供应环境。需要什么样的劳动力、需要多少，应根据在该时间段所进行的工作活动情况予以确定。同时，还要考虑劳动力的优化配置和进度计划之间的综合平衡问题。

园林绿化工程项目不同或项目所在地不同，其劳动力资源供应环境也不相同，项目所需劳动力取自何处。应在分析项目劳动力资源供应环境的基础上加以正确选择。

园林绿化工程项目劳动力优化配置首先应根据项目分解结构，按照充分利用、提高效率、降低成本的原则确定每项工作或活动所需劳动力的种类和数量；然后再根据项目的初步进度计划进行劳动力配置的时间安排；接下来在考虑劳动力资源的来源基础上进行劳动力资源的平衡和优化；最后形成劳动力优化配置计划。

8.2　园林绿化工程技术管理

8.2.1　园林绿化工程技术管理组成及特点

8.2.1.1　施工企业的技术管理工作组成

施工企业的技术管理工作主要由施工技术准备、施工过程技术工作、技术开发工作三方面组成。

8.2.1.2　施工企业的技术管理工作特点

由于园林绿化工程自身的特点，在技术管理上要针对园林艺术性和生物性的要求，采取相应的技术手段，合理组织技术管理。

1. 园林绿化工程建设技术管理的综合性

园林绿化工程是艺术工程，是工程技术和生物技术与园林艺术的结合，既要保证园林绿化工程建设发挥它绿化环境的功能，同时又要发挥它供人们欣赏的艺术功能，满足人们文化生活的需要，这些都要求园林工程建设必须重视各方面的技术工作。因此，在园林绿化工程建设中采用先进的科学技术手段，逐步形成独特的园艺技术体系，掌握自然规律，利用自然规律创造出最好的经济效果和艺术效果。

2. 园林绿化工程建设技术管理的相关性

园林绿化工程建设过程中，各项技术措施是密切相关的，在协调妥当的情况下，可以相互促进；在协调失当的情况下，可能相互矛盾。因此，园林绿化工程建设技术管理的相关性在园林工程施工中具有特殊意义。例如，栽植工程的起苗、运苗、植苗与管护；园路工程的基层与面层；假山工程的基础、底层、中层、压顶等环节都是相互依赖、相互制约的。上道工序技术应用得好，保证了质量，为下道工序打好基础，才能保证整个项目的质量。相反，上道工序技术出现问题，影响质量，就会影响下道工序的进行和质量，甚至影响全项目的完成和质量要求。

3. 园林绿化工程建设技术管理的多样性

园林绿化工程技术的应用主要是绿化施工和园林建筑施工，但两者所应用的材料是多样的，选择的施工方法是多样的，这就要求有与之相适应的不同工程技术，因此园林技术具有多样性。

4. 园林绿化工程建设技术管理的季节性

园林绿化工程建设多为露天施工，受气候等外界因素影响很大，季节性较强，尤其是土方工程、栽植工程等。应根据季节不同，采取不同的技术措施，使之能适应季节变化，创造适宜的施工条件。

8.2.2　园林绿化工程技术管理内容

8.2.2.1　建立技术管理体系，加强技术管理制度建设

要加强技术管理工作，充分发挥技术优势，施工单位应该建立健全技术管理机构，形成单位内纵向的技术管理关系和对外横向的技术协作关系，使之成为以技术为导向的网络管理体系。要在该体系中强化高级技术人员的领导作用，设立以总工程师为核心的三级技术管理系统，重视各级技术人员的相互协作，并将技术优势应用于园林工程施工之中。

对于施工企业，仅仅建立稳定的技术管理机构是不够的，应充分发挥机构的职责，制定和完善技术管理制度，并使制度在实际工作中得到贯彻落实。为此，园林施工单位应建立以下制度：

1. 图纸会审管理制度

施工单位应认识到设计图纸会审的重要性。园林工程建设是综合性的艺术作品，它展示了作者的创作思想和艺术风格。因此，熟悉图纸是搞好园林施工的基础工作，应给予足够的重视。通过会审还可以发现设计与现场实际的矛盾，研究确定解决办法，为顺利施工创造条件。

2. 技术交底制度

施工企业必须建立技术交底制度，向基层组织交代清楚施工任务、施工工期、技术要求等，避免盲目施工，操作失误，影响质量，延误工期。

3. 计划先导的管理制度

计划、组织、指挥、协调与监督是现代施工管理的五大职能。在施工管理中要特别注意发挥计划职能。要建立以施工组织设计为先导的技术管理制度用以指导施工。

4. 材料检查制度

材料、设备的优劣对工程质量有重要影响，为确保园林工程建设的施工质量，必须建立严格的材料检查制度。要选派责任心强、懂业务的技术人员负责这项工作，对园林施工中一切材料（含苗木）、设备、配件、构件等进行严格检验，坚持标准，杜绝不合格材料进场，以保证工程质量。

5. 基层统计管理制度

基层施工单位多是施工队或班组直接进行工程施工活动，是施工技术的直接应用者或操

作者。因此，应根据技术措施的贯彻情况，做好原始记录，作为技术档案的重要部分，也为今后的技术工作提供宝贵的经验。

技术统计工作也包括施工过程的各种数据记录及工程竣工验收记录。以上资料应整理成册，存档保管。

8.2.2.2　建立技术责任制

园林绿化工程建设技术性要求高，要充分发挥各级技术人员的作用，明确其职权和责任，便于完成任务。为此，应做好以下几方面工作：

（1）落实领导任期技术责任制，明确技术职责范围。领导技术责任制是由总工程师、主任工程师和技术组长构成的以总工程师为核心的三级管理责任制。其主要职责包括：全面负责单位内的技术工作和技术管理工作；组织编制单位内的技术发展规划，负责技术革新和科研工作；组织会审各种设计图纸，解决工程中技术关键问题；制定技术操作规程、技术标准及各种安全技术措施；组织技术培训，提高职工业务技术水平。

（2）保持单位内技术人员的相对稳定。避免技术人员的频繁调动，以利于技术经验的积累和技术水平的提高。

（3）重视特殊技术人员的作用。园林绿化工程中的假山置石、盆景花卉、古建雕塑等需要丰富的技术经验，而掌握这些技术的绝大多数是老工人或老技术人员，要鼓励他们继续发挥技术特长，充分调动他们的积极性。同时要做好传、帮、带工作，制订"以老带新"计划，使年轻人学习、继承他们的技艺，更好地为园林艺术服务。

8.2.2.3　加强技术管理法制工作

加强技术管理法制工作是指园林绿化工程施工中必须遵照园林有关法律、法规及现行的技术规范和技术规程。技术规范是对建设项目质量规格及检查方法所做的技术规定；技术规程是为了贯彻技术规范而对各种技术程序操作方法、机械使用、设备安装、技术安全等诸多方面所做的技术规定。由技术规范、技术规程及法规共同构成工程施工的法律体系，必须认真遵守、执行。

（1）法律法规：包括合同法、环境保护法、建筑法、森林法、风景名胜区管理条例及各种绿化管理条例等。

（2）技术规范：包括公园设计规范、森林公园设计规范、建筑安装工程施工及验收规范、安装工程质量检验标准、建筑安装材料技术标准、架空索道安全技术标准等。

（3）技术规程：包括施工工艺规程、施工操作规程、安全操作规程、绿化工程技术规程等。

8.3　园林绿化工程材料管理

8.3.1　园林绿化工程施工材料的采购管理

8.3.1.1　采购的一般流程

在园林绿化工程项目的建设过程中，采购是项目执行的一个重要环节，一般指物资供应人员或实体基于生产、销售、消耗等目的，购买商品或劳务的交易行为。

采购是一个系统工程。其主要流程包括以下几个方面：

（1）提出采购申请。由需求单位根据施工需要提出拟采购材料的申请。

（2）编制采购计划。采购部门从最好地满足项目需求的角度出发，在项目范围说明书基础上确定是否采购、怎样采购、采购什么、采购多少以及何时采购。范围说明书是在项目联系人之间确认或建立的对项目范围的共识，施工未来项目决策的基准文档。范围说明书说明了项目目前的界限范围，它提供了在采购计划编制中必须考虑的有关项目需求和策略的重要信息。

（3）编制询价计划。编制询价工作中所需的文档，形成产品采购文档，同时确定可能的供方。

（4）询价。获取报价单或在适当的时候取得建议书。

（5）供应商选择。包括投标书或建议书的接受以及用于选择供应商的评价标准的应用，并从可能的卖方中选择产品的供应商。

（6）合同管理。确保卖方履行合同的要求。

（7）合同收尾工作。包括任何未解决事项的决议、产品核实和管理收尾，如更新记录以反映最终结果，并对这些信息归档等。

8.3.1.2 采购方式的选择

对某些重大工程的采购，业主为了确保工程的质量而以合同的形式要求承包商对特定物资的采购必须采取招标方式或者直接指定某家采购单位等，如果在承包合同中没有这些限制条件的话，承包商可以根据实际情况来决定有效的采购方式。通常情况下，承包方可选择的采购方式主要有以下几种：

（1）竞争性招标。竞争性招标有利于降低采购的造价，确保所采购产品的质量和缩短工期。但采购的工作量较大，因而成本可能较高。

（2）有限竞争性招标。有限竞争性招标又称邀请招标，它是招标单位根据自己积累的资料或根据工程咨询机构提供的信息，选择若干有实力的合格单位发出邀请，应邀单位（一般在3家以上）在规定的时间内向招标单位提交意向书，购买招标文件进行投标。有限竞争性投标方式节省了资格评审工作的时间和费用，但可能使得一些更具有竞争优势的单位失去机会。

（3）询价采购。询价采购也称为比质比价法，它是根据几家供应商（一般至少3家）的报价、产品质量以及供货时间等，对多家供应商进行比较分析，目的是确保价格的合理性。这种方式一般适用于现货采购或价值较小的标准规格设备，有时也适用于小型、简单的土建工程。

（4）直接采购或直接签订合同。直接采购就是不进行竞争而直接与某单位签订合同的采购方式。这种方式一般都是在特定的采购环境中进行的。例如，所需设备具有专营性、承包合同中指定了采购单位、在竞争性招标中未能找到一家供应商以合理价格来承担所需工程的施工或提供货物等特殊情况。

8.3.1.3 供应商的选择

供应商的选择是采购流程中的重要环节，它关系到高质量材料供应来源的确定和评价，以及通过采购合同在销售完成之前或之后及时获得所需的产品或服务的可能性。一般供应商选择包括如下步骤：

（1）供应商认证准备。

（2）供应商初选。采购人员根据供应商认证说明书，有针对性地寻找供应商，搜集有关供应信息。一般信息来源有商品目录、行业期刊、各类广告、网络、业务往来、采购部门原有的记录等。对重点的供应商还可进行书面调查或实地考察，考察的内容包括供应商的一般经营情况、制造能力、技术能力、管理情况、品质认证情况等。通过以上环节，采购人员可以确定参加项目竞标的供应商，向他们发放认证说明书；供应商则可根据自身情况向采购方提交项目供应报告，主要包括项目价格、可达到的质量、能提供的月／年、供应量、售后服务情况等。

（3）与供应商试合作。初选供应商后，采购人员可与其签订试用合同，目的是检测供应商的实际供应能力。通过试合作甄选出合适的供应商，进而签订正式的项目采购合同。

（4）对供应商进行评估。在供货过程中，采购人员应继续对供应商的绩效从质量、价格、交付、服务等方面进行追踪考察和评价。采购方对于供应商的服务评价指标主要有物料维修配合、物料更换配合、设计方案更改配合、合理化建议数量、上门服务程度、竞争公正性表现等。

由于植物、石料、装饰品等材料的艺术性要求和部分园林产品非标准化的特点，园林企业要特别重视供应商的储备，在园林工程项目的材料采购中，要特别强调在供应商选择和管理评估的基础上与供应商建立密切、长期、彼此信任的良好合作关系，要把供应商视为企业的外部延伸和良好的战略合作伙伴，使供应商尽早介入项目采购活动中，以便及时、足量、质优的完成项目的材料预采购和采购任务。

8.3.2　园林绿化工程施工材料库存管理

1. 库存（Inventory）

为了未来预期的需要而将一部分资源暂时闲置起来。材料库存一般包括经常库存和安全库存两部分。经常库存，是指在正常情况下，在前后两批材料到达的供应间隔内，为满足施工生产的连续性而建立起来的库存。它的数量一般呈周期性变化。安全库存，则是为了预防某些不确定因素的发生而建立的库存，正常情况下是一经确定就是固定不变的库存量。

2. ABC 分类法（ABC Classification）

园林绿化工程材料管理不可能面面俱到，因此在进行材料管理时可以实行重点控制，"抓大放小"。大量的调查表明，材料的库存价值和品种的数量之间存在一定的比例关系。通常占品种数 15% 的物资约占 75% 的库存资金，称为 A 类物资；占品种数约 30% 的物资约占 20% 的库存资金，称为 B 类物资；而占品种数约 55% 的物资只占约 5% 的库存资金，称为 C 类物资。对这些不同的物资可以采取不同的控制方法。例如，A 类物资应该是重点管理的材料，一般由企业物资部门采购，要进行严格的控制，确定经济的库存量，并对库存量随时进行盘点；对 B 类物资进行一般控制，可由项目经理部采购，适当管理；C 类物资可稍加控制或不加控制，简化其管理方法。

3. 供应商管理库存（VMI）

供应商管理库存，是一种用户和供应商之间的合作性策略，是在一个相互统一的目标框架下由供应商管理库存的新库存管理模式。它以对双方来说都是最低的成本来优化产品的可获性，以系统的、集成的管理思想进行库存管理，使供需方之间能够获得同步化的运作，体现了供应链的集成化管理思想。

采用传统的库存管理模式，具有采购提前期长、交易成本高、生产柔性差、人员配置多、工程流程复杂的缺陷。而 VMI 库存管理系统则突破了传统的条块分割的库存管理模式，它通过选择材料供应商，与选定的供应商签订框架协议的形式确定合作关系，对项目部而言，材料的供应管理工作主要是编制材料使用计划；对供应商而言，则是根据项目的材料使用计划，合理安排生产和运输，保证既不缺货，也不使现场有较大库存。采用 VMI 库存策略，将库存交由供应商管理，不仅可以使项目部集中精力在工程的核心业务上，还具有减少项目人员、降低项目成本、提高服务水平的优点。

8.3.3 施工现场的材料管理

8.3.3.1 材料管理的任务

（1）全面规划，保障园林施工现场材料管理的有序进行。在园林工程开工前做出施工现场材料管理的规划，参与施工组织设计的编制，规划材料存放场地、运输道路，做好园林工程材料预算，制定施工现场材料管理目标。

（2）合理计划，掌握进度，正确组织材料进场。按工程施工进度计划，组织材料分期分批有秩序地进场。一方面保证施工生产需要，另一方面可以防止形成大批剩余材料。

（3）严格验收，把好工程质量第一关。按照各种材料的品种、规格、质量、数量要求，严格对进场材料进行检查，办理收料。

（4）合理存放，促进园林工程施工的顺利进行。按照现场平面布置要求，做到适当存放，在方便施工、保证道路畅通、安全可靠的原则下，尽量减少二次搬运。

（5）进入现场的园林材料应根据材料的属性妥善保管。园林工程材料各具特性，尤其是植物材料，其生理生态习性各不相同，因此，必须按照各项材料的自然属性，依据物资保管技术要求和现场客观条件，采取各种有效措施进行维护、保养，保证各项材料不降低使用价值，植物材料成活率高。

（6）控制领发，加强监督，最大限度地降低工程施工消耗。施工过程中，按照施工操作者所承担的任务，依据定额及有关资料进行严格的数量控制，提高物资材料使用率。

（7）加强材料使用记录与核算，改进现场材料管理措施。用实物量形式，通过对消耗活动进行记录、计算、控制、分析、考核和比较，正确反映消耗水平。

8.3.3.2 管理内容

1. 材料计划管理

项目开工前，向企业材料部门提出一次性计划，作为供应备料依据；在施工过程中，根据工程变更及调整的施工预算，及时向企业材料部门提出调整供料月计划，作为动态供料的依据；根据施工平面图对现场设施的设计，按试用期提出施工设施用料计划，报供应部门作为送料的依据；按月对材料计划的执行情况进行检查，不断改进材料供应。

2. 材料进场验收

为了把住质量和数量关，在材料进场时必须根据进料计划、送料凭证、质量保证书或产品合格证，进行材料的数量和质量验收；验收工作按质量验收规范和计量检测规定进行；验收内容包括品种、规格、型号、质量、数量等；验收要做好记录，办理验收手续；对不符合计划要求或质量不合格的材料应拒绝验收。

（1）现场材料人员接到材料进场的预报后，要做好以下五项准备工作：

1）检查现场施工便道有无障碍及是否平整畅通，车辆进出、转弯、调头是否方便，还应适当考虑回车道，以保证材料能顺利进场；

2）按照施工组织设计的场地平面布置图的要求，选择适当的堆料场地，要求平整，没有积水；

3）必须进现场临时仓库的材料，按照"轻物上架、重物近门、取用方便"的原则，准备好库位，防潮、防霉材料要事先铺好垫板，易燃易爆材料一定要准备好危险品仓库；

4）夜间进料要准备好照明设备，道路两侧及堆料场地都应有足够的照明，以保证安全生产。

5）准备好装卸设备、计量设备、遮盖设备等。

（2）现场材料的验收主要是验收材料品种、规格、数量和质量。

1）查看送料单，是否有误差。

2）核对实物的品种、规格、数量和质量，是否和凭证一致。

3）检查原始凭证是否齐全正确。

4）做好原始记录，填写收料日记，逐项详细填写，其中验收情况登记栏必须将验收过程中发生的问题填写清楚。

5）根据材料的不同，其验收方法也不一样。几种验收方法包括：① 水泥需要按规定取样送检，经实验安定性合格后方可使用；② 木材质量验收包括材种验收和等级验收，数量以材积表示；③ 钢材质量验收分为外观质量验收和内在化学成分、力学性能验收；④ 园林建筑小品材料验收要详细核对加工计划，检查规格、型号和数量；⑤ 园林植物材料验收时应确认植物材料形状尺寸（树高、胸径、冠幅等）、树型、树势、根的状态及有无病虫害等，搬入现场时还要再次确认树木根系与土球状况、运输时有无损伤等，同时还应该做好数量的统计与确认工作。

3. 材料的储存与保管

进库的材料应验收入库，建立台账；现场的材料必须防火、防盗、防雨、防变质、防损坏；施工现场材料的放置要按平面布置图实施，做到位置正确、保管处置得当、合乎堆放保管制度；要日清、月结、定期盘点、账实相符。

园林植物材料坚持随挖、随运、随种的原则，尽量减少存放时间，如需假植，应及时进行。

4. 材料领发

凡有定额时，工程用料凭限额领料单领发材料；施工设施用料也实行定额发料制度，以设施用料计划进行总控制；超限额的用料，用料前应办理手续，填制限额领料单，注明超耗原因，经项目经理签发批准后实施；建立领发料台账，记录领发状况和节超状况。

（1）必须提高材料人员的业务素质和管理水平，要对在建的工程概况、施工进度计划、材料性能及工艺要求有进一步的了解，便于配合施工生产；

（2）根据施工生产要求，按照国家计量法规定，配备足够的计量器具，严格执行材料进场及发放的计量检测制度；

（3）在材料发放过程中，认真执行定额用料制度，核实工程量、材料的品种、规格及定额用量，以免影响施工生产；

（4）严格执行材料管理制度，大堆材料清底使用，水泥先进先出，装修材料按计划配套发放，以免造成浪费；

（5）对价值较高及易损、易坏、易丢的材料，发放时领发双方需当面点清，签字认证并做好发放记录，实行承包责任制，防止丢失损坏，以免发生重复领发料的现象。

5. 材料使用监督

材料的使用监督，就是对材料在施工生产消耗过程中进行组织、指挥、监督、调节和核算，借以消除不合理的消耗，达到物尽其用、降低材料成本、增加企业经济效益的目的。

（1）组织原材料集中加工，扩大成品供应；

（2）坚持按部分工程进行材料使用分析核算，以便及时发现问题，防止材料超用；

（3）现场材料管理责任者应对现场材料使用进行分工监督、检查；

（4）认真执行领发料手续，记录好材料使用台账；

（5）严格执行材料配合比，合理用料；

（6）每次检查都要做到情况有记录，原因有分析，明确责任，及时处理。

6. 材料回收

（1）回收和利用废旧材料，要求实行交旧（废）领新、包装回收、修旧利废；

（2）设施用料、包装物及容器等，在使用周期结束后组织回收；

（3）建立回收台账，处理好经济关系。

7. 周转材料现场管理

（1）按工程量、施工方案编报需用计划；

（2）各种周转材料均应按规格分别整齐码放，垛间留有通道；

（3）露天堆放的周转材料应有限制高度，并有防水等防护措施。

8.3.4　机械设备管理

8.3.4.1　园林绿化工程机械设备的概念

园林绿化工程项目机械设备（Garden Engineering Machinery and Equipment）是园林施工过程中所需要的各种器械用品的总称。它包括各种工程机械（如挖掘机、铲土机、起重机、修剪机、喷药机等）、各类汽车、维修和加工设备、测试仪器和试验设备等。机械设备是园林施工企业生产必不可少的物质技术基础，加强对机械设备的管理，对多快好省地完成施工任务和提高企业的经济效益有着十分重要的意义。

8.3.4.2　选择园林绿化工程机械设备的要求

园林绿化工程项目本身具有的技术经济特点，决定了园林绿化工程机械设备的特点。如施工的流动性决定了机械设备的频繁搬迁和拆装，使得园林工程机械呈现有效作业时间减少、利用率低、机械设备的精度差、磨损加速、机械设备使用寿命缩短等特点；而园林绿化工程施工工种的多样性导致了任何机械设备在施工现场都呈现出配套性差、品种规格庞杂、维护和保修工作复杂、改造要求高等特点。因此尽管园林机械设备的使用形式有企业自有、租赁、外包等形式，但多数中小园林企业都选择租赁形式。

1. 选择园林绿化工程机械设备的使用要求

园林企业在选择机械设备时，应综合考虑机械设备本身的技术条件和经济条件，以及机械设备对企业生产经营的适用性。从使用的角度主要应满足以下要求：

（1）生产率：是指设备单位时间内的输出，一般以单位时间内的产量来表示。机械设备的生产率应该与企业的长期计划任务相适应，既要避免购买很快就要超负荷的设备，又要防止购买有较大过剩生产能力的设备。

（2）可靠性与易维修性：衡量设备有效利用程度的指标是设备有效利用率，它是机械可工作时间与总时间的比值。要提高设备的有效利用率，就要提高设备的可靠性与易维修性。

（3）成套性：是指设备在种类、数量与生产能力上都要配套。一个生产系统拥有很多设备，哪一种缺少或哪一种数量不足，都会对整个系统有影响。而个别设备的生产率特别高，并不会使整个生产系统的生产率大幅度提高；但个别设备的生产率特别低，则会使整个生产系统的生产率降低。

（4）适应性：是指设备适应不同的工作对象、工作条件和环境的特性，机械设备适应能力越强，企业对设备的投资就可以越少。

（5）节能性：是指设备节省能源消耗的能力。节能性一般以机器设备单位运转时间的能源消耗来表示，如每小时的耗电量、每小时的耗油量等。也可以以单位产品的能源消耗量来表示。

（6）环保性：是指机械设备在环境保护方面的性能，如噪声或排放有害物质指标等。随着全社会环保意识的增加，机械的环保性不仅影响着施工现场是否扰民，还决定着施工能否合理进行，企业对机械设备的投资是否经济或有效。

（7）安全稳定性：是指机械在生产中的安全、稳定的保证程度。

2. 选择园林绿化工程机械设备的经济要求

在满足了使用要求的前提下，选择设备时，还要进行经济评价，选择经济上最合算的设备。其经济评价方法主要有投资回收期比较法、设备年平均寿命周期费用比较法、单位工程量成本比较法。

8.3.4.3　园林绿化工程机械设备管理分类

1. 综合管理

（1）合理配备园林机械设备。园林绿化工程施工需要多种类型的机械设备。为提高施工作业效率，就要结合各施工工序、工艺的要求合理配备机械设备种类，充分发挥设备的技术性能，实行机械化、规模化的方式作业，以提高施工作业效率、加快施工进度。

（2）机械设备制度化管理。对施工机械设备的管理也应纳入制度化系统管理之中。针对施工机械设备和其岗位状况，正确制定作业操作指标与奖惩制度相匹配的岗位责任制，建立健全各项规章制度，严格执行机械安全文明的操作规程。

（3）加强机械操作者的职业技能培训管理。职业技能是衡量一名园林工人技术水平的重要标志。随着国民经济和人民物质文化水平的提高，园林绿化美化的环境造景已成为现代社会科学发展和可持续发展的重要标志，从而对园林工人的综合技术素质要求标准也越来越高，因而对员工的操作技能培训就显得尤为重要和必要，并且应该常抓不懈。

2. 作业管理

（1）恰当地安排机械施工作业任务与负荷。在对施工机械的操作管理中，要根据机械施工作业的特点、施工需要和设备性能、负荷，预先编制出合理的机械施工作业计划，再恰当地安排作业操作任务；应避免"大机小用""精机粗用"以及超负荷、超作业范围的现象，可有效避免施工机械设备的效率浪费或对其造成不必要的功能及设施损坏。

（2）实行施工机械的分类管理。应根据施工机械设备性能及使用情况，对其进行按类管理，即划分等级，区别对待，对重点机械设备加强管理，以达到合理而有效地使用管理的目的，提高机械施工的生产率。

3. 使用管理

（1）自有施工机械的管理。

1）正确估算机械折旧年限。正确估算机械使用年限，可为机械更新换代做好准备工作。从理论上讲，当机械的运行产值效益大于运行费用（包括能耗、修理、工资及折旧），说明机械还在经济使用期，但随着机械磨损、机械故障的不断发生，修理费、能耗及工资不断加大，致使其功效降低，到一定程度运行费用就会和产值效益相差无几，甚至大于产值效益，此时应立即淘汰。

2）规范上岗。应合理制定一整套机械使用、维修、操作规程。上岗人员必须进行岗前培训；实行机驾人员收入与台班效益和台班消耗紧密挂钩的分配制度。

（2）租赁施工机械设备的管理。

1）办理租赁合同。签订租赁合同，明确双方的权利。应注明租赁费用、工作量计算方式、付款方式及安全责任等；其操作人员必须服从现场管理人员的统一调度指挥，以合同为依据进行日常管理。

2）作业前交底。施工前首先应对租赁来的机械设备操作人员进行培训。培训的内容包括：工程施工作业概况、特点、机械操作要求、质量要求、各机械的配合作业要求、安全文明作业规定等。

3）考核检查管理。采用定期与不定期相结合的办法，对租赁来的机械作业完成工作量、质量、规格以及机况等进行检查、记录，以掌握其运营状况，从而便于管理与调度，保证工程顺利实施。

（3）施工机械维修与保养管理。各类型施工机械的维修与保养均有明确的规定。在作业过程中要求操作人员严格执行，在施工调度中要充分考虑各种机械的维修时间，以解决维修与施工的矛盾。贯彻全员维修制的内容包括全效率、全系统。全效率是指机械设备的综合效率，即机械设备的总费用与总所得之比，是指在一定的寿命周期内得到质量优、成本低、安全达标、人机配合协调的综合效果。全系统是指对机械设备从规划、设计、制造、使用、维修及保养直到报废进行管理。全员维修制是对机械设备保养管理的最佳方式。总而言之，要想达到对园林机械设备使用的优质化管理，就必须采取对机械设备进行技术性与科学性相结合的管理方式。

（4）加强机械作业场地管理。机械施工作业现场应达到通视、平整、排水畅通的程度。应提前划定行车路线，并设置路标予以标示，以避免机械相互干扰、降低运行效率；应经常对道路进行平整和维修。施工现场设置机械作业专门管理人员，进行现场协调、指挥，发现问题及时在现场给予解决。

第9章　园林绿化工程施工资料管理

9.1　园林绿化工程施工资料概述

9.1.1　园林绿化工程施工资料的概念

园林绿化工程施工资料（Garden Engineering Construction Materials）是在工程建设过程中形成的各种形式的信息记录，包括工程准备阶段资料、施工质量管理资料、施工质量控制资料、竣工验收资料、竣工图、竣工验收备案资料等。园林绿化工程施工资料，不仅是日后施工单位质量责任的证据，更是工程竣工验收、结算的可靠依据和来源。工程工期越长，规模越大，技术越复杂，施工资料就越多。

9.1.2　园林绿化工程施工资料的类别

施工资料一般根据类别、施工部位、专业系统来进行分类，同类资料按产生时间的先后顺序划分。

根据园林绿化工程的实施阶段，可以将园林绿化工程资料分为以下几类：

A 类：工程准备阶段资料，是指工程开工以前，在立项、审批、征地、勘查、设计、招标投标等工程准备阶段形成的文件资料。此阶段的文件大部分由建设单位办理，施工单位负责收集纳入工程资料中，但在招标投标阶段，施工单位将招标文件与投标文件及相关投标预算进行收集并保存。

B 类：施工质量管理资料，是指施工单位为确保施工质量，在施工前和施工中制定制度、方案、措施而形成的资料。

C 类：施工质量控制资料，是指参与工程建设的有关单位，在施工过程中，实施质量控制所形成的资料。

D 类：工程竣工验收文件，是指园林绿化工程项目竣工验收活动中形成的文件。

E 类：竣工图，是指工程竣工后，真实反映园林绿化工程项目施工结果的图样。

F 类：工程竣工验收备案文件，是指反映园林绿化工程项目竣工备案的证明文件。

G 类：影像资料，是指工程有关的所有影像照片、电子文档资料等。

9.2　园林绿化工程施工资料管理

9.2.1　园林绿化工程施工资料的主要内容

9.2.1.1　A 类　工程准备阶段资料

此阶段的资料大部分为收集资料，包括甲方应提供的资料及施工单位签发的项目经理任命书、工程开工令等。

1. 工程立项文件

包括：项目建议书、批复文件；可行性研究报告及附件、审批意见；工程立项有关会议纪要、文件；工程项目评估研究资料、发改委批准的立项文件等。这些文件建设单位也许办理得不全面，施工单位收集时应将建设单位存有的文件进行复印存留。

2. 建设用地管理文件

包括：征占地的批准文件；建设用地规划许可证及附件、附图；规划用地文件和土地使用证。

3. 招投标文件

（1）工程勘察及设计招标、投标、中标文件，以及勘察设计合同。

（2）工程监理招标、投标、中标文件，以及监理合同。

（3）工程施工招标、投标、中标文件，以及施工合同。

4. 建设、勘查、设计、监理、施工单位资质及项目负责人资料

（1）建设单位项目管理机构及项目负责人名单。

（2）勘察单位资质及项目负责人名单和执业证书。

（3）设计单位资质及项目负责人名单和执业证书。

（4）监理单位资质及项目监理机构名单和人员执业证书、总监理工程师任命书。

（5）施工单位资质和安全生产许可证，项目部人员证明文件和执业证书。

5. 勘查、设计文件

包括：工程地质勘查报告；有关行政部门（人防、环保、消防等）批准文件，园林绿化工程项目目前一般无此项资料；施工图审查意见书。

6. 开工审批文件（建设单位办理）

包括：建设工程规划许可证及附件；工程质量监督书；施工许可证；规划验线合格资料等。

7. 其他文件

当施工单位具备开工的条件时，应填写工程开工／复工报审表（表9-1）、工程开工报告（表9-2），主要管理人员应报审上报监理单位、业主方进行审核。

工程开工／复工报审表　　　　　　　　　　　　　　表9-1

工程名称：　　　　　　　　　　　　　　　　　　　　　　　　编号

致：

　　我方承担的＿＿＿＿＿工程，已完成以下各项工程，具备了开工／复工条件，特此申请施工，请核查并签发开工／复工指令。

　　附：1. 开工报告

　　　　2.（证明文件）

承包单位（章）
项目经理
日　期

审查意见：

项目监理机构
总监理工程师
日　期

工程开工报告

表 9-2

施工单位：　　　　　　　　　　　　　　　　　　　　　　报告日期：

工程编号		开工日期	
工程名称		结构类型	
业主		工程规模	
建设单位		工程造价	
设计单位		业主联系人	
监理单位		总监理工程师	
项目经理		制表人	

说明			
施工单位意见： 签名（盖章） 年 月 日	监理单位意见： 签名（盖章） 年 月 日	业主意见： 签名（盖章） 年 月 日	

注：本表一式四份，施工单位、监理单位、业主盖章后各留一份，开工 3d 内报主管部门一份。

9.2.1.2　B 类　施工质量管理资料

1. 施工现场质量管理检查记录

在工程开工前，项目监理机构对施工现场有关制度、技术组织与管理等进行的检查和确认。由施工单位填写，报项目总监理工程师（或建设单位项目负责人）检查，并作出检查结论。检查项目内容包括：

（1）现场质量管理制度（质量例会制度、月评比及奖罚制度、三检及交接检制度等）；

（2）质量责任制（岗位责任制、技术交底制、挂牌制度）；

（3）主要专业工种操作上岗证书（测量工、电工、机械工、电焊工等，高危作业人员必须保险齐全）；

（4）分包方资质与分包单位管理制度（没有可空白）；

（5）施工图审查情况；

（6）地质勘查资料；

（7）施工组织设计/方案及审批（须提供，且审核、批准应齐全）；

（8）施工技术标准（有模板、钢筋、混凝土等多种）；

（9）质量检验制度（原材料及施工检验制度、检测项目的检验计划）；

（10）搅拌站及计量设置（一般没有）；

（11）现场材料、设备存放与管理（钢材、砂石、水泥、石材等的管理办法）。

2. 施工组织设计、施工方案的报审、审批

施工组织设计是统筹计划施工、科学组织管理、采用先进技术保证工程质量，安全文明生产、环保、节能、降耗，实现设计意图，指导施工生产的技术性文件。单位工程施工组织设计应在施工前编制，并应依据施工组织设计编制部位、阶段和专项施工方案。

（1）编制内容。

施工单位施工前，必须编制施工组织设计。施工组织设计分为施工组织总设计、单位工程施工组织设计、分部分项工程施工组织设计。

施工组织设计编制的内容主要包括：工程概况、工程规模、工程特点、工期要求、参建单位等；施工平面布置图；施工部署及计划；施工总体部署及区段划分；进度计划安排及施工计划网络图；各种工、料、机、运计划表；质量目标设计及质量保证体系；施工方法及主要技术措施（包括冬期、雨期施工措施及采用的新技术、新工艺、新材料、新设备等）。

施工组织设计还应编写安全、文明施工，以及环保、节能、降耗等方面的措施。

（2）施工组织设计报审程序，如图9-1所示。

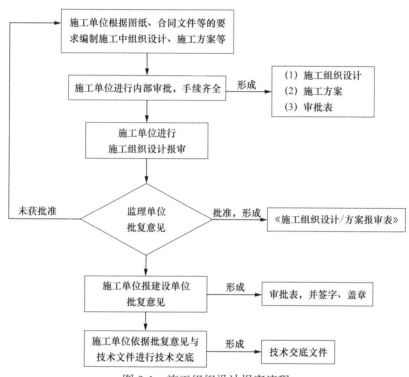

图 9-1　施工组织设计报审流程

审批内容一般应包括内容完整性、施工指导性、技术先进性、经济合理性、实施可行性等方面，各相关部门根据职责把关；审批人应签署审查结论并盖章。在施工过程中如有较大的施工措施或方案变动时，还应有变动审批手续。

3. 计量仪器、设备计量检定证书

应有质量技术监督部门（产品质量计量检测所）颁发的有效的计量检定证书，检定的仪器包括全站仪、水准仪、钢直尺、钢卷尺、塔尺等。

4. 施工日志

施工日志是施工单位项目管理人员在施工过程中对有关技术管理和质量管理活动及其效果逐日做的连续完整的记录。工程完工备案时必须装订成册存档。

施工日志（表9-3）以单位工程为记载对象，分专业填写，并保证内容的真实、连续和完整，如因天气、节日放假，也必须填写（如××年××月××日放假停工）。

施工日志填写内容应根据工程实际情况确定，一般应包含工程概况、当日生产情况、技术质量安全情况、施工中发生的问题及处理情况、各专业配合情况、安全生产情况等。

| | 施工日志 | | | | | 表 9-3 |

<table>
<tr><td colspan="7">年　月　日　星期　　　　　　　　　气温　　天气（晴、多云、阴、小雨、大雨、雪）</td></tr>
<tr><td>工种</td><td></td><td></td><td></td><td></td><td></td><td></td></tr>
<tr><td>人数</td><td></td><td></td><td></td><td></td><td></td><td></td></tr>
<tr><td>专业</td><td colspan="5">施工情况</td><td>记录人</td></tr>
</table>

存在问题（包括工程进度与质量）：

　　　　　　　　　　　　　　　　　　　　　　　　　　　　　　记录人：

处理问题：

　　　　　　　　　　　　　　　　　　　　　　　　　　　　　　记录人：

其他（包括安全与停工情况）

　　　　　　　　　　　　　　　　　　　　　　　　　　　　　　记录人：

　　　　　　　　　　　　　　　　　　　　　　　　　　　　　　项目经理：

9.2.1.3　C 类　施工质量控制资料

1. 施工技术管理资料

（1）图纸会审记录（表 9-4）。图纸会审由建设单位组织设计、监理和施工单位技术负责人及有关人员参加，由施工单位按专业整理、汇总，内容包括有问题图纸的编号、图纸问题、图纸问题交底，建设、监理、设计、施工单位的各专业技术人员签字及所在单位公章。图纸会审记录应根据图纸专业（绿化种植、园林建筑及附属设施、园林给水排水、园林用电等）进行汇总、整理。

| | 图纸会审记录 | | | 表 9-4 |

编号：

<table>
<tr><td>工程名称</td><td colspan="4"></td><td colspan="2">共　页　第　页</td></tr>
<tr><td>会审地点</td><td colspan="2"></td><td>记录整理人</td><td></td><td>日期</td><td></td></tr>
<tr><td rowspan="4">参加人员</td><td colspan="6">建设单位：</td></tr>
<tr><td colspan="6">设计单位：</td></tr>
<tr><td colspan="6">监理单位：</td></tr>
<tr><td colspan="6">施工单位：</td></tr>
<tr><td>序号</td><td>图纸编号</td><td colspan="3">提出图纸问题</td><td colspan="2">图纸修订意见</td></tr>
<tr><td></td><td></td><td colspan="3"></td><td colspan="2"></td></tr>
<tr><td></td><td></td><td colspan="3"></td><td colspan="2"></td></tr>
<tr><td>建设单位：
　年　月　日</td><td colspan="2">设计院代表：
　年　月　日</td><td colspan="2">监理单位：
　年　月　日</td><td colspan="2">施工单位：
　年　月　日</td></tr>
</table>

注：1　所有会审图纸均应记录在表内。无意见时，应在"提出图纸问题""图纸修订意见"栏内注明"无"。
　　2　本表一式四份，由施工单位填写、整理并存一份，与会单位会签并各存一份。

（2）技术交底记录（表9-5）。技术交底分五级交底，由施工单位填写，并报监理（建设）单位，包括施工图设计交底、施工组织设计交底、设计变更交底、分项工程技术交底、"四新"（新材料、新产品、新技术、新工艺）技术交底。各项交底应有文字记录，交底双方应签认齐全。

交底内容包括：工程做法、设计及规范要求、质量标准、操作要点、施工注意事项、保证质量及安全的技术措施等。交底内容应有可操作性和针对性，能够切实指导施工，不允许出现"详见×××规程"之类的语言；当作分项工程施工技术交底时，应填写"分项工程名称"栏，其他技术交底可不填写，填写实例如表9-5所示。

技术交底记录 表 9-5

工程名称	××景观绿化工程		施工单位	××花卉股份有限公司
交底部位			工序名称	
交底提要：卫生间 300mm×600mm 瓷砖铺贴				
交底内容： 鉴于目前标准层卫生间墙砖出现空鼓现象严重，现要求各施工队、施工班组对各施工工人严格按照下述施工要求铺贴瓷砖，严禁出现墙面瓷砖空鼓现象。 （1）必须将瓷砖背面的附着物、粉尘清理干净； （2）严格按照贴合剂使用说明书要求使用贴合剂； （3）要求在瓷砖背面及墙面防水层上分别涂刷搅拌好的贴合剂； （4）瓷砖背面涂刮的水泥砂浆要求按 1:1 的配合比例加入贴合剂后方可上墙面铺装； （5）瓷砖上墙后禁止用皮锤敲击，以用手推揉或刮压方式找平找直为宜				
项目（专业）技术负责人		交底人		接受交底人	

（3）设计变更通知单（表9-6）。设计变更通知单由设计单位发出，内容包括：需变更的内容、原图号、必要的附图，以及建设、设计、监理、施工等各方代表签字及所在单位公章。重要结构变更、重大变更及涉及使用功能的图纸审查单位的意见。设计变更时施工图纸的补充和修改的记载，是现场施工的依据。由建设单位提出设计变更时，必须经设计单位同意，有设计单位委托文件。

设计变更通知单 表 9-6

编号：

工程名称			专业名称	
设计单位名称			日 期	
序号	图号		变 更 内 容	
建设单位提出设计变更	项目负责人：			（公章）
设计单位	专业设计人员：			
	设计项目负责人：			（公章）

（4）工程洽商记录（表 9-7）。工程洽商记录由施工单位、建设单位或监理单位其中一方提出，经各方签认后存档。

洽商记录应分专业办理，内容要详实，包括洽商依据、洽商内容、原图号，必要时应附图。由设计专业负责人以及建设、监理、施工单位的相关负责人签认。不同专业的洽商应分别办理，签字、盖章应齐全；涉及图纸修改的必须注明应修改图纸的图号；表格编号应连续，一般按形成日期的先后进行编号，具体填写要求如表 9-7 实例所示。

工程洽商记录

表 9-7

编号：

工程名称	××景观绿化工程		专业名称	结构
提出单位名称	××绿化公司		日　期	××年×月×日
内容摘要	根据勘察、设计验槽要求，部分地基需深挖处理，回填级配砂石			
序号	图号	洽　商　内　容		
1	结施 1、结施 2	根据勘察、设计验槽要求，本工程主楼地基北侧基槽在原设计标高 -7.350m 基础上下挖 600mm，宽度为 2.2m，挖后回填级配砂石并人工夯实，相应工程量为：人工下挖土方：85.8m^3；人工倒运级配砂石：85.8m^3；人工回填级配砂石：85.8m^3。详细处理情况见地基处理示意图		
签字栏	建设单位	监理单位	设计单位	施工单位
	×××	×××	×××	×××

注：1　本表由建设单位、监理单位、施工单位、城建档案馆各保存一份。
　　2　涉及图纸修改的必须注明应修改图纸的图号。
　　3　不可将不同专业的工程洽商办理在同一份洽商记录单上。
　　4　"专业名称"栏应按专业填写，如建筑、结构、给水排水、电气、通风空调等。

2. 施工测量记录

首先应对施工现场进行原始地貌的测量，收集测量数据，并留取相关影像资料；如需进行清理场地垃圾外运，清理垃圾后进行二次测量，收集数据计算清理垃圾的土方量；需进行回填土的，回填后进行第三次测量，计算回填土的土方量，这三次的测量资料都应收集完整并逐步报监理核验。

如果绿化种植分部工程需对苗木进行定点放线，放线完成后需填写苗木种植工程报验申请表（如表 9-8 实例所示），后附苗木种植放样平面图，上报监理进行验收、签字。

对于园林建筑及附属设施分部工程，及园林给水排水、园林用电分部工程，园路、广场、小品、管线等放线也需相应填写施工测量放线报验单（如表 9-9 实例所示），后附放线的尺寸平面图，上报监理进行验收、签字。

对于有深基础的园林建筑、假山等，开挖基槽后应填写基槽验线记录（如表 9-10 填写实例所示），报送监理单位、建设单位及勘察单位进行核验，内容包括验线依据及内容、基槽平面图和剖面图、检查意见等。

苗木种植工程报验申请表　　　　　　　　　　表 9-8

工程名称：×××地块景观工程　　　　　　　　　编号：×××

致：×××工程管理有限公司（监理单位）

我单位已完成了×××周边苗木种植工作，现报上该工程报验申请表，请予以审查验收。

附件：1. 放线定位记录、苗木品种种植分布平面图

2. 苗木种植槽检验批质量验收记录表

3. 掘苗及包装检验批质量验收记录表

4. 园林植物运输和假植工程检验批质量验收记录表

5. 移植苗木修剪工程检验批质量验收记录表

6. 植物材料工程检验批质量验收记录表

7. 树木移植工程检验批质量验收记录表

8. 栽植检验批质量验收记录表

9. 围堰检验批质量验收记录表

10. 支撑检验批质量验收记录表

11. 草卷、草块铺设检验批质量验收记录表

12. 分栽检验批质量验收记录表

13. 草坪播种检验批质量验收记录表

14. 浇灌水检验批质量验收记录表

15. 隐蔽工程验收记录表

施工单位（章）××园林工程有限公司

项目经理　×××＿＿＿＿＿＿＿＿＿

日　　期＿＿＿＿＿＿＿＿＿＿＿

审查意见：

项目监理机构＿＿＿＿＿＿＿＿＿

总／专业监理工程师＿＿＿＿＿＿＿

日　　期＿＿＿＿＿＿＿＿＿

施工测量放线报验单　　　　　　　　　　　表 9-9

工程名称：×××工程　　　　　　　　　　　编号：×××

致：×××监理公司

根据合同要求，我方已完成＿＿＿＿＿＿（部位）的施工放样工作，经自检合格，请予以查验。

附件：1. 放线的依据材料＿＿＿＿＿页

2. 放线成果表＿＿＿＿＿页

测量员（签字）：　　　　　岗位证书号：

工程总承包单位（章）：＿＿＿＿＿　施工总承包单位（章）：＿＿＿＿＿

项目经理：＿＿＿＿＿＿　　　　项目经理：＿＿＿＿＿＿

日　　期：＿＿＿＿＿＿　　　　日　　期：＿＿＿＿＿＿

查验结果：

查验结果：合格□　　　纠错后重报□

项目监理机构（章）：＿＿＿＿＿　总／专业监理工程师：＿＿＿＿＿

日　　期：＿＿＿＿＿

189

基槽验线记录				表 9-10
工程名称	×××		日期	年　月　日

验线依据及内容：
依据：基础平面图、结构图
内容：1. 基础外轮廓线及外廓断面
　　　2. 基底标高

基槽平面、剖面简图：

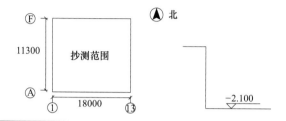

检查意见：
　　基础外轮廓位置准确无误。基底标高 −2.100，误差均在 ±5mm 以内

签字栏	建设（监理）单位	施工测量单位	××× 有限公司	
		专业技术负责人	专业质检员	施测人

注：本表由建设单位、施工单位、城建档案馆各保存一份。

3. 施工物资资料

施工物资资料是反应施工所用的物资质量是否满足设计和规范要求的各种质量证明文件和相关配套文件的统称。

（1）园林绿化工程使用的材料包括：

1）绿化种植分部工程，包括苗木、架杆等。

2）园林建筑及附属设施分部工程，包括水泥、砂子、石子、砖、钢筋、防水卷材、掺合料等。

3）园林给水排水分部工程，包括管材、阀门、水龙头等。

4）园林用电分部工程，包括电线、电缆、导管、开关、插座、配电箱、灯具等。

（2）工程材料应收集材料质量证明文件及送检要求。

1）绿化种植分部工程材料。

绿化苗木：应收集"三证一签"，即苗木检疫证、苗木检验证书、木材运输证、苗木标签。架杆：苗木检疫证、木材运输证。

进场的有关其他分部工程材料应收集的资料包括：产品合格证、厂家提供的检验（试验）报告、产品生产许可证；有关电气方面的材料应有"3C"认证（强制性产品认证的简称），在收集的材料产品合格证、厂家检验（试验）报告上应注明工程名称、进场材料的名称、规格、数量、使用部位、进场日期、原件存放处，并有经办人签字。所有进场的材料都应填写工程材料/构配件/设备报审表（表 9-11）及工程材料进场验收记录（表 9-12），后附相关的质量证明文件上报监理进行审核。需进行抽样复检的材料应通知监理、建设单位进行现场见证取样，填写见证取样送检记录，见证人（监理）签字并盖见证取样印章后送到有资质的质量监督检测部门进行检测。

工程材料／构配件／设备报审表 **表 9-11**

工程名称：×××　　　　编号：×××

致：　　×××　　（监理单位）

我方于______年___月___日进场的工程材料／构配件／设备数量如下（见附件）。现将质量证明文件及自检结果报上，拟用于下述部位：________________________。

请予以审核。

附件：1. 数量清单

2. 质量证明文件

3. 自检结果

承包单位（章）__________

项目经理__________

日　期__________

审查意见：

经检查上述工程材料/构配件/设备，符合/不符合设计文件和规范的要求，准许/不准许进场，同意/不同意使用于拟定部位

项目监理机构__________

总／专业监理工程师__________

日　期__________

工程材料进场验收记录 **表 9-12**

工程名称	×××		建设单位	×××
施工单位	××× 有限公司		监理单位	××× 有限公司
产品名称	×××		施行标准	×××
系统部位	地下室消防		仪表工具	游标卡尺
设备检查	1. 包装 2. 外观：无凸凹不平，无裂纹无缺陷，标识清楚明确，合格 3. 零部件：齐全 4. 其他			
技术文件检查	（1）装箱单　份　张 （2）合格证　份　张 （3）说明书　份　张 （4）设备图　份　张 （5）其他　检验报告　份　张			
检查项目	型号规格	×××			
	检测报告单位及日期	××× ×××	××× ×××	××× ×××	
	生产单位				
	型号规格				
其他材料					
进场验收： 产品合格，资料齐全 专业技术负责人：　年　月　日			抽查、验收意见： 专业监理工程师：　年　月　日		

2）园林建筑及附属设施分部材料。

① 水泥。

标注品种和强度：例如，最常用的水泥通常为 P.C 32.5 复合硅酸盐水泥。

厂家需提供的资料：出厂质量合格证，内容有厂名、品种、出厂日期、出厂编号和必要的试验数据；水泥生产单位应在水泥出厂 7 日内提供 3d 检验报告，28d 检验报告应在水泥出厂之日起 32 日内补报。

代表批量：按同一批号、同一生产厂家、同一品种、同一强度等级。

实验内容：安定性（体积）、强度、抗压、抗折、细度（有必要时做）。

取样方法：随机抽 20 袋，从 20 袋中抽大致相等的 20 份，将 20 份水泥合并成一份，再将一份分为两份，一份送质检站，另一份密封保存 3 个月。

注意事项：如进场的水泥为当天生产的水泥，不能进行见证取样送检，需放置 3d 以上，因刚出厂的水泥稳定性不好，当天送检易造成检验结果不准。

② 粗骨料（石子）。

分类：按形成方式分为卵石和碎石；

　　　按颗粒级配分：0.5～4cm、0.5～2cm、2～4cm。

石子通常无厂家质量证明文件。

代表批量：400m³/600t（一般用 400m³）。

实验内容：颗粒级配、含泥量。

取样方法：在料堆上随机抽取 15 个点位，将每个点位的表面铲掉，从其内部抽取大致相等的 15 份，将 15 份组成一份，送到质检站。

注意事项：取样时一定要注意石子的颗粒应在规范规定的范围内。

③ 细骨料（砂子）。

分类：按产地分为河砂（常用）、海砂、山砂；

　　　按形成方式分为天然砂、人工砂（水洗砂、清水砂）；

　　　按颗粒级配分为中砂、粗砂、细砂，其中中砂和粗砂用于结构工程施工，细砂用于装饰装修、屋面工程施工。

通常也无厂家质量证明文件。

代表批量：400m³/600t（一般用 400m³）。

实验内容：颗粒级配、含泥量。

取样方法：在料堆上随机抽取 8 个点位，将每个点位的表面铲掉，从其内部抽取大致相等的 8 份，将 8 份组成一份，送到质检站。

注意事项：取样时一定要注意砂子的颗粒大小、含土量（含泥量）及砂子的湿度应在规范规定的范围内。

④ 钢筋。

分类：HRB235 一级圆钢、HRB335 Ⅱ二级螺纹钢、HRB400 三级螺纹钢；

　　　RRB400 热处理钢筋、LL 冷轧带肋钢筋、LN 冷轧扭钢筋。

代表批量：LL 冷轧带肋钢筋 50t；

　　　　　LN 冷轧扭钢筋 10t；

　　　　　其他钢筋为 60t。

实验内容：抗拉强度、屈服强度、冷弯、伸长率。

取样方法：在每种规格的钢筋堆上随机抽取两根，将其端部 50cm 切掉，从其中一根上切两根长 $10d+150$mm，做拉伸试验；从另一根切两根长 $5d+100$mm，做弯曲试验（d 为钢筋直径）。

注意事项：钢筋进场应按同一牌号、同一炉罐号、同一规格号、同一交货状态进行取样，一个不同，分开试验。

3）块材。

园林绿化工程常用的块材有烧结普通砖（红砖）、面包砖、透水砖、混凝土砖、石材（花岗岩、大理石、蘑菇石等），石材类块材在内蒙古地区不做见证取样送检，但必须有厂家提供的产品质量检测部门出具的检验报告。

烧结普通砖：规格 240×115×53mm，代表批量：15 万块。

烧结多孔砖：240×115×90mm，代表批量：5 万块。

4）防水材料。

防水材料分为刚性防水和柔性防水，一般刚性防水有防水混凝土（抗渗等级：C30、P4、P6、P8 等）和防水砂浆两种做法；柔性防水一般是在砖混结构 60 以下 6cm 处砖砌体的抹面工程中起防潮作用的。防水卷材：常用的是合成高分子防水卷材（例如聚乙烯丙纶复合防水卷材），其他防水卷材还有石油沥青、高聚物改性沥青（常用），又分 SBS 和 APP 两种。

代表批量：防水卷材，在 100 卷以下，抽取两卷做实验；100～499 卷，抽取 3 卷做实验；500～1000 卷，抽取 4 卷；1000 卷以上抽取 5 卷。

防水涂料：代表批量 1t。

5）园林给水排水分部工程材料。

给水管道和排水管道应提供产品合格证、厂家检验报告，同时塑料管材需进行见证取样；阀给水工程中的阀门：塑料阀门 $DN<50$（DN 为公称直径），一般为截止阀门。

代表批量：$DN<50$，抽取 10 个；

$DN>50$，抽取 1 个。

6）园林用电分部工程。

① 电气导管。常用的有 PVC 塑料管、碳素波纹管、焊接钢管导管。

② 电线、电缆。了解电缆的品种、规格，如 ZR-YJV-4×25+1×16 表示聚乙烯绝缘聚氯乙烯护套阻燃电力电缆，导线截面为 4 根 25mm²、1 根 16mm²；BLV2.5 表示铝芯导线，导线截面为 2.5mm²；BV4 表示铜芯导线，导线截面为 4mm²。

③ 灯具、配电箱等厂家提供的资料应收集齐全。

注意事项：竣工后汇总所有进场的材料，分专业汇总并填写原材料/构配件汇总表，内容包括材料名称、生产厂家、品种、规格、进场数量、主要使用部位及说明等。

4. 施工试验资料

（1）园路、广场等在做素土夯实前应对相应部位的原土进行见证取样送检，做土壤击实试验，检测土壤最大干密度与最优含水量，注意要选好土样。

（2）素土夯实（设计要求一般压实系数为 0.94 以上）后上报监理采用环刀法进行见证取样，做土工击实试验，检测压实系数。见证取样送检后进行铺设级配砂砾垫层并夯实，上报监理用灌砂法进行见证取样并送检做土工击实试验，检测压实系数。

（3）浇筑混凝土垫层，需对使用的混凝土做混凝土试件，相关试验资料如下：

1）应有试配申请单、配合比通知单和见证取样记录。

2）有按规范规定组数的试块强度试验资料和汇总表，包括：① 标准养护试块 28d 抗压强度试验报告；② 水泥混凝土桥面和路面应有 28d 标养抗压、抗折强度试验报告；③ 结构混凝土应有同条件养护试块抗压强度试验报告作为拆模、卸支架、预应力张拉、构件吊运、施加临时荷载等的依据。

3）设计有抗渗、抗冻性能要求的混凝土，除应有抗压强度试验报告外，还应有按规范规定组数标准养护的抗渗、抗冻试验报告。

4）商品混凝土应有以现场制作的标准养护 28d 的试块抗压、抗折、抗渗、抗冻指标作为评定的依据。

5）试件尺寸：100mm×100mm×100mm；试件组数：每 100m³ 做一组，一组 3 个试件。

（4）用于砌筑、饰面石材的粘贴等使用的水泥砂浆试块强度试验资料的内容：

1）有砂浆试配申请单、配和比通知单和见证取样记录。

2）强度试验报告。

3）试件尺寸：70.7mm×70.7mm×70.7mm；试件组数：每 250m³ 砌体量做一组，一组 6 个试件。

注意事项：凡有见证取样及送检要求的，应有见证记录，有见证；试验汇总表；混凝土试块及砂浆试块应有抗压强度评定统计表。

（5）施工记录。

园林建筑及附属设施分部工程包括：验槽记录、地基处理记录、混凝土开盘鉴定、混凝土试件留置统计表、现浇混凝土结构拆模记录、混凝土施工记录、交接检查记录等。

园林给水排水分部工程：给水管道做水压、清洗、通水等试验；排水管道做灌水、通水通球试验。

园林用电分部工程：电气接地电阻测试记录、电气绝缘电阻测试记录、电气器具通电安全检查记录、电气照明通电试运行记录等。

（6）园林分部、分项、检验批质量验收记录。

园林绿化工程中每个施工检验批完成，施工单位自检合格后，应由项目专业质量检查员填报检验批质量验收记录表（表 9-13）。按照质量验收规范的规定，检验批质量验收应由监理工程师（建设单位项目专业技术负责人）组织项目专业质量检查员等进行验收并签认。

（7）隐蔽工程检查验收记录。

隐蔽工程是指上一道工序被下一道工序施工所掩盖的工程项目，上一道工序称隐蔽工程。

绿化种植隐蔽工程：更换种植土、树穴。

园林建筑及附属设施隐蔽工程：土方路基（素土夯实）、级配砂砾垫层、混凝土垫层、砖砌体、水泥砂浆抹面、防水卷材等。

园林给水排水隐蔽工程：管沟、给水排水管道等。

园林用电隐蔽工程：管沟、导管、电线、电缆、配电箱、灯具基座等。

隐蔽工程检查表，如表 9-14 所示。

检验批质量验收记录表　　　　　　表 9-13

单位工程名称	×××地块景观工程		分项工程名称	种植穴（槽）	验收部位	××
施工单位	×××园林工程有限公司		专业工长	×××	项目经理	××
施工执行标准名称及编号	Ⅰ：《园林绿化工程施工及验收规范》 Ⅱ：《城市园林绿化工程施工及验收规范》					
分包单位	×××		分包项目经理	×××	施工班组长	××

		施工质量验收规范的规定		××单位检查评定记录	监理（建设）单位验收记录
主控项目	1	一般种植穴（槽）大小应根据苗木根系、土球直径和土壤情况而定	Ⅱ第××		
	2				
一般项目	1	种植穴（槽）挖出的好土和弃土分别置放处理，底部应回填适量好土	Ⅱ第××		
	2				
施工单位检查评定结果	主控项目、一般项目全部合格，符合设计及施工质量验收规范要求。 项目专业质量检验员：　　　　　　　　　　　　　　　　　年　月　日				
监理（建设）单位验收结论	监理工程师： （建设单位项目专业技术负责人）　　　　　　　　　　　　年　月　日				

隐蔽工程检查表　　　　　　表 9-14

　　年　月　日　　　　　　　　　　　　　　　　　　　　　编号：

工程名称		施工单位	
隐蔽项目		隐检部位	
隐蔽内容			
检查情况			
处理意见			
签字	施工单位	监理单位	建设单位	设计单位

　　注：本表一式四份，建设单位、监理单位、设计单位、施工单位各一份。

9.2.1.4　D类　工程竣工验收资料

1. 竣工验收资料

（1）工程概况表（表 9-15）。

工程概况表 表 9-15

基本概况	工程名称		建设单位	
	建设地点		设计单位	
	总面积（m²）		施工单位	
	投资规模（万元）		监理单位	
	开工日期	年　月　日	竣工日期	年　月　日
	其他			
主要施工内容				
建设单位				
		（章）	填表：	

（2）工程竣工验收申请。

（3）工程竣工报告（表 9-16）、竣工总结。

（4）单位工程质量验收记录。

（5）单位工程质量控制资料核查记录。

（6）单位工程安全和功能检验资料核查及主要功能抽查记录。

（7）单位工程观感质量检查记录。

工程竣工报告 表 9-16

工程名称		绿化面积		地点	
业主		结构类型		造价	
施工员		计划日期		实际工期	
开工日期		竣工日期			
技术资料齐全情况					
竣工标准达到情况					
甩项项目和原因					
本工程已于　　年 月 日全部竣工，请于　　年 月 日在现场派人验收 技术负责人： 项目经理： 　　　　年 月 日		监理审核意见： 签名（盖章） 　　　年 月 日		业主审批意见： 签名（盖章） 　　　年 月 日	

2. 竣工验收要求

组成单位工程的各个分部工程均应合格，质量控制资料完整，安全功能检测合格，主要功能符合规范，观感质量符合要求。

由检验批工程质量保证分项工程质量，由分项工程质量保证分部（子分部）工程质量，由分部（子分部）工程质量保证单位（子单位）工程质量。

检验批合格质量要求：主控项目和一般项目的质量经抽样检验合格；具有完整的施工操作依据、质量检查记录。

分项工程验收合格要求：所含的检验批质量均应合格；质量验收记录完整。

分部（子分部）工程验收合格要求：所含的分项工程质量均应合格；质量控制资料应完整；安全及功能的检验和抽样检测结果符合规定；观感质量符合要求。

单位（子单位）工程质量应符合：各个分部（子分部）工程质量均应合格；质量控制资料应完整；分部有关安全功能的检测资料应完整；主要功能项目的抽查结果应符合规范规定；观感质量验收应符合要求。

3. 园林绿化工程施工相关的验收规范有：

《园林绿化工程施工及验收规范》CJJ 82—2012；

《城镇道路工程施工与质量验收规范》CJJ 1—2008；

《混凝土结构工程施工质量验收规范》GB 50204—2015；

《砌体工程施工质量验收规范》GB 50203—2011；

《钢结构工程施工质量验收规范》GB 50205—2020；

《建筑地基基础工程施工质量验收规范》GB 50202—2018；

《木结构工程施工质量验收规范》GB 50206—2012；

《屋面工程施工质量验收规范》GB 50207—2012；

《地下防水工程施工质量验收规范》GB 50208—2011；

《建筑地面工程施工质量验收规范》GB 50209—2010；

《建筑装饰装修工程质量验收规范》GB 50210—2018；

《建筑给水排水及采暖工程施工质量验收规范》GB 50242—2016；

《建筑电气工程施工质量验收规范》GB 50303—2015。

9.2.1.5　E类　竣工图

竣工图是在竣工的时候，由施工单位按照施工实际情况画出的图纸，因为在施工过程中难免有修改，为了让客户（建设单位或者使用者）能比较清晰地了解园林工程、土建工程、房屋建筑工程、电气安装工程、给水排水工程中管道的实际走向和其他设备的实际安装情况，国家规定在工程竣工之后施工单位必须提交竣工图。竣工图整理应符合下列要求：

（1）竣工图应使用新蓝图。

（2）均应加盖竣工图章，并有相关人员的签字。

（3）竣工图章尺寸为 80mm×50mm，应盖在图标栏右下角空白处。

（4）图纸按专业排列，同专业图纸按图号顺序排列。

（5）每个专业图的目录、说明、材料表、设备表、工艺规格表、议标规格表、电缆规格表、土方数量表等文字材料表格装订成册，竣工图按图号排列其后。

（6）将总目、专业分目、分目、目录装订成单独一册，各专业目录和图纸按"总目—专业分目—分目—目录"中所列顺序排列。

（7）竣工图纸应按《技术制图　复制图的折叠方法》GB/T 10609.3—2009 统一折叠成 A4 幅面（297mm×210mm），折叠后图上的标题栏均应露在外面。

9.2.1.6　F 类　工程竣工验收备案文件

建设工程竣工验收备案是指建设单位在建设工程竣工验收后，将建设工程竣工验收报告和规划、公安消防、环保等部门出具的认可文件或者准许使用文件报建设行政主管部门审核的行为。建设单位收到建设工程竣工报告后，应当组织设计、施工、工程监理等有关单位进行竣工验收。竣工验收备案文件包括以下内容：

（1）各方单位出具的工程质量检查评定报告（勘查、设计、监理）；

（2）建设工程竣工报告（施工单位出具）；

（3）竣工验收通知书及附件（验收组成员名单）；

（4）建设工程竣工验收报告（建设单位出具）；

（5）工程质量保修书；

（6）建设工程竣工验收备案表。

9.2.1.7　G 类　影像资料

影像资料是再现工程现场的施工管理状况和进行情况，以及了解隐蔽工程质量的必要资料。施工影像资料一般包括反映园林工程项目建设全过程的照片、可视光盘、电子文件等。

9.2.2　园林绿化工程施工阶段资料管理

9.2.2.1　施工资料管理规定

（1）施工资料应实行报验、报审管理。施工过程中形成的资料应按报验、报审程序，通过相关施工单位审核后，方可报建设（监理）单位。

（2）施工资料的报验、报审应有时限要求。工程各相关单位宜在合同中约定报验、报审资料的申报时间及审批时间，并约定应承担的责任。当无约定时，施工资料的申报、审批不得影响正常施工。

（3）工程项目实行总承包的，应在与分包单位签订的施工合同中明确施工资料的移交套数、移交时间、质量要求及验收标准等。分包工程完工后，应将有关施工资料按约定移交。

（4）承包单位提交的竣工资料必须由监理工程师审查完后，认为符合工程合同及有关规定，且准确、完整、真实，便可签证同意竣工验收的意见。

9.2.2.2　施工资料管理流程

（1）工程技术报审资料管理流程，如图 9-2 所示。

（2）工程物资选样资料管理流程，如图 9-3 所示。

（3）物资进场报验资料管理流程，如图 9-4 所示。

（4）工序施工报验资料管理流程，如图 9-5 所示。

（5）部位工程报验资料管理流程，如图 9-6 所示。

（6）竣工报验资料管理流程，如图 9-7 所示。

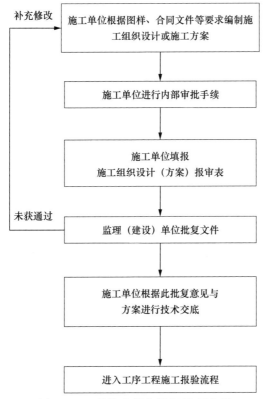

图 9-2　工程技术报审资料管理流程

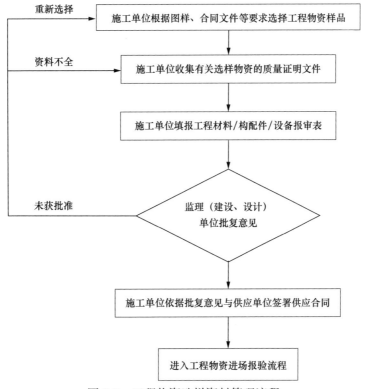

图 9-3　工程物资选样资料管理流程

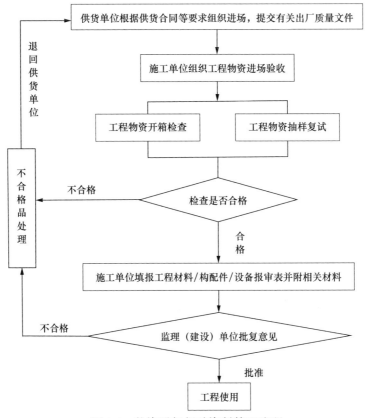

图 9-4 物资进场报验资料管理流程

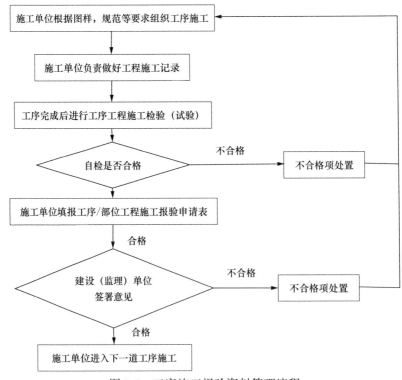

图 9-5 工序施工报验资料管理流程

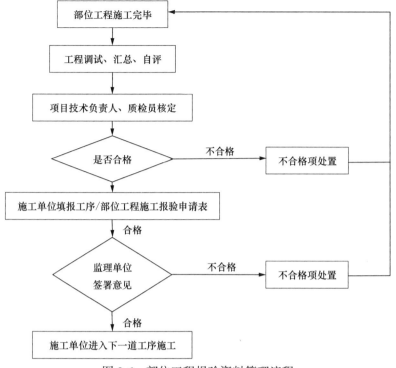

图 9-6 部位工程报验资料管理流程

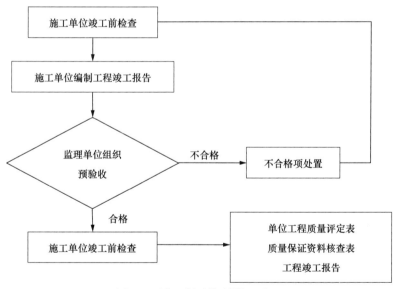

图 9-7 竣工报验资料管理流程

9.3 园林绿化工程竣工图资料管理

园林绿化工程项目竣工图是真实地记录各种地下、地上园林景观要素等详细情况的技术文件，是对工程进行交工验收、维护、扩建改建的依据，也是使用单位长期保存的技术资料。

9.3.1　施工文件归档管理的内容

9.3.1.1　施工文件归档管理中的术语

1. 建设工程项目（Construction Project）

经批准按照一个总体设计进行施工，经济上实行统一核算，行政上具有独立组织形式，实行统一管理的工程基本建设单位。它由一个或若干个具有内在联系的工程所组成。

2. 单位工程（Single Project）

具有独立的设计文件，竣工后可以独立发挥生产能力或工程效益的工程，并构成建设工程项目的组成部分。

3. 分部工程（Subproject）

单位工程中可以独立组织施工的工程。

4. 建设工程文件（Construction Project Document）

在工程建设过程中形成的各种形式的信息记录，包括工程准备阶段文件、监理文件、施工文件、竣工图和竣工验收文件，也可简称为工程文件。

5. 工程准备阶段文件（Seedtime Document of a Construction Project）

工程开工以前，在立项、审批、征地、勘察、设计、招投标等工程准备阶段形成的文件。

6. 监理文件（Project Management Document）

监理单位在工程设计、施工等监理过程中形成的文件。

7. 施工文件（Constructing Document）

施工单位在工程施工过程中形成的文件。

8. 竣工图（as-Build Drawing）

工程竣工验收后，真实反映建设工程项目施工结果的图样。

9. 竣工验收文件（Handing Over Document）

建设工程项目竣工验收活动中形成的文件。

10. 建设工程档案（Project Archive）

在工程建设活动中直接形成的具有归档保存价值的文字、图表、声像等各种形式的历史记录，也可简称为"工程档案"。

11. 案卷（File）

由互有联系的若干文件组成的档案保管单位。

12. 立卷（Filing）

按照一定的原则和方法，将有保存价值的文件分门别类整理成案卷，也称组卷。

13. 归档（Putting into Record）

文件形成单位完成其工作任务后，将形成的文件整理立卷后，按规定移交档案管理机构。

9.3.1.2　施工文件归档管理中的基本规定

（1）建设、勘察、设计、施工、监理等单位应将工程文件的形成和积累纳入工程建设管理的各个环节和有关人员的职责范围。

（2）在工程文件与档案的整理立卷、验收移交工作中，建设单位应履行下列职责：

1）在工程招标及与勘察、设计、施工、监理等单位签订协议、合同时，应对工程文件的套数、费用、质量、移交时间等提出明确要求。

2）收集和整理工程准备阶段、竣工验收阶段形成的文件，并应进行立卷归档。

3）负责组织、监督和检查勘察、设计、施工、监理等单位的工程文件的形成、积累和立卷归档工作；也可委托监理单位监督、检查工程文件的形成、积累和立卷归档工作。

4）收集和汇总勘察、设计、施工、监理等单位立卷归档的工程档案。

5）在组织工程竣工验收前，应提请当地的城建档案管理机构对工程档案进行预验收；未取得工程档案验收认可文件，不得组织工程竣工验收。

6）对列入城建档案馆（室）接收范围的工程，工程竣工验收后 3 个月内，向当地城建档案馆（室）移交一套符合规定的工程档案。

（3）勘察、设计、施工、监理等单位应将本单位形成的工程文件立卷后向建设单位移交。

（4）建设工程项目实行总承包的资料归档规定。总包单位负责收集、汇总各分包单位形成的工程档案，并应及时向建设单位移交；各分包单位应将本单位形成的工程文件整理、立卷后及时移交总包单位。建设工程项目由几个单位承包的，各承包单位负责收集、整理立卷其承包项目的工程文件，并应及时向建设单位移交。

（5）对城建档案管理部门的规定。城建档案管理机构应对工程文件的立卷归档工作进行监督、检查、指导。在工程竣工验收前，应对工程档案进行预验收，验收合格后，须出具工程档案认可文件。

9.3.2　施工文件归档管理的要求

9.3.2.1　施工文件归档管理归档要求

1. 工程文件的归档范围

（1）对与工程建设有关的重要活动、记载工程建设主要过程和现状、具有保存价值的各种载体的文件，均应收集齐全，整理立卷后归档。

（2）工程文件的具体归档范围应符合《建设工程文件归档管理规范》附录 A 的要求。

2. 归档文件的质量要求

（1）归档的工程文件应为原件。

（2）工程文件的内容及其深度必须符合国家有关工程勘察、设计、施工、监理等方面的技术规范、标准和规程。

（3）工程文件的内容必须真实、准确，与工程实际相符合。

（4）工程文件应采用耐久性强的书写材料，如碳素墨水、蓝黑墨水，不得使用易褪色的书写材料，如红色墨水、纯蓝墨水、圆珠笔复写纸、铅笔等。

（5）工程文件应字迹清楚，图样清晰，图表整洁，签字盖章手续完备。

（6）工程文件中文字材料幅面尺寸规格宜为 A4 幅面（297mm×210mm），图纸宜采用国家标准图幅。

（7）工程文件的纸张应采用能够长期保存的韧力大、耐久性强的纸张。图纸一般采用蓝晒图，竣工图应是新蓝图。计算机出图必须清晰，不得使用计算机出图的复印件。

（8）不同幅面的工程图纸应按《技术制图复制图的折叠方法》GB/T 10609.3—2009 统一折叠成 A4 幅面（297mm×210mm），图标栏露在外面。

9.3.2.2　编制竣工图的形式和深度

1. 编制竣工图的形式和深度

（1）凡按图施工没有变动的，则由施工单位（包括总包单位和分包单位，下同）在原施工图上加盖"竣工图"标志后，即作为竣工图。

（2）凡在施工中虽有一般性设计变更，但能将原施工图加以修改补充作为竣工图的，可不以重新绘制，由施工单位负责在原施工图（必须是新蓝图）上注明修改的部分，并附以设计变更通知单和施工说明，加盖"竣工图"标志后，即作为竣工图。

（3）凡结构形式改变、工艺改变、平面布置改变以及有其他重大改变，不宜再在原施工图上修改、补充者，应重新绘制改变后的竣工图。由于设计原因造成的，由设计单位负责重新绘图；由于施工原因造成的，由施工单位负责重新绘图；由于其他原因造成的，由建设单位自行绘图或委托设计单位绘图。施工单位负责在新图上加盖"竣工图"标志并附以有关记录说明，作为竣工图。重大的改建、扩建工程涉及原有工程项目变更时，应将相关项目的竣工图资料统一整理归档，并在原图案卷内增补必要的说明。

（4）竣工图一定要与实际情况相符，要保证图纸质量，做到规格统一，图面整洁，字迹清楚，不得用圆珠笔或其他易褪色的墨水绘制。竣工图要经承担施工的技术负责人审核签认。

2. 竣工图章的要求

（1）竣工图章的基本内容应包括："竣工图"字样、施工单位、编制人、审核人、技术负责人、编制日期、监理单位、现场监理、总监。

（2）竣工图章示例如图 9-8 所示。

（3）竣工图章尺寸为 50mm×80mm。

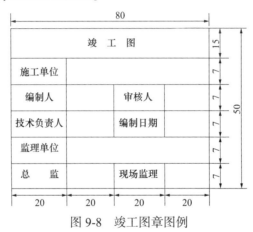

图 9-8　竣工图章图例

（4）竣工图章应使用不易褪色的红印泥，应盖在图标栏上方空白处。

9.3.2.3　编制竣工图的分工

（1）建设项目实行总包制的各分包单位应负责编制分包范围内的竣工图，总包单位除应编制自行施工的竣工图外，还应负责汇总整理各分包单位编制的竣工图。总包单位在交工时应向建设单位提交总包范围内的各项完整、准确的竣工图。

（2）建设项目由建设单位分别包给几个施工单位承担的，各施工单位应负责编制所承包工程的竣工图，建设单位负责汇总整理。

（3）建设项目在签订承发包合同时，应明确规定竣工图的编制、检验和交接等问题。

（4）建设单位应组织、督促和协助各设计、施工单位检验各自负责的竣工图编制工作，发现有不准确或短缺时，要及时采取措施修改和补齐。

9.3.2.4　竣工图编制的套数

大中型项目、重要公用工程和其他特殊性项目至少应编制 3 套竣工图，1 套送城建档案部门归档，2 套由生产或使用单位保存；一般小型项目至少应编制 2 套竣工图，1 套送城建档案部门归档，1 套由生产或使用单位保存，作为维护、改造、扩建的依据。项目竣工图套数应该在签订施工合同时明确规定。

9.3.2.5　竣工图编制费用

竣工图编制费用以 9.3.2.3 中的分工及 9.3.2.4 中规定的套数为基准，增加部分的费用由筹建单位负责。竣工验收后需要复制的，复制费用由使用单位负责。

9.3.3　施工文件立卷要求

9.3.3.1　立卷的原则和方法

（1）立卷应遵循工程文件的自然形成规律，保持卷内文件的有机联系，便于档案的保管和利用。

（2）一个建设工程由多个单位工程组成时，工程文件应按单位工程组卷。

（3）立卷可采用如下方法：

1）工程文件可按建设程序划分为工程准备阶段文件、监理文件、施工文件、竣工图、竣工验收文件 5 部分；

2）工程准备阶段文件可按建设程序、专业、形成单位等组卷；

3）监理文件可按单位工程、分部工程、专业、阶段等组卷；

4）施工文件可按单位工程、分部工程、专业、阶段等组卷；

5）竣工图可按单位工程、专业等组卷；

6）竣工验收文件按单位工程、专业等组卷。

（4）立卷过程中宜遵循下列要求：

1）案卷不宜过厚，一般不超过 40mm；

2）案卷内不应有重份文件，不同载体的文件一般应分别组卷。

9.3.3.2　卷内文件的排列

（1）文字材料按事项、专业顺序排列。同一事项的请示与批复、同一文件的印本与定稿、主件与附件不能分开，并按批复在前、请示在后，印本在前、定稿在后，主件在前、附件在后的顺序排列。

（2）图纸按专业排列，同专业图纸按图号顺序排列。

（3）既有文字材料又有图纸的案卷，文字材料排前，图纸排后。

9.3.3.3　案卷的编目

1. 编制卷内文件页号应符合的规定

（1）卷内文件均按有书写内容的页面编号。每卷单独编号，页号从"1"开始。

（2）页号编写位置：单面书写的文件在右下角；双面书写的文件，正面在右下角，背面在左下角。折叠后的图纸一律在右下角。

（3）成套图纸或印刷成册的科技文件材料，自成一卷的，原目录可代替卷内目录，不必重新编写页码。

（4）案卷封面、卷内目录、卷内备考表不编写页号。

2. 卷内目录的编制应符合的规定

（1）卷内目录式样宜符合《建设工程文件归档整理规范》附录 B 的要求。

（2）序号：以一份文件为单位，用阿拉伯数字从 1 依次标注。

（3）责任者：填写文件的直接形成单位和个人。有多个责任者时，选择两个主要责任者，其余用"等"代替。

（4）文件编号：填写工程文件原有的文号或图号。

（5）文件题名：填写文件标题的全称。

（6）日期：填写文件形成的日期。

（7）页次：填写文件在卷内所排的起始页号。最后一份文件填写起止页号。

（8）卷内目录排列在卷内文件首页之前。

3. 卷内备考表的编制应符合的规定

（1）卷内备考表的式样宜符合《建设工程文件归档整理规范》附录C的要求。

（2）卷内备考表主要标明卷内文件的总页数、各类文件页数（照片张数），以及立卷单位对案卷情况的说明。

（3）卷内备考表排列在卷内文件的尾页之后。

4. 案卷封面的编制应符合的规定

（1）案卷封面印刷在卷盒、卷夹的正表面，也可采用内封面形式。案卷封面的式样宜符合《建设工程文件归档整理规范》附录D的要求。

（2）案卷封面的内容应包括档号、档案馆代号、案卷题名、编制单位、起止日期、密级、保管期限、共几卷、第几卷。

（3）档号应由分类号、项目号和案卷号组成。档号由档案保管单位填写。

（4）档案馆代号应填写国家给定的本档案馆的编号。档案馆代号由档案馆填写。

（5）案卷题名应简明、准确地揭示卷内文件的内容。案卷题名应包括工程名称、专业名称、卷内文件的内容。

（6）编制单位应填写案卷内文件的形成单位或主要责任者。

（7）起止日期应填写案卷内全部文件形成的起止日期。

（8）保管期限分为永久、长期、短期三种期限。各类文件的保管期限详见《建设工程文件归档整理规范》附录A。永久是指工程档案需永久保存。长期是指工程档案的保存期限等于该工程的使用寿命。短期是指工程档案保存20年以下。同一案卷内有不同保管期限的文件，该案卷保管期限应从长。

（9）密级分为绝密、机密、秘密三种。同一案卷内有不同密级的文件，应以高密级为本卷密级。

5. 卷内目录、卷内备考表和案卷封面

应采用70g以上白色书写纸制作，幅面统一采用A4幅面（297mm×210mm）。

9.3.3.4　案卷装订

（1）案卷可采用装订与不装订两种形式。文字材料必须装订。既有文字材料，又有图纸的案卷应装订。装订应采用线绳三孔左侧装订法，要整齐、牢固，便于保管和利用。

（2）装订时必须剔除金属物。

9.3.3.5　卷盒、卷夹、案卷脊背

（1）案卷装具一般采用卷盒、卷夹两种形式：

1）卷盒的外表尺寸为310mm×220mm，厚度分别为20mm、30mm、40mm、50mm。

2）卷夹的外表尺寸为310mm×220mm，厚度一般为20～30mm。

3）卷盒、卷夹应采用无酸纸制作。

（2）案卷脊背的内容包括档号、案卷题名，式样宜符合《建设工程文件归档整理规范》附录E的要求。

9.4 园林绿化工程信息资料管理

9.4.1 信息管理的任务

项目部的信息管理任务主要包括：建立信息管理部门、编制信息管理手册、建立信息处理平台、制定工作流程及相关管理制度、开展日常管理工作等。

9.4.2 信息管理的原则

（1）及时、准确和全面提供信息；
（2）用定量的方法分析数据和定性的方法归纳知识；
（3）适应不同管理层次的不同要求；
（4）尽可能高效、低耗地处理信息。

9.4.3 施工项目信息管理的要求

（1）项目经理部建立项目信息管理系统，优化信息结构，对项目实施全方位、全过程的信息化管理；
（2）项目经理部可以在各部门中设信息管理员或兼职信息管理人员，也可以单独设置信息管理人员或信息管理部门；
（3）项目经理部应负责收集、整理、管理本项目范围内的信息；
（4）项目经理部应及时收集信息，并将信息准确、完整、及时地传递给使用单位和人员；
（5）项目信息收集工作应随工程的进展进行，保证真实、准确，按照项目信息管理要求及时进行整理，经有关负责人审核签字，及时存入计算机中，纳入项目管理信息系统。

9.4.4 施工项目信息的分类与内容

1. 施工项目信息分类

基本信息主要包括：
（1）公共信息。包括法规和部门规章制度、市场信息、自然条件信息等。
（2）单位工程信息。包括工程概况信息、施工记录信息、施工技术资料信息、工程协调信息、过程进度计划及资源计划信息、成本信息、商务信息、质量检查信息、安全文明施工及行政管理信息、交工验收信息等。项目信息有不同的分类方法，如表9-17所示。

不同分类方法的项目信息种类　　　　　　　　　　　　表9-17

分类方法	信息类型	分类方法	信息类型
按信息来源分	内部信息	按生产要素分	劳动力管理信息
			材料管理信息
	外部信息		机械设备管理信息
			技术管理信息

续表

分类方法	信息类型	分类方法	信息类型
按管理目标分	成本控制信息	按生产要素分	资金管理信息
	质量控制信息	按管理工作流程分	计划信息
	进度控制信息		执行信息
	安全控制信息		检查信息
按管理层信息分	决策层信息		反馈信息
	管理层信息	按信息稳定程度分	固定信息
	实施层信息		流动信息

2. 施工项目信息结构

施工项目信息结构是利用计算机进行信息化项目管理，内容包括项目进度控制信息、项目成本控制信息、项目安全控制信息、项目竣工验收信息等。

3. 施工项目信息的内容

施工项目常用信息内容如下：

（1）法规和部门规章信息；

（2）市场信息；

（3）自然条件信息；

（4）工程概况信息；

（5）施工记录信息；

（6）施工技术资料信息；

（7）施工计划表、工程统计表和材料消耗表；

（8）进度控制信息；

（9）成本信息；

（10）资源管理需要量计划信息；

（11）商务信息；

（12）安全文明施工信息；

（13）行政管理信息；

（14）竣工验收信息。

9.4.5　信息编码与处理

1. 项目信息编码

（1）编码的原则。

1）编码应与项目分解的原则和体系相一致；

2）便于识别和记忆，方便查询、检索、汇总和使用；

3）反映项目的特点和需要；

4）代码与所代表的实体具有唯一性；

5）代码应尽量短小、等长，较好地适应项目、环境的变化，长时间无须修改。

（2）项目信息编码的内容与要求。

项目信息编码的内容包括：项目的结构编码；项目管理组织结构编码；项目的政府主管

部门和各参与单位编码；项目实施的工作项编码；项目投资项编码或成本项编码；项目进度项编码；项目进展报告和各类报表编码；合同编码；函件编码；工资档案编码等。编码要求如下：

1）项目的结构编码应依据项目结构图，对每一层的每个组成部分均进行编码。

2）项目管理组织结构编码应依据项目管理组织结构图，对每一个工作部门进行编码。

3）项目的政府主管部门和各参与单位编码应包括：政府主管部门、业主上级部门、金融机构、工程咨询单位、设计单位、施工单位、物资供应单位、物业管理单位等。

4）项目实施的工作项编码应覆盖项目实施的工作任务目录中的全部内容。

5）项目投资项编码应综合考虑概算、预算、标底、合同价和工程款支付等因素，建立统一编码，服务于投资目标的动态控制。

6）项目成本项编码应综合考虑预算、投标价估算、合同价和施工成本分析，以及工程款支付等因素，建立统一编码，服务于项目成本目标的动态控制。

7）项目进度项编码应综合考虑不同层次、不同深度和不同用途的进度计划的需要，建立统一编码，服务于项目进度目标的动态控制。

8）项目进展报告和各类报表编码应包括项目管理形成的各种报告和报表的编码。

9）合同编码应考虑项目合同结构和合同分类，应反映合同类型、相应的项目结构和合同签订的时间特征等。

10）函件编码应反映发函者、收函者、函件内容所涉及的分类和时间等，以便函件的查询和整理。工资档案编码应根据有关工程档案的规定、项目特点和项目实施单位的需求而建立。

（3）编码方法：常用编码方法采用顺序编码。

2. 项目信息处理

（1）信息处理的工作内容。

信息处理主要包括信息的收集、加工、存储、检索和输出等工作。

（2）工程项目信息处理的方法。

1）信息处理平台：基于网络的信息处理平台由数据处理设备（计算机、打印机、扫描仪、绘图仪等）、数据通信网络（含形成网络的硬件设备和软件）、软件系统（操作系统和信息处理软件）等一系列硬件和软件构成。

2）数据通信网络：局域网（LAN）。

3）工程项目数据通信方式：通过电子邮件收集信息和发布信息；召开网络会议；基于互联网的远程教育和培训；基于互联网的项目专用网站实现各方信息交流、协同工作和文档管理；通过互联网的项目信息门户为众多项目服务的公用信息平台。

【案例 9-1】

××园亮山工程 A 标施工资料管理案例

1. 项目概况及工程概况表的填写

项目名称：××园亮山工程 A 标

项目地点：××省××市××路北侧、××路西侧

建设单位：×××城区建设管理处（×××建设投资发展集团有限公司代建）

设计单位：××园林设计院有限公司

监理单位：××项目管理咨询有限责任公司

施工单位：××园林绿化景观有限公司

施工工期：计划开工时间 2018 年 11 月 20 日，计划竣工时间 2019 年 5 月 18 日

质量要求：质量合格

施工范围：本项目占地总面积约 16673m²，合同价格 1235.33 万元，绿地面积 8536.58m²，绿地率 51.2%，具体施工内容如下：

（1）硬景工程：古建筑、花街园路、广场铺装、景亭、曲桥、驳岸修复等；

（2）软景工程：土方平整造型、工程范围内所有绿化苗木的施工、种植及养护；

（3）电气、给水排水：灯具基础及电缆工作井施工、管线敷设、园林景观灯具安装工程及调试工程；给水工程、排水工程施工及调试工程。

（4）其他景观小品工程。

将以上信息按要求填入工程概况表（表 9-18）。

工程概况表　　　　　　　　　　　　　　　　　　表 9-18

基本概况	工程名称	××园亮山工程 A 标	建设单位	×××城区建设管理处（×××建设投资发展集团有限公司代建）
	建设地点	××省××市××路北侧、××路西侧	设计单位	××园林设计院有限公司
	总面积（m²）	16673m²	施工单位	××园林绿化景观有限公司
	投资规模（万元）	1235.33 万元	监理单位	××项目管理咨询有限责任公司
	开工日期	2018 年 11 月 20 日	竣工日期	2019 年 5 月 18 日
	其他			
主要施工内容	（1）硬景工程：古建筑、花街园路、广场铺装、景亭、曲桥、驳岸修复等； （2）软景工程：土方平整造型、工程范围内所有绿化苗木的施工、种植及养护； （3）电气、给水排水：灯具基础及电缆工作井施工、管线敷设、园林景观灯具安装工程及调试工程；给水工程、排水工程施工及调试工程； （4）其他景观小品工程			
建设单位				（章）　　填表：

2. 施工现场资料管理要求

（1）施工现场资料文件汇总表。

本项目××亭林园亮山工程 A 标在施工过程中涉及的现场工程资料见下表（具体表单名称可参照表 9-19）：

园林绿化工程资料分类表 表 9-19

序号	类别	所需资料名称汇总	备注
1		开工报告和相关报批备案文件	
2		工程签证单、联系单	涉及的变更、增减项目
3		材料和设备验收记录	进场、安装
4		施工过程质量验收记录	施工过程及需要整改项目
5		监理、业主或总包方各类会议的纪要、文件、通知、指令单	
6	需要监理业主或总包方会签的施工现场工程资料	工程付款申请	
7		工程罚款单、索赔单	
8		子系统或分项调试、试运行记录	
9		系统调试、试运行记录，系统检测报告	
10		关键工序和隐蔽工序验收记录	
11		培训记录表	
12		用户意见调查表	
13		维护服务记录表	
14		竣工验收资料	
15		中标通知书、施工合同、招投标文件、工程量清单	
16		工程相关图纸	
17		技术方案及施工组织设计	
18		点位统计表、配线架表格、测试记录、调试及试运行记录	
19	其他重要施工现场工程资料	施工日报、周报、月报	
20		技术交底记录表	
21		劳务分包合同书、总包配合协议	
22		设备、材料采购计划	
23		项目人工预算表	
24		班组、项目部安全生产检查表、安全交底记录	
25		应急响应预案等	

（2）施工现场资料管理方法及依据。

1）某项目××园亮山工程A标现场配备有专业施工资料员一名，以配合项目资料制作。施工现场工程资料管理的第一责任人是项目经理。项目经理对施工现场工程资料的完整性、准确性、及时性负责。资料员在项目经理的领导下承担施工现场工程资料的具体管理工作。

2）某项目施工现场工程资料严格以工程合同与设计文件、现行中华人民共和国以及省、自治区、直辖市或行业的工程建设标准、规范的要求，如《江苏省城市园林绿化种植技术规定》《江苏省园林绿化工程质量评定标准》《苏州市城市绿化条例》等工程质量验收标准等为依据进行认真编制和填写。

3）需要监理、业主或总包方代表会签的工程联系单、签证单等涉及工程费用的变更，与公司利益紧密挂钩。因此，项目经理必须按照规定的格式和要素标准、规定的程序和步骤及时办理会签手续，保证签证资料的时效性。

4）项目经理每周五向 ×× 城市建设投资发展集团有限公司上报《工程项目周报表》，汇报本周工程进展情况及问题、下周工作计划、本周资料签署情况及明细等。

5）项目资料制作与签署进度必须和工程进度相符，不得有资料拖延现象。项目经理应及时完成工程施工进度分析和汇报、工程技术资料的填写编制，并督促质检员做好施工工程质量保证文件的收集、设备和材料的报验及分部分项工程施工报验，并督促技术员、安全员完成各类技术资料和安全检查、整改资料的填写编制。

6）施工现场工程资料收发均应有登记记录。对监理、业主或总分包方发送的有关通告、会议纪要及相关文件，项目经理应阅批后及时归档保存。

7）施工现场工程资料应随工程进度及时收集、整理，并应按专业编号归类。要求认真填写、字迹清楚、项目齐全、准确、真实，无未了事项。表格应统一规范，可附图纸或文字说明。

8）该项目要求资料员要及时收集施工过程中发生的所有资料，汇总整理后资料要装入相应的资料盒，资料盒侧面及正面应有标识并整齐码放在资料柜中。

9）工程管理中心会定期对项目经理和项目部成员进行施工现场工程资料编制填写标准要求的培训，并定期前往项目部检查施工现场工程资料完成、保管、使用情况。检查中如发现遗漏缺陷项，工程管理中心会提出书面整改通知单，明确整改内容和期限。项目经理必须在限期内完成整改，采取补救措施。

10）工程管理中心再次检查时如发现项目经理没有整改或整改不到位，将提出警告，书面要求限期整改，并承担一定金额的经济处罚。

11）工程竣工后，资料员在项目经理领导下，负责资料的整理、装订，及时移交相关部门。项目经理应按公司要求编制工程决算资料（包括竣工图、决算书、计算书、工程过程资料、技术资料等），并承担该资料编制的主要责任。工程结束后，要求所有资料均需留有一份交公司存档。

12）项目经理对施工现场工程资料的完整性和妥善保管负有责任。如有遗失、缺损，应及时向工程部汇报，并积极采取措施，设法补办补齐。

13）任何人均不得对施工现场工程资料进行涂改、伪造、随意抽撤、损毁或未经公司同意越权签署损害公司利益的文件，违反者按公司制度严肃处理，后果严重者须承担法律责任。

14）工程常用资料须根据工程当地建设部门、监理及甲方要求格式进行编制；技术资料要按投标和设计要求编制。

3. 竣工资料管理及要求

（1）竣工资料文件汇总目录要求。

某项目 ×× 园亮山工程 A 标，在竣工资料管理过程中严格按照业主、监理单位及本公司要求做好竣工资料管理工作。本案例列举了该项目主要竣工文件资料归档范围和保管期限，具体表单名称、明细详见表 9-20。

景观工程竣工资料和管理记录目录

表 9-20

序号	需归档文件	保管期限	备注
1	招标书、招标修改文件、招标补遗及答疑文件	长期	
2	投标书、资质材料、履约类保函、委托授权书和投标澄清文件、修正文件	永久	
3	中标通知书，承、发包及委托合同、协议书	永久	
4	开工报告、工程技术要求、技术交底、图纸会审纪要	永久或长期	
5	施工组织设计、施工方案、施工计划、重要会审纪要	长期	
6	重大安全质量事故及处理情况报告	永久	
7	分项工程开工申请单及附件	永久	
8	原材料及构件出厂证明、质量鉴定报告	长期	
9	原材料试验报告	长期	
10	设计变更、工程更改洽商单，材料代用审批手续	永久	
11	施工原始资料、试验材料汇总表	长期	
12	中间检验报验单及试验资料	长期	
13	隐蔽工程验收记录	永久	
14	工程记录及测试、沉降观测记录、事故处理报告	长期	
15	单位工程、分项、分部质量检验评定报告	永久	
16	施工总结、技术总结	永久	
17	工程声像资料	永久	制成光盘
18	监理通知、开（停、复）工令许可证	永久	
19	施工质量检验分析	永久	
20	工程计量与支付证书	长期	
21	工程交、竣工申请报告，竣工验收报告	永久	
22	竣工验收鉴定书、验收委员会名册	永久	
23	工程决算报告	永久	
24	竣工图	永久	
25	由甲方主持的工地会议纪要	长期	
26	与业主、监理或设计院的往来文件	长期	
27	平纵面缩图（内容同初步设计文件要求）	永久	

（2）竣工资料管理的方法。

1）竣工资料的收集：

① 竣工资料整理要符合合同、法律法规的有关规定，做到完整、科学、系统、准确。

② 竣工资料的收集、整理等工作，必须贯穿整个项目管理过程。

③ 竣工资料整理必须做到三个同步：工程立项开工与竣工技术资料收集同步；工程施工与竣工技术资料形成同步；工程完工验收与合同竣工技术资料验收同步。

④ 各类文件应按文件形成的先后顺序或项目完成情况及时收集。

⑤ 对电子文件的形成、收集、整理、积累、签定、归档等实行全过程管理与监控，保证管理工作的连续性。

2）竣工资料的整理：

① 项目部应按照后续给定的指令卷册划分，基本上以单位工程（分部工程）按专业立分册。两个或两个以上单位工程材料较少时也可合订为一册，但标识要清楚。

② 单位工程（分部工程）项目的划分以《施工质量验收及评价规程》为准，按报监理批准的检验项目划分表为依据。

③ 检测中心形成的资料由检测中心统一归档，整理成册。

④ 原材料试验供应科提供设备、材料的合格证及进厂试验报告。

⑤ 部分设备文件由于幅面比较小（如合格证），应用胶水（或双面胶）固定在芯页上，并在左方或右方或下方做出说明。

⑥ 案卷内科技文件材料排列应文字在前，图样在后；正件在前，附件在后；印件在前，定（草）稿在后；批复（答复）在前，请示（提问）在后。

⑦ 案卷内文件页号的编写：案卷内文件材料均以有书写内容的页面编写页号；单面书写的文件材料在其右下角编写页号；双面书写的科技文件材料，正面在其右下角、背面在其左下角编写页号；竣工资料文件的页码编号，应用打码机打印；各卷之间不连续编号，页码编制自审批页开始。

3）竣工资料的表面整体要求：

① 工程文件及竣工（验收）文件一律采用 A4 幅面标准纸（如有 A3 幅面，装订时应折叠成 A4 幅面）。需增加或修改的表格（指验标中没有的表格或因修改和验标不一致的表格）必须经监理单位确认后使用。

② 凡收入竣工资料内的文字和图表资料一律采用 Word、Excel、CAD 文档，对工地及各部门形成的生产类会议纪要、各类台账、联系单、会审及交底等记录（包括技术记录）、签证、报告、验评类等文件资料统一规定如下：

A. 用纸：采用国际标准 A4 型（长 × 宽为 297mm×210mm），70 克双面胶版复印纸。

B. 页面设置：左边距＝25mm，右边距＝15mm，上边距＝20mm，下边距＝20mm。卷面一律用激光打印机打印，字迹要清晰、规范。

C. 表格外框线 1.5 磅，内划线 0.5 磅。

D. 页面统一采用正文＋宋体，大标题用黑体小二号字，在内容框上部，表头与表上框第一行字间距为固定值 25 磅。各种表内用字均为五号宋体；英文使用 Times New Roman 字体。

E. 各部门及施工处形成的单项资料可暂不编页码，待组成卷册后统一编制。

F. 执行新验标规定表格，新验标中没有的使用监理单位规定的《典型表式》，其内容和编号、字号不变，但页边距按上述要求。

4）竣工资料的统一填写：

① 工程文件的内容必须真实、准确，与工程实际相符。

② 项目竣工文件必须齐全完整，版面清晰、整洁，字迹清楚，不允许用涂改液修改，签字认可手续完备。

③ 原件一律采用激光打印机打印，使用碳素笔书写并手迹签名，需用公章的地方一律用原迹（厂家传真资料例外）。所有记录、验评表格均要填写齐全，确实不需填写的项目均应画斜线（左下右上）或注明"以下空白"。

④ 需永久、长期保存的文件不应用易褪色的书写材料（红色墨水、纯蓝墨水、圆珠笔、复写纸、铅笔等）书写、绘制。

⑤ 凡为易褪色材料（如复写纸、热敏纸等）形成的并需要永久和长期保存的文件，应附一份复印件。

⑥ 复印、打印文件及照片的字迹、线条和影像的清晰及牢固程度应符合设备标定质量的要求。

⑦ 录音、录像文件应保证载体的有效性。长期存储的电子文件应使用不可擦除型光盘。

5）对于竣工资料中重要的施工项目验评部分的填写方法：

① 验评资料的填写必须真实、准确，除"复核意见、核定等级及检验单位人员签名"要用碳素墨水手签外，其余均用激光打印机打印。施工单位一栏签字执行如下规定：检验批、分项工程按项目划分，表中由施工单位各级质检员签字，监理单位由专业监理师签字，建设单位由技术部、安质部、生产部专业专工签字；分部工程施工单位三级质检签字，监理单位由专业监理师签字，建设单位由技术部、安质部、生产部专业专工签字；单位工程施工单位由总工签字，监理单位由总监签字，建设单位由技术部、安质部、生产部主任签字；强条执行按新规程执行，强条性条文执行情况检查表中的施工单位一栏由施工单位专职质检员和项目部专业质检员共同签字，监理由专业监理师签字；新规程签证表中施工单位一栏由专职质检员和项目部专业质检员共同签字。

② 验评表填写中，设计无该项目的填写"设计无此项"，与设计无关但无该项的填写"无此项内容"，质量检验记录栏和单项评定栏不准进行合并单元格。

③ 检验单位按新版标准执行，不需验收的单位可打斜线"/"。

④ 分项工程质量评定中，检验指标总数量应与"主要""一般"数量相符。其他专业按新《规程》执行。

⑤ 凡是在质量检验评定表（单位、分部、分项、分段）中出现乘号时，乘号均采用数学符号"×"，不准使用符号"*"，更不准"*"和"×"同时出现。

⑥ 评定表中"质量检验记录"一栏中不能简单地照抄"质量标准"栏的要求，比如"质量标准"中要求"不允许……"或"不能……""不准……"等时，"质量检验记录"中应填"无……"或"没有……""不……"等。

⑦ 管道安装验评表中，质量检验指标有"管道坡向、坡度"一栏，不能填写"符合设计"，在质量检验记录中应填写具体数字，如0.2%或0.3%等，要按设计要求填写。

⑧ 质量标准中，凡有"符合设计要求"者，应简明扼要注明设计具体要求（若内容较多，可附页说明），凡有"符合规范要求"者，应标出所执行的规范名称及编号；不能只简单地填写"符合设计要求""符合规范要求"，应填以具体数据或对某标准、规范进行简单的文字

描述。

4. 资料信息化管理特色

××园亮山工程 A 标项目，计划开工、竣工日期分别为 2018 年 11 月 20 日和 2019 年 5 月 18 日，占地总面积约 16673m²，绿地面积 8536.58m²；施工内容包含：① 硬景工程：古建筑、花街园路、广场铺装、景亭、曲桥、驳岸修复等；② 软景工程：土方平整造型、工程范围内所有绿化苗木的施工、种植及养护；③ 电气、给水排水：灯具基础及电缆工作井施工、管线敷设、园林景观灯具安装工程及调试工程；给水工程、排水工程施工及调试工程；④ 其他景观小品工程。项目涵盖专业子项如此繁多，必定拥有大量的工程资料，其重要性也不言而喻，如何进行妥善的保存，能为今后进行及时查阅、借阅等带来了诸多问题。

为达到××园亮山工程 A 标项目资料信息可实现收集、管理、保存和利用的要求，最终达到全面优化××园亮山工程 A 标资料工作的目标，确保资料信息真实完整、可靠有效、清晰可读、利用便捷、长期可用、科学管理，提高公司平台的资料信息化管理整体水平，从以下几个方面进行资料归档管理：

（1）资料存储方式。

资料存储实行纸质与电子资料同步，利用高速扫描技术方式，将现存的纸质资料、声像资料等传统介质资料和已归档保存的电子档案，系统组织成为有序的资料信息库。

1）及时将收集的资料、图纸等整理分类，编写目录，装订成册，在保管过程中，严格遵守档案接收、查阅、出借、归还的登记制度。

2）归档的资料要完整、系统、准确。

3）资料按类别存放，在相应的档案盒上贴上标签。

4）做好资料的"防火、防盗、防潮、防尘"工作。

5）保存的工程资料每半年清理核对一次，如有遗失、损毁，要查明原因，及时处理。

（2）信息化管理的体现。

1）资料浏览。资料浏览包括归档号、盒号、案卷类别、案卷题名、件号、文件类别、文件资料题名、编制日期、件数、张数、附件、借阅状态。

2）资料借阅。资料保管人员提供资料暂存、资料新建、资料清单、借阅办理、浏览等。

3）状态审核、审批。

4）著录管理。著录管理包括案卷著录和文件著录：案卷著录包括归档号、盒号、案卷题名、件数、组卷单位、编制人、日期、修改人、修改日期；文件著录包括归档号、案卷题名、件号、文件类别、文件资料题名、编制日期、编制单位、页次、附件。

5）资料分类管理。资料分类管理包括资料列表显示、资料分类新建、资料修改和删除处理等。

6）核销管理。核销管理包括盒号、案卷题名、原件号、文件编号、文件资料题名、销毁日期、编制人、页次、状态。

（3）资料建立电子档案。

1）技术资料存档示例。

技术资料存档示例如图 9-9 所示。

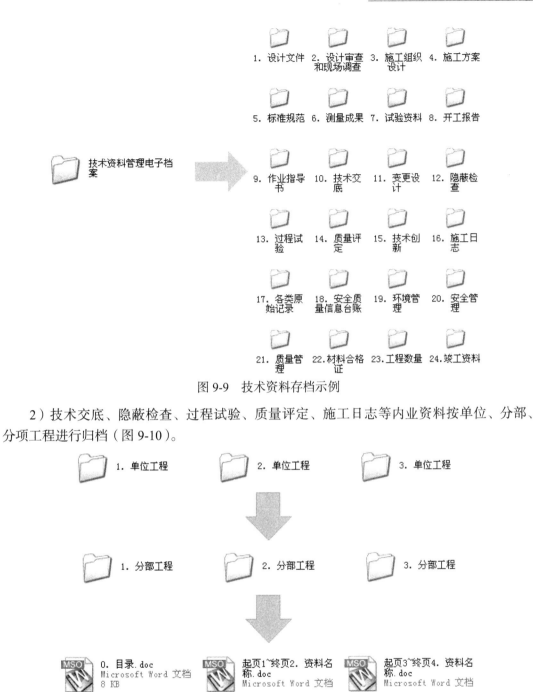

图 9-9 技术资料存档示例

2）技术交底、隐蔽检查、过程试验、质量评定、施工日志等内业资料按单位、分部、分项工程进行归档（图 9-10）。

图 9-10 内业资料存档示例

3）其他资料按项目进行归档（图 9-11）。

图 9-11 其他资料存档示例

4）建立电子档案的文件，Excel 表格、CAD 及图片、扫描件等最好是一律编辑成 Word 文档格式存档。

第 10 章　园林绿化工程施工后期管理

10.1　园林绿化工程竣工验收管理

10.1.1　公司内部验收

工程项目施工完毕后，各项目管理公司要及时申请预验收，并由工程管理中心组织相关职能部门进行项目预验收工作。预验收结束后，要出具书面验收报告。需要进行整改的，还必须说明需整改的项目和具体要求，限定整改时间。出现实物盈亏的要查明原因，分清责任，对有关责任人进行处理。整改完毕后必须进行再验收，完全合格后才能正式申请外部验收，并取得竣工验收报告。

验收的主要内容包括：竣工资料、竣工图的完成情况，工程台账，工程观感质量，苗木成活率，签证，设计变更图，B3 表编制情况等。

10.1.1.1　工程内部验收的条件

（1）工地现场已完成设计和合同约定的所有工作内容，项目部自检合格，项目公司内部预验收合格。

（2）有完整的竣工资料：竣工图纸、施工合同及完成的工程量清单、工程管理资料、施工过程资料。

10.1.1.2　工程内部验收流程和要求

1. 申请内验

（1）项目部完成全部工作内容后填写工程竣工验收报告（表 10-1），提交公司工程管理中心审查。

（2）工程管理中心向公司相关部门提出内部验收申请。

（3）经公司各职能部门视察竣工资料合格后，由工程管理中心组织公司资源采购中心、成本核算中心、设计院等相关部门在约定的时间内对合同工程实体施工质量进行内部验收。

2. 内部验收

（1）工程管理中心根据项目管理公司申请，组织各相关部门进行工程内部验收。各小组成员分别根据合同、竣工图纸等对工程各部位进行逐一检查，对验收过程中发现的问题进行记录（表 10-2～表 10-4），提交工程管理中心。

（2）工程管理中心汇总验收小组提交的问题记录，汇编成工程验收质量整改清单，发送至项目管理公司进行整改。

（3）项目管理公司对照工程验收质量整改清单逐一进行整改，并须在规定时间内完成。

（4）由项目管理公司提出复验申请，验收小组按规定时间对工程进行复检。需整改的项目经复检合格后方可进行工程移交，否则要求施工单位重新整改。

（5）对验收合格的工程，在工程竣工验收汇总表（表 10-5）上签署验收意见并签名，写上时间。

（6）内部验收依据现行规范、制度及公司相关制度文件。

10.1.1.3 参加内验各单位、部门职责

1. 项目部职责

（1）"施工图纸和合同"约定隐蔽工程。

1）隐蔽工程内部验收前，由项目部组织，通过"三检"管理，首先班组自行检查合格后，报项目部检查核实，经项目部质检人员、技术总工检查确认后，最终经项目管理公司验收确认。

2）隐蔽工程验收未合格，不得进行下道工序。验收合格是指针对检查存在的问题都得以改善完成，并且项目管理公司对整改的成果确认合格。

3）对于重点关注的项目或工序，项目管理公司根据公司相关要求及国家规范，对其控制点、检查点进行全检，以提高产品质量。

4）以上验收合格后，由项目管理公司向工程管理中心提出内部验收申请。

（2）"施工图纸和合同"约定分部、分项工程验收（包括需政府质检等部门验收备案工程）。应具备的条件包括以下几方面：

1）项目部已经按设计要求和合同约定完成需验收的分部、分项工程。

2）分部、分项工程质量验评资料完备。

3）质量保证资料齐全、真实，并与工程进展同步；有关原材料、半成品试验和评定合格。

4）施工形成的观测数据满足相关规范的要求。

5）分部、分项工程自评资料齐全，评定结果符合要求。

2. 公司各部门职责

（1）工程管理中心。

1）依据项目公司内验申请报告，工程管理中心根据工程性质组织相关职能部门前往验收。

2）负责验收现场施工质量（包含甲定乙供材料品牌、规格型号）是否已满足合同以及图纸约定要求；涉及隐蔽工程验收的将检查隐蔽项目的验收资料；同时，根据已完成的工程量清单及竣工图对现场工程量进行核实，核查竣工资料与实物是否一致。

3）对于违反合同约定施工的，将不予通过，需要整改完毕后再申请复验，直至合格。

4）负责检查竣工资料与工程进展是否同步、真实、完整。

5）在工程竣工验收汇总表上签署验收意见。

（2）成本核算中心。

1）验收前，首先核对项目提供的竣工图及已完工工程量清单内容，是否与施工图纸、工程合同约定的工程范围以及工程量清单所列的材料名称、数量、规格型号等一致。

2）施工现场、验收现场完成工程量清单项内容（数量抽查）是否与施工图纸和工程合同约定的工程范围、工程量清单以及竣工图一致，以及签证工程内容的真实性、合法性。

3）在工程质量竣工验收记录表上签署意见。

（3）资源采购中心。

1）验收前，核对现场已完成工程内容是否和"施工图纸、工程合同约定的工程范围以及工程量清单"所列的材料名称、数量、规格型号等一致。

2）督促项目管理公司及时清理、统计各种剩余材料、设备等剩余物资的品种、规格、数量等，并及时上报资源采购中心。对项目管理公司上报的剩余物资进行核实，并与项目管理公司完善相关手续，按公司相关规定统一调配处理。

（4）设计院

1）验收前，核对施工图、设计变更与竣工图的一致性。

2）施工现场、验收现场工程完成是否与施工图纸、变更单、竣工图一致。

3）在工程质量竣工验收记录表上签署意见。

××园林绿化工程竣工验收报告　　　　表 10-1

工程名称					
项目管理公司		项目负责人		开工日期	
		项目技术负责人		完工日期	
工程概况					
合同价		万元	绿化面积		m²

本次竣工验收工程概况描述：

项目负责人：

日期：　　年　月　日

××园林绿化工程项目观感质量检查记录　　　　表 10-2

工程名称			检查部位（区域）	质量评价		
项目管理公司						
序号		项　目	检查部位（区域）	好	一般	差
1	绿化工程	绿地的平整度及造型				
2		生长势				
3		定位、朝向				
4		植株形态				
5		植物配置				
6		外观效果				
1	园林附属工程	园路：表观洁净				
2		色泽一致				
3		图案清晰				
4		平整度				
5		曲线圆滑				
6		假山、叠石：色泽相近				
7		纹理统一				
8		形态自然完整				
9		水景水池：颜色、纹理质感协调统一				
10		设施安装：防锈处理、色泽鲜明、不起皱皮及疙瘩				
观感质量综合评价						
检查结论	项目负责人： 　　　　年　月　日			工程管理中心： 　　　　年　月　日		

注：质量评价为差的项目，应进行返修。

××园林绿化工程资料验收检查记录 表 10-3

工程名称					
项目管理公司				资料员	
序号	项目	资料名称		核查意见	
1	管理资料	工程概况			
2		工程项目施工管理人员名单			
3		施工组织设计及施工方案			
4		施工技术交底记录			
5		开工报告			
6		竣工报告			
1	质量控制资料	图纸会审、设计变更、洽商记录			
2		工程定位测量及放线记录			
3		原材料出厂证明文件			
4		施工试验报告及见证检测报告			
5		隐蔽验收记录（钢筋、砌体等）			
6		施工日志			
1	质量验收资料	检验批是否按照规定表格进行报验			
2		隐蔽验收是否漏报验			
3		混凝土浇筑时，是否报验浇筑报审表与配合比单			
4		材料进场报验时，是否附有质保资料			
5		报验的资料，监理是否已签字盖章			
6		现场资料是否有序完整地进行存档			
1	竣工验收		竣工验收证明		
2			施工总结		
3			竣工图		
4		竣工资料	资料汇总		
5			分项工程汇总		
6			分部（子分部）汇总		

项目负责人：

工程管理中心：

年 月 日

年 月 日

×× 园林绿化工程项目植物成活率统计表 表 10-4

工程名称			项目管理公司		
序号	植物类型	种植数量	成活率	抽查结果	核（抽）查人
1	常绿乔木				
2	常绿灌木				
3	绿篱				
4	落叶乔木				
5	落叶灌木				
6	色块（带）				
7	花卉				
8	藤本植物				
9	水湿生植物				
10	竹子				
11	草坪				
12	地被				
13					

结论：

项目负责人：　　　　　　　　　　工程管理中心：

　　　　　　　　　　　　　　　　　　年　月　日　　　　　　　　年　月　日

×× 园林绿化工程竣工验收汇总表 表 10-5

工程名称					
项目管理公司		项目负责人		开工日期	
		项目技术负责人		完工时间	
序号	项目		验收结论		
1	资料				
2	观感质量				
3	植物成活率				
4	综合验收结论				
参加验收单位		参加验收人员	项目负责人		工程管理中心
		年　月　日	年　月　日		年　月　日

10.1.1.4 B3 表编制及审核要求

1. B3 表编制

项目完工前夕，项目会计需提前为完整归集施工成本、正确编制完工项目成本汇总表（B3 表，表 10-6～表 10-13）做好充分准备，提醒项目部及时完成结算和各类费用报销工作，尤其是在后期采购材料价格确认流程没有完成的情况下，督促材料员尽快协调解决。B3 表的完成，是对项目经营成果的总结，项目会计须充分重视，积极配合项目经理，高质量完成阶段性成本核算汇总工作。

按照公司内控制度，项目完工需编制切实可行的养护方案和养护计划，财务会计依据经工程管理中心和成本核算中心审批过的养护计划，计入工程施工养护费科目，贷方预付养护款科目，供应商统使用"养护"名称，当月完成编制后，将项目经理签字确认的 B3 表及时上报成本核算中心及财务中心处。

每月度项目养护所发生的各项成本，贷方红字冲抵预付养护款。B3 表同样根据财务账面变动，调整编制月度 B3 表。该表结算成本金额保持不变，但已付、未付及暂估各列需每月及时更新，尤其 B3.7 表（项目分包预算成本汇总表）须按照表 10-13 更新填列。注意 B3 表头各项汇总数据必须与财务账套数据保持一致。

2. 竣工结算编制时间

竣工图纸必须在项目完工 2 周内完成，并经过项目预算员、项目经理审核确认。项目预算员依据经审定的竣工图纸及其他有效签证文件，在以下规定时间内完成公司内部成本结算（B3 表）、竣工项目结算书的编制及与业主进行结算确认工作：

（1）1000 万元以下工程，B3 表在 5 日内完成；在 15 日内完成结算书；并于提交甲方后 45 日内完成结算确认。

（2）1000 万元（含）～2000 万元的工程，B3 表在 10 日内完成；在 20 日内完成结算书；并于提交甲方后 45～60 日内完成结算确认。

（3）2000 万元（含）～3000 万元的工程，B3 表在 15 日内完成；在 30 日内完成结算书；并于提交甲方后 60～90 日内完成结算确认。

（4）3000 万元（含）以上工程，B3 表在 20 日内完成；在 45 日内完成结算书；并于提交甲方后 90～120 日内完成结算确认。

3. B3 表审核流程及审核要点

（1）工程完工后 30 日内，项目部核算员配合项目会计编制 B3 表，并提交项目经理、项目管理公司总经理审批。

（2）产值成本部在收到 B3 表 2 日内完成审核，并依次提交成本核算中心经理、财务中心主管领导、财务总监审核，总经理审批。

（3）项目完工撤场后，应及时进行完工项目分析，完善项目结算单及材料单等资料，杜绝出现项目完工后项目成本归集不全的情况。

（4）成本核算中心审核岗审核 B3 表时，一般项目按项目绿化苗木成本的 12% 计算养护费，高原、高海拔等特殊区域经分析后合理计算养护费用，计算的养护费经审核，由项目部报工程管理中心，养护方案中明确养护重点审核及养护人工、材料耗用等明细。

（5）B3 表审核完成后，此后项目养护及补苗等发生的费用均应计入对应项目养护成本，B3 表统计的详细归集成本为项目施工成本（另外还包括了项目预估的养护等费用）。

竣工项目成本结算汇总表（B3 表）　　表 10-6

工程名称：　　　　　　　　　　　　　　　　　　　　　　　　　　编号：B3.0

序号	费用名称	结算成本金额（元）	已付款（元）	未付款（元）	月暂估（元）	附表
一	直接费					
（一）	人工费					B3.1
（二）	材料费					
1	土建主材费					B3.2
2	苗木主材费					B3.3
（三）	机械费					
二	管理费					
（一）	管理人员工资					
（二）	招待费					
（三）	通信费					
（四）	交通费					
（五）	办公费					
（六）	工地餐费					
（七）	其他					
三	其他费用					B3.5
四	预估费用					B3.6
五	分包费用					B3.7
	合计					

编制说明：

填报人：　　　　　　　　　　　　　　　　　　　　　　日期：　年　月　日

项目经理：　　　　　　　　　　　　　　　　　　　　　日期：　年　月　日

项目管理公司总经理：　　　　　　　　　　　　　　　　日期：　年　月　日

项目成本人工费用结算汇总表（B3 表）

表 10-7

工程名称：

编号：B3.1

序号	班组名称	工种	结算金额（元）	已付款（元）	未付款（元）	月暂估（元）	备注
...							
合计							

编制说明：

填报人：　　　　　　　　　　　　　　　　　　日期：　年　月　日

项目经理：　　　　　　　　　　　　　　　　　日期：　年　月　日

项目管理公司总经理：　　　　　　　　　　　　日期：　年　月　日

项目土建材料费用结算汇总表（B3 表）

表 10-8

工程名称：

编号：B3.2

序号	供应商	材料名称	规格及型号	单位	数量	单价（元）	结算金额（元）	已付款（元）	未付款（元）	月暂估（元）	备注
...											
合计											

编制说明：

填报人：　　　　　　　　　　　　　　　　　　日期：　年　月　日

项目经理：　　　　　　　　　　　　　　　　　日期：　年　月　日

项目管理公司总经理：　　　　　　　　　　　　日期：　年　月　日

项目绿化材料费用结算汇总表（B3 表）

表 10-9

工程名称：

编号：B3.3

序号	供应商	苗木名称	规格	数量	单位	单价（元）	结算金额（元）	已付款（元）	未付款（元）	月暂估（元）	备注
...											
合计											

编制说明：

填报人：　　　　　　　　　　　　　　　　　　日期：　年　月　日

项目经理：　　　　　　　　　　　　　　　　　日期：　年　月　日

项目管理公司总经理：　　　　　　　　　　　　日期：　年　月　日

项目成本机械费用结算汇总表（B3 表） 表 10-10

工程名称： 编号：B3.4

序号	机械供应商	机械名称	单价（元）	结算金额（元）	已付款（元）	未付款（元）	月暂估（元）	备注
…								
合计								

编制说明：

填报人：	日期： 年 月 日
项目经理：	日期： 年 月 日
项目管理公司总经理：	日期： 年 月 日

项目成本单项工程费用结算汇总表（B3 表） 表 10-11

工程名称： 编号：B3.5

序号	供应商	项目名称	结算金额（元）	已付款（元）	未付款（元）	月暂估（元）	备注
…							
合计							

编制说明：

填报人：	日期： 年 月 日
项目经理：	日期： 年 月 日
项目管理公司总经理：	日期： 年 月 日

项目成本缺陷责任期（预估）费用汇总表（B3 表） 表 10-12

工程名称： 编号：B3.6

序号	预估项目	预估金额（元）	备注
…			
合计			

编制说明：

填报人：	日期： 年 月 日
项目经理：	日期： 年 月 日
项目管理公司总经理：	日期： 年 月 日

项目分包预算成本汇总表（B3 表）　　　　　　　　表 10-13

工程项目名称：　　　　　　　　　　　　　　　　　　　　　　编号：B3.7

序号	分包商单位全称	分包内容	结算金额（元）	已付款（元）	未付款（元）	月暂估（元）	备注
...							
合计							

项目核算员：　　　　　　　　　　　　项目经理：

填表说明：

（1）本表按分包项目填列：将本项目所有分包商汇总在一张表上填列。每个分包商对应一个分包内容填列。如果一个分包商有几个不同的分包内容，应分行填列。如果一个分包内容有几个分包商，也应分行按分包商填列。

（2）工程项目名称：分二级填写，即城市名＋工程名称。例如，南京仙林商务，工程项目名称：南京（城市名）、仙林商务（工程名称）。

（3）分包商单位全称：分包单位全称为合同签订的分包单位全称，也是财务挂账和发票开出单位的名称。

（4）分包内容：主要有土建、结构、饰面、木作、钢结构、安装、土方、景石、绿化、其他等分包工程。

（5）由本公司项目经理、项目核算员编制并签发意见。

10.1.2　外部验收

工程通过外部验收并取得竣工验收证明，是工程养护期开始计算的依据，同时也是财务各项成本归结的依据。若项目迟迟不能验收，则工程款无法及时回笼，养护期也将无限期延长，导致工程无法移交，项目的养护成本增加。

10.1.2.1　工程项目竣工验收应具备的基本条件

（1）工程正式竣工验收必须具备的条件：

1）施工单位承建的工程内容已按合同要求全都完成；土建工程及附展的给水排水、采暖通风、电气及消防工程已安装完毕；室外的各种管线已施工完毕，且具备正常使用条件。

2）施工单位占用的场地已按要求全部清理、维修完毕。

3）工程初验收已完成，初验收中提出的整改内容已按规定全部整改完成，并达到合格要求。

4）工程竣工验收所需的全部资料按规定整理、汇总完毕。

（2）对于合同规定的某些需要行业验收和需要政府有关专项验收主管部门验收的工程，必须经行业主管部门和政府专项验收主管部门验收合格后，方可报正式竣工验收。

（3）已完工工程符合上述基本条件，但实际上有少数非主要设备及某些特殊材料短期内不能解决，或工程量虽未按设计规定内容全部建成，但对投产、使用影响不大，经建设单位同意也可报正式验收。

10.1.2.2　工程项目验收所依据的文件及验收内容

（1）工程项目招投标文件及后续业主的有效需求变更。

（2）批准的设计文件、施工图纸及施工说明。

（3）双方签订的项目承包合同。

（4）设计变更通知书。

（5）国家（行业）的相关施工验收规范和质量验收标准，以及设备厂家的功能、性能标准。

（6）核查项目合同约定范围的工程内容是否全部完成，是否能满足业主需求，有无漏项，增减的内容变更手续是否齐全。

（7）按照项目预算、施工设计及国家相关标准规范、业主需求，核查项目设计、设备器材采购、安装施工、装置调试等各项工作实际完成情况的优劣，测试装置功能，性能是否达到预期效果。

10.1.2.3　工程竣工验收

工程竣工验收一般分为阶段验收、初验收和正式验收。

1. 阶段验收

（1）阶段验收是指对合同规定的进度款支付条件的符合性的验收。

（2）阶段验收由公司项目建设主管部门与监理单位（如有）共同审查后，提交验收办批准，并作为进度款支付的依据。

（3）阶段验收不代表对任何质量方面的最终认可。

2. 初验收

（1）建设项目完工后，为了顺利通过工程正式验收，项目建设主管部门与监理单位负责组织施工单位进行工程竣工初验收，并审查由施工单位编写的工程竣工验收总说明和工程竣工验收申请报告书。

（2）工程初验收程序如下：

1）检查拟验收工程是否按合同要求完成了全部施工内容，检查施工单位是否做到工完场清。对于经公司同意的因特殊原因未按设计规定的内容完成但不影响投产使用的工程内容，填写工程未完内容明细表。

2）检验拟验收工程是否达到设计要求及施工合同规定的质量标准，各项设施运行是否正常，是否达到规定的质量标准。对没有达到规定质量要求的工程，填写整改通知单，提交施工单位整改。

3）检查主要工程部位的隐蔽工程验收记录，必要时，可抽查已隐蔽的工程部位。

4）检查施工单位编制的竣工档案是否符合合同要求或相关行业标准要求。

5）检查监理单位的监理档案及监理工作总结。

（3）经过初验收和对竣工档案的检查，项目建设主管部门填写工程初验收情况报告表和工程决（结）算意见，并附 3 套完整的竣工档案资料（包括电子光盘 1 份），向验收办提出正式验收申请。

3. 正式验收

（1）验收办接到正式验收申请后，根据工程特性和初验收情况，确定项目验收组成员名单和正式验收时间，并于工程正式验收前 3 日，向参加正式验收的相关单位和人员发出正式验收通知。

（2）工程正式验收程序是由验收办组织验收会议，会议内容如下：

1）情况介绍：施工单位代表介绍工程施工情况、自检情况及合同执行情况，出示竣工资料（竣工图及各项原始资料和记录）；监理工程师介绍工程实施过程中的监理情况，做监理工作总结，发表竣工验收意见；项目建设主管部门做工程管理总结，提出竣工验收意见。

2）项目验收组成员对已竣工的工程进行现场检查，同时检查竣工资料内容是否完整、准确。

3）项目验收组成员提出工程现场检查中发现的问题，对施工单位提出限期整改意见。

4）整改完成后，工程验收通过，出具竣工验收合格证明书，由建设、监理、设计单位盖章确认。

10.2　园林绿化工程项目移交

10.2.1　内部移交验收

10.2.1.1　移交前的文档准备
文档资料准备应包括以下五部分资料：

（1）工程过程的指导性文件，如技术交底、招标投标文档、设计图纸、施工组织设计、项目实际进度执行情况、系统日常操作与维护手册等。

（2）施工过程的记录性文件，如各种验收记录、测量记录、施工日记等。

（3）施工过程的质量保证性文件（若有），如各种材料的合格证、复试报告等。

（4）对产品的评定结论性文件（若有），如分项、分部工程质量评定。

（5）与用户、监理、供应商沟通、协调的全部记录，特别是当前重点工作内容，遗留问题记录等。

10.2.1.2　移交内容
（1）工程项目实物及以上所要求的全部内容（若有）。

（2）与工程项目实物配套的相关附件、备用件及资料。

（3）经过上级领导审批的《工程移交清单》内容。

（4）竣工工程项目的原始技术资料。

10.2.1.3　移交程序
项目公司应在养护期满1个月前做好养护移交的各项准备工作，并向工程管理中心发起项目预移交申请，工程管理中心牵头组织成本核算中心、采购中心按养护标准组织内部移交预验收，发现问题立即限期整改。项目公司如确有无法解决的问题，应及时向工程管理中心书面反映。工程管理中心也将组织各相关职能部门协助项目进行预移交，确保按期移交。

10.2.2　外部移交验收

工程养护期满通过内部移交以后，养护负责人应协同项目经理及时邀请养护接收单位参与工程移交，并督促接收单位提供工程移交单。如无工程移交单，以接收方出具移交证明或者相关证明为准。养护负责人应完成的主要任务如下：

（1）配合建设方、接收方对现场进行检查、清点。

（2）及时督促建设方、接收方完善移交手续，尽快取得工程移交单。

（3）对于逾期未能移交的工程，项目管理公司总经理应及时与建设方联系逾期养护费用。

10.2.2.1　建设项目移交验收应具备的条件

（1）工程项目已竣工并经建设单位、监理、设计等有关部门验收合格。

（2）工程项目竣工资料齐全，包括竣工资料、竣工图。

10.2.2.2　建设项目移交工作程序

（1）项目管理公司作为项目移交验收工作的牵头单位。

（2）项目管理公司根据项目建设进度要求，在工程项目养护期满后的 7 日内完成向业主的移交，项目管理公司应在拟定的移交日期前 7 日内以书面方式通知移交验收相关单位。

（3）移交验收应提交的资料：

1）单项工程移交清单；

2）竣工验收报告及相关质量检查资料 1 套；

3）竣工图纸 1 份。

（4）移交验收程序：

1）甲方及工程接收单位根据工程移交清单逐项检查核对；

2）参加验收的人员在工程移交清单上签字、盖章，移交工作完成。

10.2.2.3　取得移交报告

工程移交后 7 日内，项目管理公司负责将移交证明原件移交至工程管理中心存档。

10.3　园林绿化工程回访与保修

园林建设工程项目交付使用后，在一定期限内，施工单位应到建设单位进行工程回访，对该项园林建设工程的相关内容实行养护管理和维修。对由于施工责任造成的使用问题，应由施工单位负责修理，直到达到能正常使用为止。回访及保修体现了承包者对工程项目负责的态度和优质服务的作风，并在回访及保修的同时，进一步发现施工中的薄弱环节，以便总结施工经验，提高施工技术和质量管理水平。

10.3.1　园林绿化工程项目回访

10.3.1.1　回访目的

（1）通过客户回访能够准确掌握每一个客户的基本情况和动态。

（2）在对客户进行详细了解的基础上明确客户需求，便于为客户提供更多、更优质的增值服务。

（3）发现自身存在的不足，及时改进提高，提升服务能力。

（4）减少客户投诉，提升客户满意度，促进二次营销。

10.3.1.2　回访时间

（1）有针对性地选择回访时间，不要在客户繁忙或者休息的时间回访。

（2）建议回访时间为：上午 10：30～11：40，下午 15：00～18：00。

10.3.1.3　回访工作流程

（1）收集整理回访资料。工程中标后收集客户（甲方、监理、设计）相关信息、现场负'、联系方式等。

）实施电话或书面回访。在建项目实施过程中，由工程管理中心每季度对其进行一次电话回访，项目竣工验收后，由市场中心进行完工项目的客户回访。

（3）记录反馈回访结果。在回访过程中，记录客户提及的问题和建议；接受客户提出的意见投诉、合理化建议，记录信息并及时向相关部门反馈，督促改进及处理加强内部合作意识，加强对客户的重视程度（表10-14）。

客户满意度调查表   表10-14

NO.   调查时间：

客户名称				工程名称			
调查方式	电话调查	被调查人			调查人		
序号	调查内容	评价分值					备注
		很满意（10分）	满意（8分）	基本满意（6分）	不满意（4分）	很不满意（2分）	
1	施工质量						
2	施工进度						
3	安全施工措施						
4	文明施工措施						
5	人员素质						
实得分				分			
其他意见：							

10.3.1.4 回访方式

1. 季节性回访

一般在雨期回访屋面、墙面的防水情况，自然地面、铺装地面的排水组织情况，植物的生长情况；冬期回访植物材料的防寒措施搭建效果，池壁驳岸工程有无冻裂现象等。

2. 技术性回访

主要了解园林施工中采用的新材料、新技术、新工艺、新设备的技术性能和使用后的效果；新引进的植物材料的生长状况等。

3. 保修期满前的回访

主要是保修期将结束，提醒建设单位注意各设施的维护、使用和管理，并对遗留问题进行处理。

10.3.1.5 施工的回访话术

（1）一般情况。

A：您好！很抱歉打扰您，我是××园林股份有限公司，请问是××先生／女士吗？

B：是的。

A：您好，贵单位的××项目由我公司负责施工，给您来电是想跟您做一个简单的施工过程回访，请问您现在方便接电话吗？

B：方便。

A：请问您对目前的施工进度、质量、安全文明施工、人员素质是否满意呢？

对于工程中出现的疑问或问题，是否得到项目管理公司的及时处理？

请问您对我们项目管理公司的整体评价如何，对后期的施工有怎样的期望，希望我们能改进的方面有哪些呢？

请对现阶段的服务打分，1～10 分，请问您的评分是多少？

如这期间您有任何问题，可以直接联系我们工程管理中心的电话。

结束语：A：感谢您能抽出宝贵的时间接受我们的回访，祝您生活愉快！谢谢，再见。

（2）特殊情况：客户接听后表示在忙。

A：您好！很抱歉打扰您，我是 ×× 园林股份有限公司，请问是 ×× 先生/女士吗？

B：是的。

A：您好，贵单位的 ×× 项目由我公司负责施工，给您来电是想跟您做一个简单的施工过程回访，请问您现在方便接电话吗？

B：不方便。

A：很抱歉，那请问什么时候最适合打给您呢？（记录时间）不好意思打扰您，谢谢您，祝您生活愉快！

10.3.1.6　回访技巧

（1）拨打电话前调整好情绪，让声音听上去尽可能友好。

（2）向客户表明身份，直接说明事由、大致谈话时间，让客户清楚回访目的。

（3）注意语言简洁，不占用客户太多时间，以免适得其反。

（4）注意回访时间，应避免在节假日及休息时间回访客户。

（5）控制语速，说话不应太快，避免给客户留下不愉快的体验。

（6）注意倾听，多听少说，不能打断客户，有及时并热情的回应，让客户感受到我们是用心倾听。

（7）如客户抱怨，不要找借口，不要和客户争辩，客观记录客户的意见及建议，后续联系相关同事跟进。

（8）沟通中不要过于机械化，不要一味顾着询问问题，要根据客户的反馈灵活应对。

10.3.2　园林绿化工程项目保修

10.3.2.1　保修的范围、时间和内容

1. 保修的范围

一般来讲，凡是园林施工单位的责任或者由于施工质量不良而造成的问题，都应该实行保修。

2. 养护保修时间

自竣工验收完毕次日算起，绿化工程一般为 1 年，由于竣工当时不一定能看出栽植的植物材料的成活率，需要经过一个完整的生长期的考验，因而一年是最短期限。土建工程和水、电、卫生和通风等工程，一般保修期为 1 年，采暖工程为一个采暖期。保修期长短也可依据承包合同为准。

3. 养护保修内容

保修期内对植物材料的浇水、修剪、施肥、打药、除虫、搭建风障、间苗、补植等日常养护工作，应按施工规范经常进行。

在保修期内，不论是回访中发现的问题，还是建设单位反映的问题，凡属于因施工而影响园林建设成果使用和正常发挥其功能的，施工单位必须尽快派人前往检查，并

会同建设单位共同做出鉴定，提出修理方案，采取有效措施，及时加以解决。修理完毕后，要在保修证书的"保修记录"栏内做好记录，并经建设单位验收签字，表示修理工作完结。

10.3.2.2　保修阶段的经济责任

园林建设工程一般比较复杂，维修项目往往由多种原因造成，所以，经济责任必须根据保修项目的性质、内容和修理原因等因素，由建设单位、施工单位和监理工程师共同协商处理。一般分为以下几种：

（1）保修项目确实由于施工单位责任或施工质量不良遗留的隐患，应由施工单位承担全部维修费用。

（2）保修项目是由建设单位和施工单位双方的责任造成的，双方应实事求是地共同商定各自承担的修理费用。

（3）保修项目是由于建设单位的设备、材料、成品、半成品等的不良等原因造成的，应由建设单位承担全部修理费用。

（4）保修项目是由于用户管理使用不当，造成建（构）筑物等功能不良或苗木损伤死亡时，应由建设单位承担全部修理费用。

10.4　园林绿化工程养护期管理

10.4.1　养护团队组建

所谓团队，是指由管理和员工层组成的一个共同体，合理利用每一个成员的知识和技能，协同工作，解决问题，达到共同目标。目前养护工作已不再停留在修修补补阶段，而是全面推进预防性养护，养管工作做到全面、主动、及时、把握重点。

10.4.1.1　优秀的养护团队必备特征

1. 团队具有清晰明了的共同工作目标

"所谓人无远虑，必有近忧"，对于任何团队来说，清晰、明了的共同工作目标是工作实施的指导方向。作为养护团队，应在"预防为主，防治结合"的方针指导下，根据现实工作情况及工作需要制定年度目标，并分解月度目标，进而实施。

2. 团队负责人具有较好的领导艺术、出色的掌控力

养护团队作为一个机构或公司组成部分之一，负责人在其中起到承上启下的作用。所谓承上，就是能完整、准确地领会上级工作目标、工作意图，并及时、准确地将上级工作目标、工作意图传达到团队成员，同时根据工作的具体内容、团队成员的分工及成员个人情况将工作合理地分配到每个成员；所谓启下，就是能将团队的工作情况、工作执行过程中遇到的困难、工作的具体执行情况等如实反映到上级部门，为上级部门制定工作计划和决策提供素材。

而掌控力也是团队负责人不可缺少的能力之一，应做到了解本团队成员的工作内容，掌握其工作动态，在宏观上对团队的工作方向进行调控，必要时进行微调。

3. 团队内部分工清晰、合理，责任体系明确

清晰、合理的分工和明确的责任体系，是一个团队工作开展的基础，是团队内部团结的保障。分工清晰是为了在工作中不互相推诿致使工作效率低下；分工合理是为了使每个人的工作量尽可能适中，并尽可能结合个人特点让其完成特定的工作；责任体系明确是为了加强团队成员的责任心，尽量降低犯错的可能性。

4. 团队成员具有较强的专业技术水平、良好的沟通能力和协作精神，及一定的管理水平

养护是一项专业性很强的工作，而且在实施过程中牵涉面较广，涉及设计、现场实施等各个方面，还需要对各种养护专业性队伍进行管理。所以，作为养护团队的一员，较强的专业技术水平、良好的沟通和协作精神，以及一定的管理水平，都是做好养护工作必不可少的一部分。

5. 团队成员具有较强的责任心，执行力强

作为一线的养护工作团队，是一项工作的具体执行者，所以较强的执行力是这个优秀团队不可或缺的一部分。根据养护作业的具体情况，考虑事情需面面俱到，方能落实到位，所以这个时候的执行力往往就体现在责任心上，有了这份心，才会不遗余力地将事情做细。

10.4.1.2　如何打造优秀的养护团队

1. 选择合适的团队组成人员，并有计划、有目标地对团队成员制定培训计划

团队成员是支撑团队组成的最基本单元，其合适与否直接决定了团队的战斗力及向心力。作为养护团队，其成员组成必须具有工程类的专业背景，综合素质较强。同时，一个个很强的个体未必能形成优秀的团队，所以，在选择成员时要综合考虑性格的互补和专业方面的倾向性。

在成员确定之后，根据个体的特点及工作需要进行合理分工。再按照分工不同，有针对性地制定合理的培训计划，加强继续教育，使其在自己掌控的方向上持续提高。

2. 必要的技术支持和高效的协作单位

养护是一门专业性很强的行业，而目前的养护模式决定了每个养护团队都不能配齐各方面的顶尖专业人才，所以，与公司各部门的技术资源如设计院、研究院等部门的沟通配合是做好养护工作的必要保障。

随着社会分工的日渐细化，各类专业作业队伍层出不穷，养护作业时间的不确定性及不连贯性，决定了不可能由自己的团队组织起各类作业队伍，所以合理利用社会资源，与各类专业作业队伍建立良好的合作机制，可以增强养护作业的时效性和专业性。

3. 翔实、切合实际的各类规章制度，合理有效的奖惩机制

在管理过程中，"人治"的成效与治理者的能力、手段密切相关，所以作为一个优秀的养护团队，为保证其长期及延续性，建立、健全各项规章制度，形成"法制"的局面，是非常必要的，能使其充分发挥集体管理的优越性，避免因个人原因而造成不必要的损失。

合理的奖惩是一个团队激发活力的动力所在。自取得竣工验收证明起，工程正式进入养护期，项目经理将工程基本情况上报给工程管理中心进行登记，登记后项目经理应及时确定项目养护负责人，签订《工程养护目标责任书》，建立养护台账，由养护负责人填写具体工作事宜，并上报工程管理中心。

10.4.2　养护班组选择

在养护阶段，选择养护班组是项目养护管理的重要措施，工程养护过程中，对养护班组有效管理，可以最大限度地发挥养护班组的主观能动性，充分发掘养护班组的施工潜能，对实现项目管理目标起到积极作用。但养护班组的施工能力最根本的还是来源于班组本身。

养护班组是项目养护的具体执行者，养护班组的技能好坏直接关系到工程养护的质量效果。选择优秀合格的养护班组，并定期进行养护管理方面的培训，才能发挥最佳效果，提高苗木成活率，达到按期移交的目的。

1. 养护班组组建历史

拟选择的养护班组应有较长时间从事该专业施工的经历。养护班组经过长期的养护活动，在养护实践中总结经验和教训，完善队伍自身内部技术筛选积累，优选留用经过实践检验技术能力较强的技术人员，更具有施工技术实力优势。

2. 养护班组承包与本项目类似工程的养护情况

拟选择的养护班组应有较好完成与本项目类似工程的养护经历。类比的工程应该是与本项目有类似工程规模、工程技术难度及组织难度等的已完工工程。养护班组完成与本项目类似工程养护任务的经历，可以充分说明该养护班组具有一定的完成本项目工程养护任务的能力。

3. 施工班组施工机具设施保有情况

由于施工一线操作人员流动性很大，大部分施工人员是养护班组在承接施工任务后再行组织，因此养护人员的实际操作能力很难确认，养护班组自有满足本工程施工要求的专业养护设备机具，是养护班组能力最直观的体现，可以作为重要考量指标。

4. 养护班组负责人的领导能力

养护班组作为一个集体，具有主观能动性，只有在强有力的组织和领导下，才能发挥其最大潜能。作为养护班组的负责人，应该是具有很强的组织和领导能力，有决心、守信用的人，只有这样的人领导的养护班组，才能更好地承担起本工程的养护任务。

10.4.3 养护方案的编制与审批

养护方案是公司了解工程养护情况及养护人员实施养护的重要依据。由项目经理对工程的养护、移交进行有效管理和控制。工程进入养护期后，项目养护负责人应认真填写工程项目养护方案（表10-15），做好养护重点、难点分析，技术和组织措施，以及各项经费预算，由项目经理签字后上报给工程管理中心、成本核算中心备案。养护方案包含以下内容：

（1）工程基本情况。包括项目名称、项目负责人、养护负责人，养护起始日、养护截止日等工程养护基本情况。

（2）养护基本内容。包括绿化总面积、乔灌木数量等绿化概况及园路、广场等构筑物概况。

（3）养护重点、难点部位分析。项目养护负责人应根据养护工程的实际情况填写该工程养护中可能遇到各类重点、难点，并提出相应的解决办法。

（4）技术及组织措施。项目负责人应填写该养护工程的人员配备及采取的主要技术措施。

（5）经费预算。项目负责人应填写该工程养护预计发生的各项费用，包括养护人工费、机械费、农药费用等其他费用。

工程项目养护方案　　　　　　　　　　　　　　　　表 10-15

项目名称		项目负责人		所属项目管理公司	
		养护负责人			
项目地点		养护施工单位		施工负责人	
工程合同价		合同规定养护年限		养护起始日	年　月　日
工程预审价				养护截止日	年　月　日
绿化部分情况	乔木	株	构筑物部分情况	楼梯	
	花灌木及球类	株		铺装及压顶	
	小苗面积	m²		水池	
	草地面积	m²		玻璃钢坐凳	
				路牙	
养护重点、难点部位分析					
技术及组织措施					
经费预算(××年×月)	人工费用		肥料费用		农药费用	
	机械费用		材料费用		其他费用	
	水车费					
	合计					

方案编制人：　　　　　　项目部审核意见：　　　　　　工程管理中心意见：

10.4.4　养护过程的督促检查

项目进入养护期后，项目公司要及时与养护班组签订养护目标责任书。根据养护方案内容进行养护，每天做好养护台账的登记，工程管理中心将进行定期检查、不定期抽查，发现问题将对相关责任人进行处罚。每季度进行一次评分排名，对评分优秀的养护相关人员给予绩效加分奖励，对于评分不合格的养护项目将对相关人员予以绩效扣分处罚。同时，在年底的优质工程评选项目内增加一项优秀养护项目的评选（以季度评分结果为基础），进行表彰奖励。

（1）在施工过程中，项目管理公司从源头控制苗木采购质量，安排专业人员会同甲方、监理对现场苗木质量进行验收，合格后才能进行种植。种植后为保证成活率，项目管理公司必须按照苗木种植技术规范及流程控制苗木成活率，工程管理中心将对各项目苗木种植质量按时进行检查。

（2）工程进入养护期后，工程管理中心应检查养护人员、养护设备、苗木修剪、病虫害、苗木景观效果、苗木成活情况、场地清洁、草坪处理等情况，并进行打分，针对存在问题的项目向养护负责人发送整改通知单，并要求限期整改。

（3）工程管理中心整理关于工程养护、防虫、治虫及施肥等方面内容，定期发给各项目管理公司参考学习。

（4）绿化养护工程巡检周期：工程管理中心养护管理人员对项目周边地区的工程每月进行一次巡检，对于偏远工程每 2 个月检查 1 次。

参 考 文 献

[1] 孟兆帧. 风景园林工程 [M]. 北京：中国林业出版社，2016.

[2] 中国风景园林学会. 园林工程项目负责人培训教材 [M]. 北京：中国建筑工业出版社，2019.

[3] 全国一级建造师执业资格考试用书编写委员会. 建设工程项目管理（2019版）[M]. 北京：中国建筑工业出版社，2019.

[4] 丛培经，曹小琳等. 工程项目管理（第五版）[M]. 北京：中国建筑工业出版社，2017.

[5] 杨霖华，吕依然. 建设工程项目管理 [M]. 北京：清华大学出版社，2019.

[6] 李永红. 园林工程项目管理（第三版）[M]. 北京：高等教育出版社，2015.

[7] 李本鑫，周金梅. 园林工程施工与管理 [M]. 北京：化学工业出版社，2012.

[8] 付军. 园林工程施工组织管理 [M]. 北京：化学工业出版社，2010.

[9] 邓宝忠，陈科东. 园林工程施工技术 [M]. 北京：科学出版社，2013.

[10] 董平. 工程项目管理实训指导 [M]. 北京：科学出版社，2003.

[11] 韩玉林. 园林工程 [M]. 重庆：重庆大学出版社，2006.

[12] 陈永贵，吴戈军. 园林工程 [M]. 北京：中国建材工业出版社，2010.

[13] 易新军，陈盛彬. 园林工程 [M]. 北京：化学工业出版社，2009.

[14] 吴戈军. 园林工程项目管理 [M]. 北京：化学工业出版社，2015.

[15] 余俊. 园林工程监理（第二版）[M]. 北京：中国林业出版社，2015.

[16] 崔康江. 浅谈园林工程施工及养护管理 [J]. 城市建设理论研究，2012.

[17] 张君超. 园林工程养护管理 [M]. 北京：中国林业出版社，2008.

[18] 张淑敏，何国林. 建设工程信息与资料管理 [M]. 武汉：中国地质大学出版社，2018.

[19] 张倍佳. 浅谈项目竣工图的管理与发展 [J]. 四川水泥，2016（09）：126.

[20] 刘刚，赵林，赵拥辉. 浅谈竣工验收中竣工图的编制与质量管理 [J]. 中国工程咨询，2009（05）：22-23.